工程造价图例术语公式手册

本书编委会　编

中国建筑工业出版社

图书在版编目(CIP)数据

工程造价图例术语公式手册/本书编委会编. —北京：中国建筑工业出版社，2014.4
ISBN 978-7-112-16307-6

Ⅰ.①工… Ⅱ.①本… Ⅲ.①建筑造价管理-技术手册 Ⅳ.①TU723.3-62

中国版本图书馆CIP数据核字(2014)第012625号

本书内容共分三章。第一章，常用图例与符号；第二章，工程量计算常用公式；第三章，工程造价常用名称术语速查表。

本书依据最新的规范编写，内容全面，适合于造价人员使用。

责任编辑：岳建光　张　磊
责任设计：董建平
责任校对：陈晶晶　赵　颖

工程造价图例术语公式手册
本书编委会　编
*
中国建筑工业出版社出版、发行（北京西郊百万庄）
各地新华书店、建筑书店经销
北京科地亚盟排版公司制版
北京天来印务有限公司印刷
*
开本：787×1092毫米　1/16　印张：18　字数：437千字
2014年11月第一版　2014年11月第一次印刷
定价：**40.00**元
ISBN 978-7-112-16307-6
(25067)

编 委 会

主　编　陈洪刚

参　编（按姓氏笔画排序）

牛云博　叶　梅　冯义显　刘日升

许　琪　杜　岳　李方刚　杨蝉玉

吴清风　闵远洋　张　彤　陆亚力

林晓东　郑大伟　郝岩岩　段云峰

袁　博　高少霞　隋红军　雷晓川

前　言

工程造价俗称工程预决算，是对建筑工程项目所需各种材料、人工、机械消耗量及耗用资金的核算，是国家基本建设投资及建设项目施工过程中要求做的一项工作。图例、术语、符号是工程技术的工作语言基础，同时，公式是工程中计算的依据。基于此，我们依据《总图制图标准》（GB/T 50103—2010）、《建设工程工程量清单计价规范》（GB 50500—2013）、《工程造价术语标准》（GB/T 50875—2013）等国家最新标准，将工程中常用的图例、术语、公式一一列出，合理编排，加速读者查阅。

本书主要包括常用图例与符号、工程量计算常用公式以及工程造价常用名词术语速查表等内容。可供造价员、建筑工程造价人员、工程预算管理人员、相关专业大中专及职业学校的师生学习参考。

由于编者的学识和经验所限，虽尽心尽力，但仍难免存在疏漏或未尽之处，恳请广大读者批评指正。

目　　录

1 常用图例与符号

1.1 总平面图图例

1.1.1 基本规定

1. 图线

图线的宽度 b 应根据图样的复杂程度和比例，按现行国家标准《房屋建筑制图统一标准》（GB/T 50001—2010）中图线的有关规定选用。

总图制图应根据图纸功能，按表 1-1 规定的线型选用。

图线 表 1-1

名称		线型	线宽	用途
实线	粗	————	b	（1）新建建筑物±0.000 高度可见轮廓线 （2）新建铁路、管线
	中	————	$0.7b$ $0.5b$	（1）新建构筑物、道路、桥涵、边坡、围墙、运输设施的可见轮廓线 （2）原有标准轨距铁路
	细	————	$0.25b$	（1）新建建筑物±0.000 高度以上的可见建筑物、构筑物轮廓线 （2）原有建筑物、构筑物、原有窄轨、铁路、道路、桥涵、围墙的可见轮廓线 （3）新建人行道、排水沟、坐标线、尺寸线、等高线
虚线	粗	------	b	新建建筑物、构筑物地下轮廓线
	中	------	$0.5b$	计划预留扩建的建筑物、构筑物、铁路、道路、运输设施、管线、建筑红线及预留用地各线
	细	------	$0.25b$	原有建筑物、构筑物、管线的地下轮廓线
单点长画线	粗	—·—·—	b	露天矿开采界限
	中	—·—·—	$0.5b$	土方填挖区的零点线
	细	—·—·—	$0.25b$	分水线、中心线、对称线、定位轴线
双点长画线		—··—··—	b	用地红线
		—··—··—	$0.7b$	地下开采区塌落界限
		—··—··—	$0.5b$	建筑红线
折断线		—\/\—	$0.5b$	断线
不规则曲线		～～	$0.5b$	新建人工水体轮廓线

注：根据各类图纸所表示的不同重点确定使用不同粗细线型。

2. 比例

总图制图采用的比例宜符合表 1-2 的规定。一个图样宜选用一种比例，铁路、道路、土方等的纵断面图，可在水平方向和垂直方向选用不同比例。

比例　　　　表 1-2

图　名	比　例
现状图	1∶500、1∶1000、1∶2000
地理交通位置图	1∶25000～1∶200000
总体规划、总体布置、区域位置图	1∶2000、1∶5000、1∶10000、1∶25000、1∶50000
总平面图、竖向布置图、管线综合图、土方图、铁路、道路平面图	1∶300、1∶500、1∶1000、1∶2000
场地园林景观总平面图、场地园林景观竖向布置图、种植总平面图	1∶300、1∶500、1∶1000
铁路、道路纵断面图	垂直：1∶100、1∶200、1∶500 水平：1∶1000、1∶2000、1∶5000
铁路、道路横断面图	1∶20、1∶50、1∶100、1∶200
场地断面图	1∶100、1∶200、1∶500、1∶1000
详图	1∶1、1∶2、1∶5、1∶10、1∶20、1∶50、1∶100、1∶200

1.1.2　总平面图例

总平面图例见表 1-3。

总平面图例　　　　表 1-3

序　号	名　称	图　例	备　注
1	新建建筑物	X= Y= ① 12F/2D H=59.00m	新建建筑物以粗实线表示与室外地坪相接处±0.00 外墙定位轮廓线 建筑物一般以±0.00 高度处的外墙定位轴线交叉点坐标定位。轴线用细实线表示，并标明轴线号 根据不同设计阶段标注建筑编号，地上、地下层数，建筑高度，建筑出入口位置（两种表示方法均可，但同一图纸采用一种表示方法） 地下建筑物以粗虚线表示其轮廓 建筑上部（±0.00 以上）外挑建筑用细实线表示 建筑物上部连廊用细虚线表示并标注位置
2	原有建筑物		用细实线表示
3	计划扩建的预留地或建筑物		用中粗虚线表示
4	拆除的建筑物		用细实线表示
5	建筑物下面的通道		—
6	散状材料露天堆场		需要时可注明材料名称

续表

序 号	名 称	图 例	备 注
7	其他材料露天堆场或露天作业场		需要时可注明材料名称
8	铺砌场地		—
9	敞棚或敞廊		—
10	高架式料仓		—
11	漏斗式贮仓		左、右图为底卸式 中图为侧卸式
12	冷却塔（池）		应注明冷却塔或冷却池
13	水塔、贮罐		左图为卧式贮罐 右图为水塔或立式贮罐
14	水池、坑槽		也可以不涂黑
15	明溜矿槽（井）		—
16	斜井或平硐		—
17	烟囱		实线为烟囱下部直径，虚线为基础，必要时可注写烟囱高度和上、下口直径
18	围墙及大门		—
19	挡土墙	5.00 1.50	挡土墙根据不同设计阶段的需要标注 $\frac{\text{墙顶标高}}{\text{墙底标高}}$
20	挡土墙上设围墙		—
21	台阶及无障碍坡道	1. 2.	1. 表示台阶（级数仅为示意） 2. 表示无障碍坡道
22	露天桥式起重机	G_n= (t)	起重机起重量 G_n，以吨计算 “+”为柱子位置
23	露天电动葫芦	G_n= (t)	起重机起重量 G_n，以吨计算 “+”为支架位置

续表

序号	名称	图例	备注
24	门式起重机	G_n= (t) G_n= (t)	起重机起重量 G_n，以吨计算 上图表示有外伸臂 下图表示无外伸臂
25	架空索道		“I”为支架位置
26	斜坡卷扬机道		—
27	斜坡栈桥（皮带廊等）		细实线表示支架中心线位置
28	坐标	1. X=105.00 Y=425.00 2. A=105.00 B=425.00	1. 表示地形测量坐标系 2. 表示自设坐标系 坐标数字平行于建筑标注
29	方格网交叉点标高	-0.50 77.85 78.35	“78.35”为原地面标高 “77.85”为设计标高 “－0.50”为施工高度 “－”表示挖方（“＋”表示填方）
30	填方区、挖方区、未整平区及零线	+ - + -	“＋”表示填方区 “－”表示挖方区 中间为未整平区 点划线为零点线
31	填挖边坡		—
32	分水脊线与谷线		上图表示脊线 下图表示谷线
33	洪水淹没线		洪水最高水位以文字标注
34	地表排水方向		—
35	截水沟	1 40.00	“1”表示1%的沟底纵向坡度，“40.00”表示变坡点间距离，箭头表示水流方向
36	排水明沟	107.50 + 1 40.00 107.50 1 40.00	上图用于比例较大的图面 下图用于比例较小的图面 “1”表示1%的沟底纵向坡度，“40.00”表示变坡点间距离，箭头表示水流方向 “107.50”表示沟底变坡点标高（变坡点以“＋”表示）

续表

序号	名称	图例	备注
37	有盖板的排水沟	1 40.00 / 1 40.00	—
38	雨水口	1. 2. 3.	1. 雨水口 2. 原有雨水口 3. 双落式雨水口
39	消火栓井		—
40	急流槽		箭头表示水流方向
41	跌水		
42	拦水（闸）坝		—
43	透水路堤		边坡较长时，可在一端或两端局部表示
44	过水路面		—
45	室内地坪标高	151.00 (±0.00)	数字平行于建筑物书写
46	室外地坪标高	143.00	室外标高也可采用等高线
47	盲道		—
48	地下车库入口		机动车停车场
49	地面露天停车场		—
50	露天机械停车场		露天机械停车场

1.1.3 道路与铁路图例

道路与铁路图例见表1-4。

道路与铁路图例 **表 1-4**

序号	名称	图例	备注
1	新建的道路	0.30% 100.00 R=6.00 107.50	“R=6.00”表示道路转弯半径；“107.50”为道路中心交叉点设计标高，两种表示方法均可，同一图纸采用一种方式表示；“100.00”为变坡点之间距离，“0.30%”表示道路的坡度，→表示坡向
2	道路断面	1. 2. 3. 4.	1. 双坡立道牙 2. 单坡立道牙 3. 双坡平道牙 4. 单坡平道牙
3	原有道路		—
4	计划扩建的道路		—
5	拆除的道路		—
6	人行道		—
7	道路曲线段	JD R α=95° R=50.00 T=60.00 L=105.00	主干道宜标以下内容： JD 为曲线转折点，编号应标坐标 α 为交点 T 为切线长 L 为曲线长 R 为中心线转弯半径 其他道路可标转折点、坐标及半径
8	道路隧道		—
9	汽车衡		—
10	汽车洗车台		上图为贯通式 下图为尽头式
11	运煤走廊		

续表

序号	名称	图例	备注
12	新建的标准轨距铁路		—
13	原有的标准轨距铁路		—
14	计划扩建的标准轨距铁路		—
15	拆除的标准轨距铁路		—
16	新建的窄轨铁路	GJ762	—
17	拆除的窄轨铁路	GJ762	“GJ762”为轨距（以 mm 计）
18	新建的标准轨距电气铁路		—
19	原有的标准轨距电气铁路		—
20	计划扩建的标准轨距电气铁路		—
21	拆除的标准轨距电气铁路		—
22	原有车站		—
23	拆除原有车站		—
24	新设计车站		—
25	规划的车站		—
26	工矿企业车站		—
27	单开道岔	n	“1/n”表示道岔号数 “n”表示道岔号
28	单式对称道岔	n	
29	单式交分道岔	1/n 3	
30	复式交分道岔	n	
31	交叉渡线	n n n n	—
32	菱形交叉		—
33	车挡		上图为土堆式 下图为非土堆式

续表

序号	名称	图例	备注
34	警冲标		—
35	坡度标	GD112.00 6 8 110.00 180.00 56 44	“GD 112.00”为轨顶标高，“6”、“8”表示纵向坡度为6‰、8‰，倾斜方向表示坡向，“110.00”、“180.00”为变坡点间距离，“56”、“44”为至前后百尺标距离
36	铁路曲线段	JD2 α-R-T-L	“JD2”为曲线转折点编号，“α”为曲线转向角，“R”为曲线半径，“T”为切线长，“L”为曲线长
37	轨道衡		粗线表示铁路
38	站台		—
39	煤台		粗线表示铁路
40	灰坑或检查坑		
41	转盘		
42	高柱色灯信号机	(1) (2) (3)	(1) 表示出站、预告 (2) 表示进站 (3) 表示驼峰及复式信号
43	矮柱色灯信号机	P	—
44	灯塔		左图为钢筋混凝土灯塔 中图为木灯塔 右图为铁灯塔
45	灯桥		—
46	铁路隧道		—
47	涵洞、涵管		上图为道路涵洞、涵管，下图为铁路涵洞、涵管 左图用于比例较大的图面，右图用于比例较小的图面
48	桥梁		用于旱桥时应注明 上图为公路桥，下图为铁路桥

续表

序　号	名　称	图　例	备　注
49	跨线桥		道路跨铁路
			铁路跨道路
			道路跨道路
			铁路跨铁路
50	码头		上图为固定码头 下图为浮动码头
51	运行的发电站		—
52	规划的发电站		—
53	规划的变电站、配电所		—
54	运行的变电站、配电所		—

1.1.4　管线图例

管线图例见表 1-5。

管线图例　　**表 1-5**

序　号	名　称	图　例	备　注
1	管线	——代号——	管线代号按国家现行有关标准的规定标注 线型宜以中粗线表示
2	地沟管线	代号 代号	—
3	管桥管线	—+—代号—+—	管线代号按国家现行有关标准的规定标注
4	架空电力、电信线	—○—代号—○—	“○”表示电杆 管线代号按国家现行有关标准的规定标注

1.1.5　园林景观绿化图例

园林景观绿化图例见表 1-6。

园林景观绿化图例　表 1-6

序号	名称	图例	备注
1	常绿针叶乔木		—
2	落叶针叶乔木		—
3	常绿阔叶乔木		—
4	落叶阔叶乔木		—
5	常绿阔叶灌木		—
6	落叶阔叶灌木		—
7	落叶阔叶乔木林		—
8	常绿阔叶乔木林		—
9	常绿针叶乔木林		—
10	落叶针叶乔木林		—
11	针阔混交林		—

续表

序　号	名　称	图　例	备　注
12	落叶灌木林		—
13	整形绿篱		—
14	草坪	1. 2. 3.	1. 草坪 2. 表示自然草坪 3. 表示人工草坪
15	花卉		—
16	竹丛		—
17	棕榈植物		—
18	水生植物		—
19	植草砖		—
20	土石假山		包括“土包石”、“石抱土”及假山

续表

序号	名称	图例	备注
21	独立景石		
22	自然水体		表示河流以箭头表示水流方向
23	人工水体		—
24	喷泉		—

1.2 建筑构造及配件图例

建筑构造及配件图例见表 1-7。

常用建筑构造及配件图例 **表 1-7**

序号	名称	图例	备注
1	墙体		① 上图为外墙，下图为内墙 ② 外墙细线表示有保温层或有幕墙 ③ 应加注文字或涂色或图案填充表示各种材料的墙体 ④ 在各层平面图中防火墙宜着重以特殊图案填充表示
2	隔断		① 加注文字或涂色或图案填充表示各种材料的轻质隔断 ② 适用于到顶与不到顶隔断
3	玻璃幕墙		幕墙龙骨是否表示由项目设计决定
4	栏杆		—

续表

序号	名称	图例	备注
5	楼梯	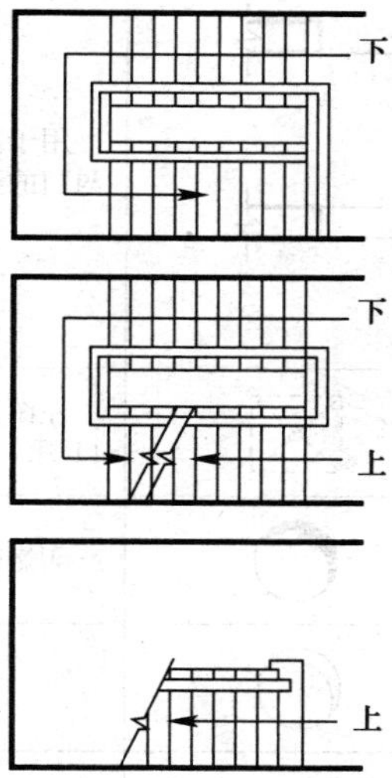 下 下 上 上	① 上图为顶层楼梯平面，中图为中间层楼梯平面，下图为底层楼梯平面 ② 需设置靠墙扶手或中间扶手时，应在图中表示
6	坡道	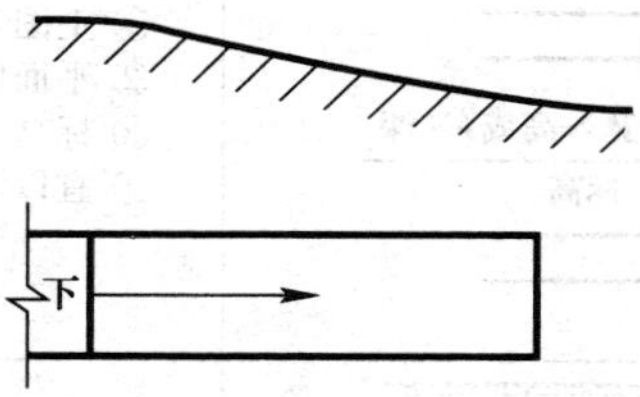 下	长坡道
		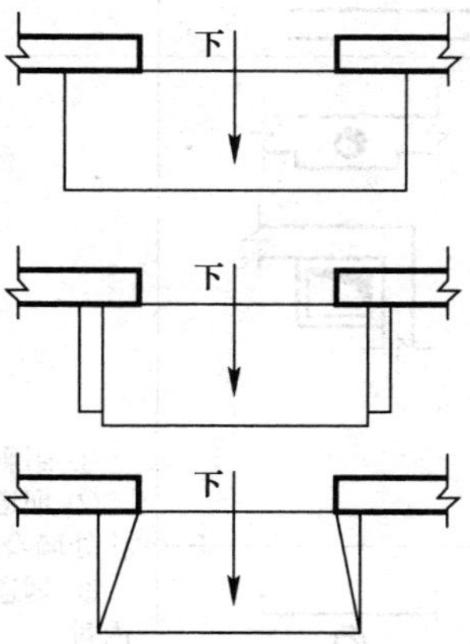 下 下 下	上图为两侧垂直的门口坡道，中图为有挡墙的门口坡道，下图为两侧找坡的门口坡道
7	台阶	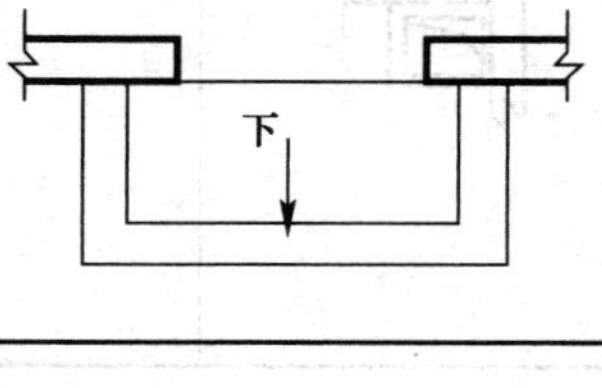 下	—

续表

序号	名称	图例	备注
8	平面高差	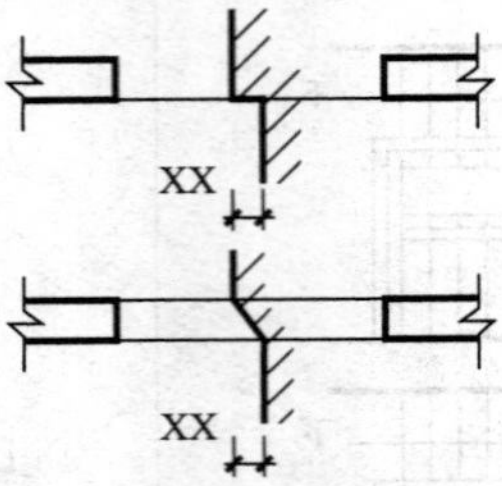 XX XX	用于高差小的地面或楼面交接处，并应与门的开启方向协调
9	检查口		左图为可见检查口，右图为不可见检查口
10	孔洞		阴影部分亦可填充灰度或涂色代替
11	坑槽		—
12	墙预留洞、槽	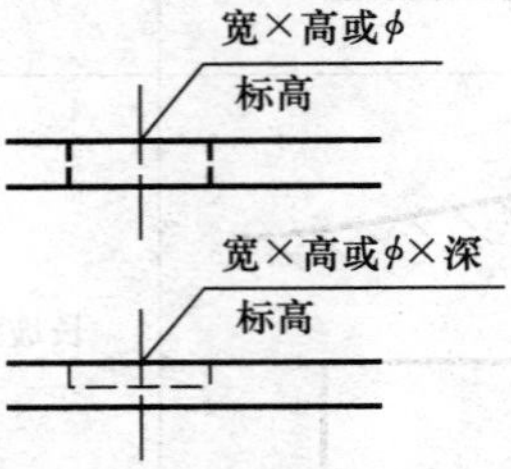 宽×高或ϕ 标高 宽×高或ϕ×深 标高	① 上图为预留洞，下图为预留槽 ② 平面以洞（槽）中心定位 ③ 标高以洞（槽）底或中心定位 ④ 宜以涂色区别墙体和预留洞（槽）
13	地沟	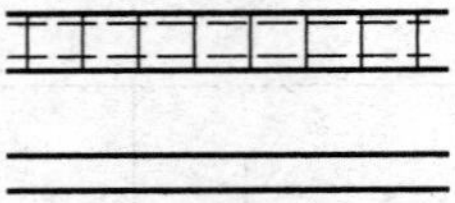	上图为有盖板地沟，下图为无盖板明沟
14	烟道	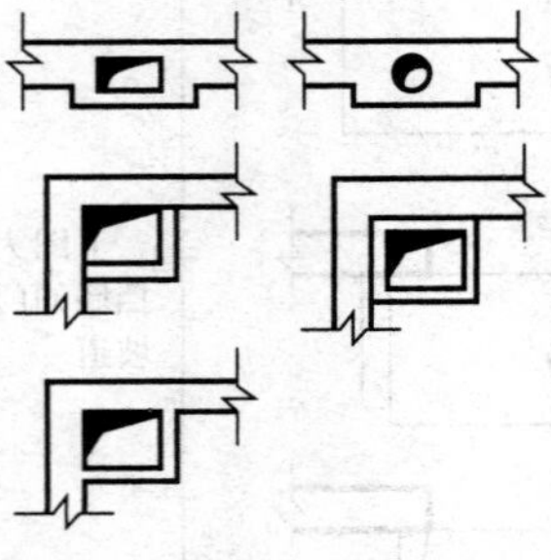	① 阴影部分亦可填充灰度或涂色代替 ② 烟道、风道与墙体为相同材料，其相接处墙身线应连通 ③ 烟道、风道根据需要增加不同材料的内衬
15	风道	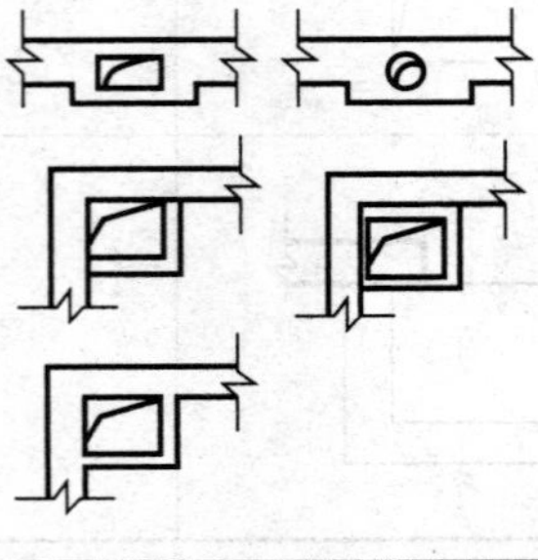	

续表

序号	名称	图例	备注
16	新建的墙和窗	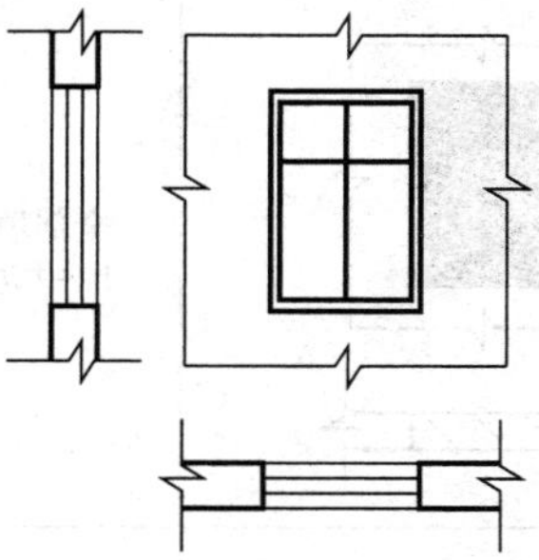	—
17	改建时保留的墙和窗	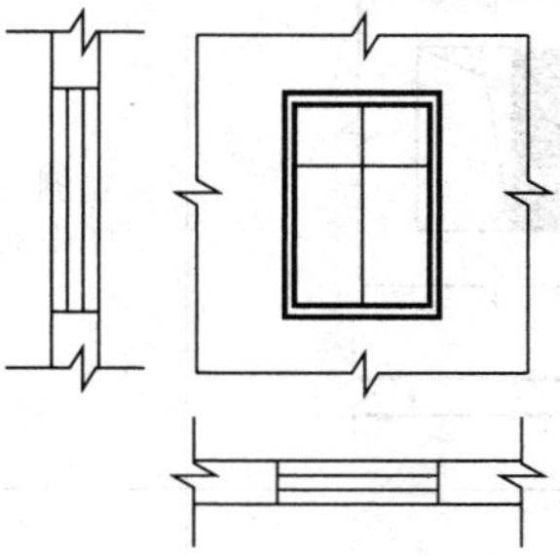	只更换窗，应加粗窗的轮廓线
18	拆除的墙	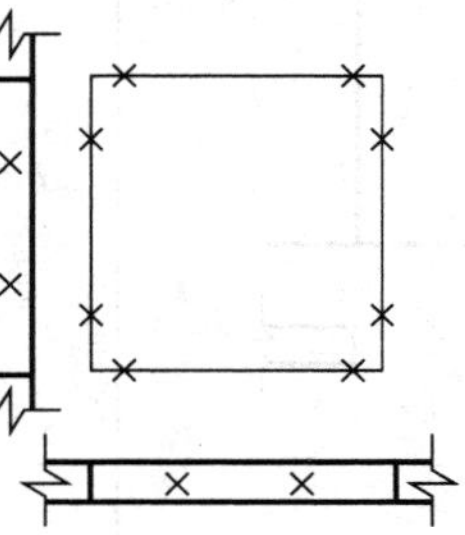	—
19	改建时在原有墙或楼板新开的洞	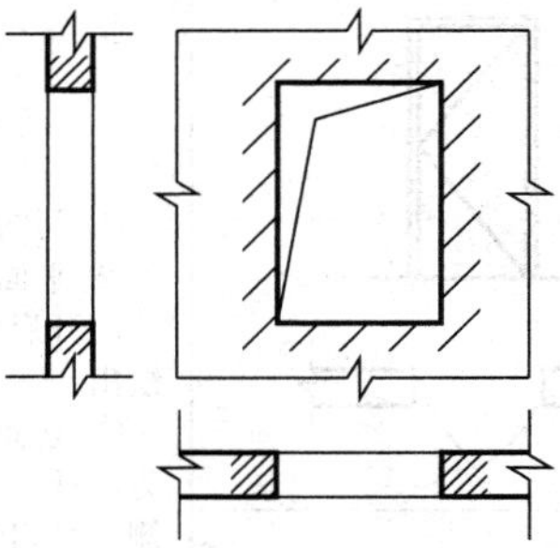	—
20	在原有墙或楼板洞旁扩大的洞	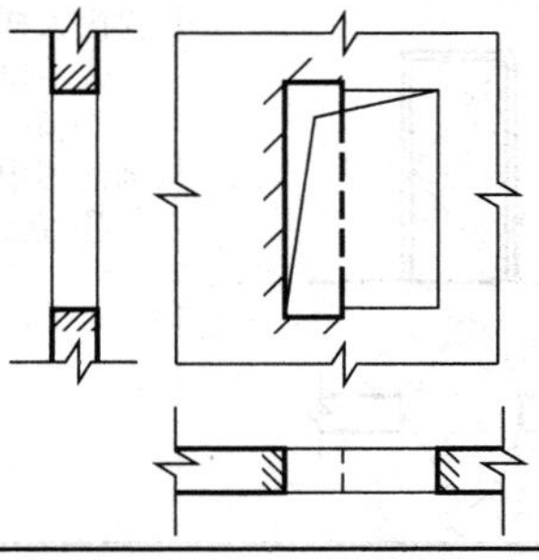	图示为洞口向左边扩大

续表

序号	名称	图例	备注
21	在原有墙或楼板上全部填塞的洞	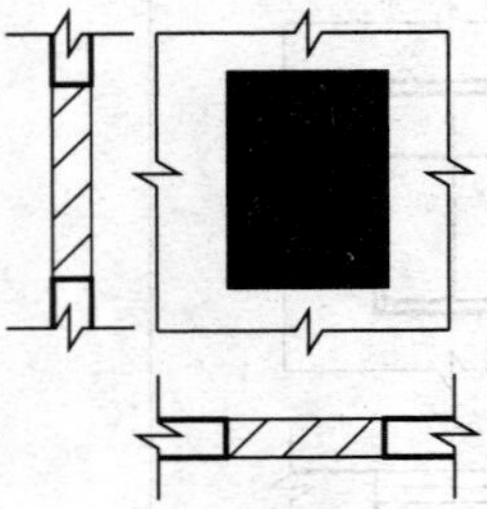	全部填塞的洞 图中立面填充灰度或涂色
22	在原有墙或楼板上局部填塞的洞	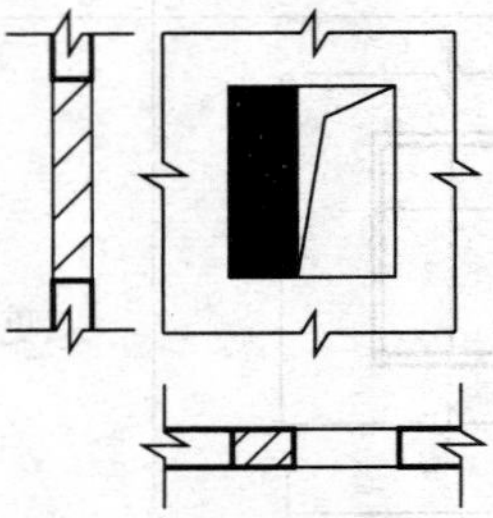	左侧为局部填塞的洞 图中立面填充灰度或涂色
23	空门洞	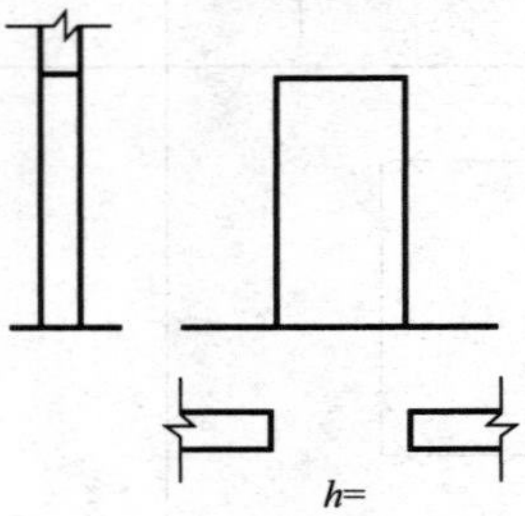 h=	*h* 为门洞高度
24	单面开启单扇门（包括平开或单面弹簧）	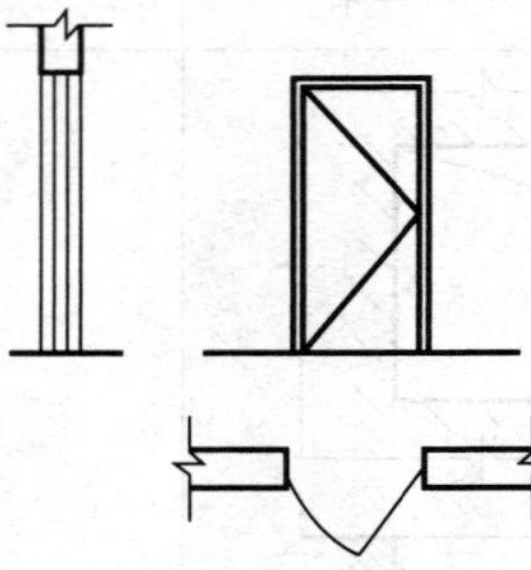	① 门的名称代号用 M 表示 ② 平面图中，下为外，上为内 门开启线为 90°、60°或 45°，开启弧线宜绘出 ③ 立面图中，开启线实线为外开，虚线为内开。开启线交角的一侧为安装合页一侧。开启线在建筑立面图中可不表示，在立面大样图中可根据需要绘出 ④ 剖面图中，左为外，右为内 ⑤ 附加纱扇应以文字说明，在平、立、剖面图中均不表示 ⑥ 立面形式应按实际情况绘制
	双面开启单扇门（包括双面平开或双面弹簧）		

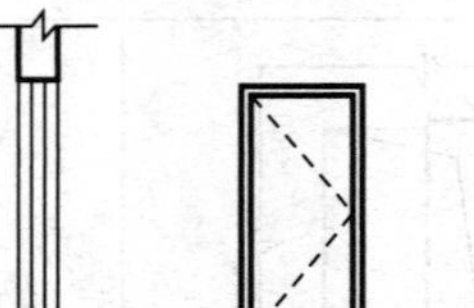

续表

序号	名称	图例	备注
24	双层单扇平开门	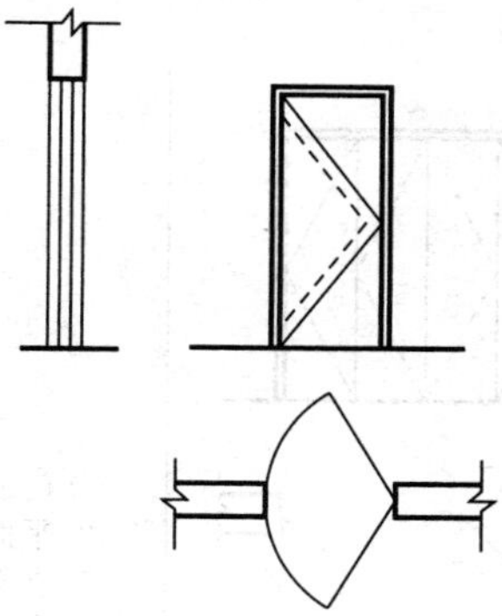	① 门的名称代号用M表示 ② 平面图中，下为外，上为内 门开启线为90°、60°或45°，开启弧线宜绘出 ③ 立面图中，开启线实线为外开，虚线为内开。开启线交角的一侧为安装合页一侧。开启线在建筑立面图中可不表示，在立面大样图中可根据需要绘出 ④ 剖面图中，左为外，右为内 ⑤ 附加纱扇应以文字说明，在平、立、剖面图中均不表示 ⑥ 立面形式应按实际情况绘制
	单面开启双扇门（包括平开或单面弹簧）	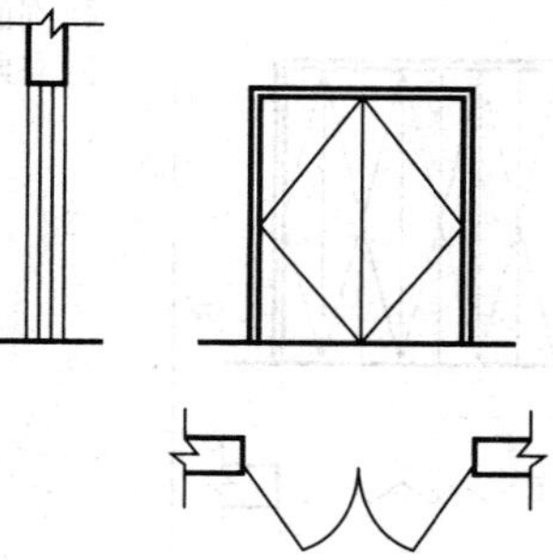	
25	双面开启双扇门（包括双面平开或双面弹簧）	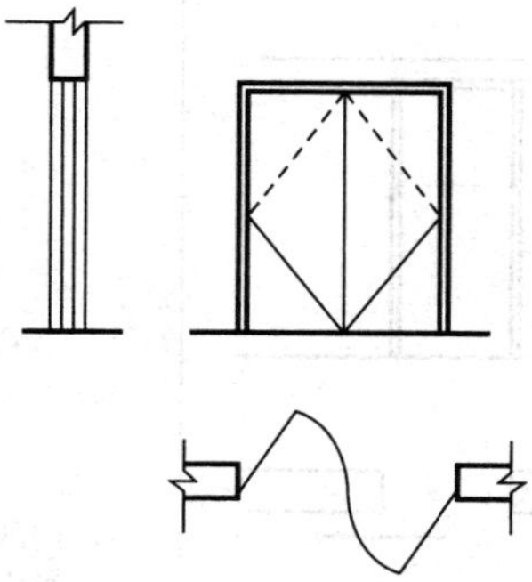	
	双层双扇平开门	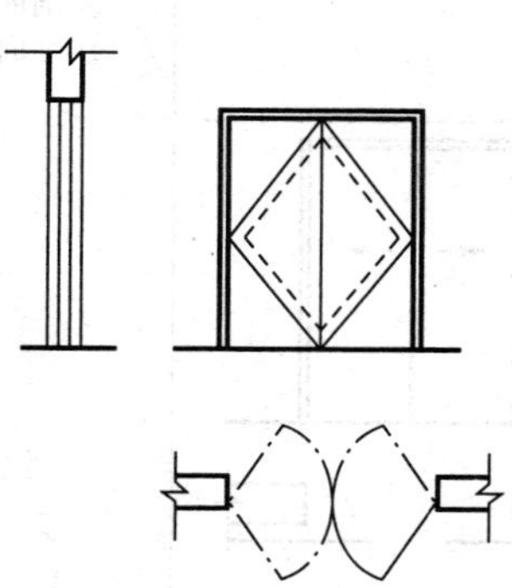	

续表

序号	名称	图例	备注
26	折叠门	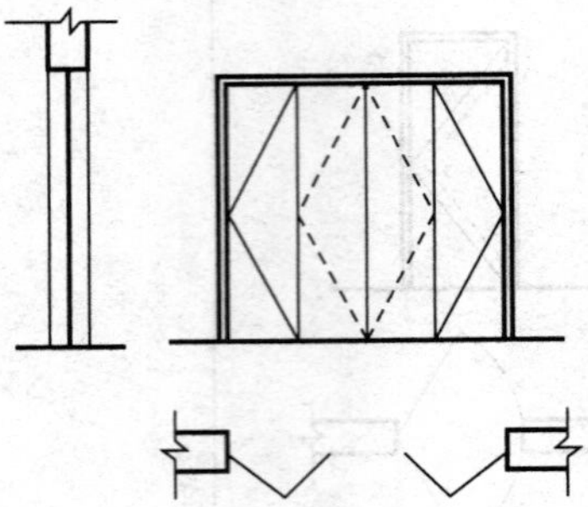	① 门的名称代号用M表示 ② 平面图中，下为外，上为内 ③ 立面图中，开启线实线为外开，虚线为内开，开启线交角的一侧为安装合页一侧 ④ 剖面图中，左为外，右为内 ⑤ 立面形式应按实际情况绘制
	推拉折叠门	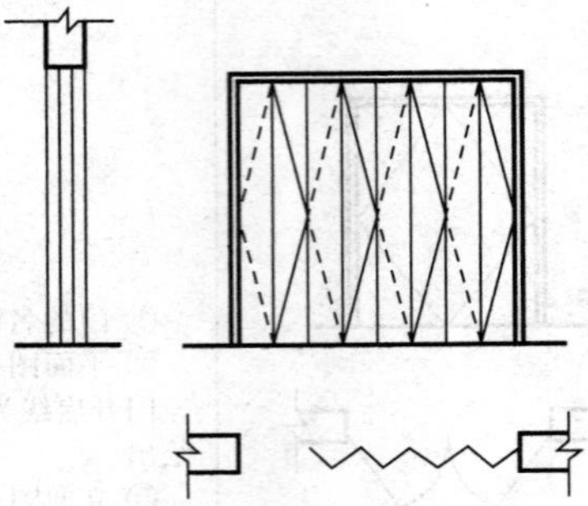	
27	墙洞外单扇推拉门	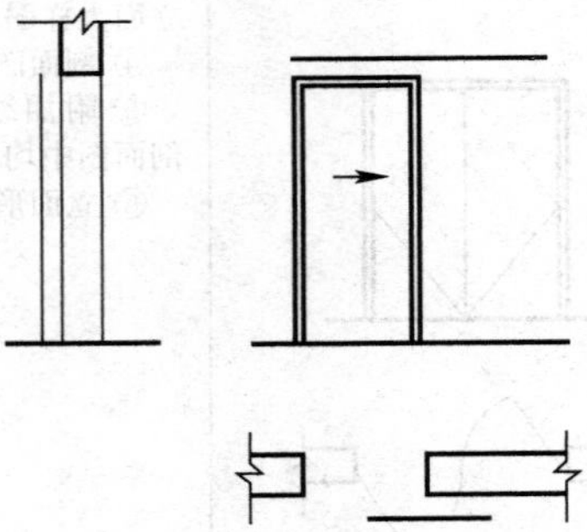	① 门的名称代号用M表示 ② 平面图中，下为外，上为内 ③ 剖面图中，左为外，右为内 ④ 立面形式应按实际情况绘制
	墙洞外双扇推拉门	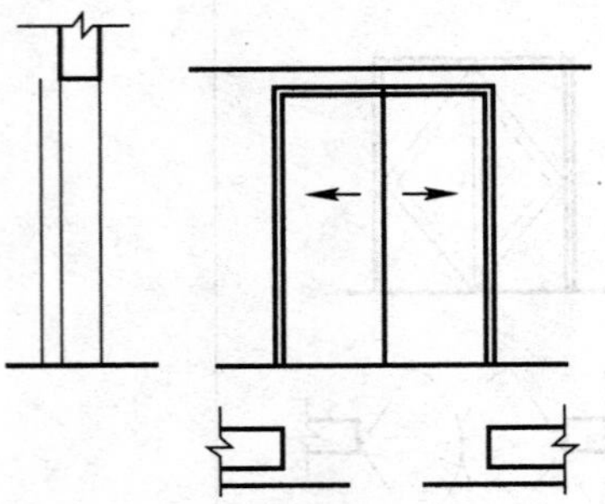	

续表

序号	名称	图例	备注
27	墙中单扇推拉门	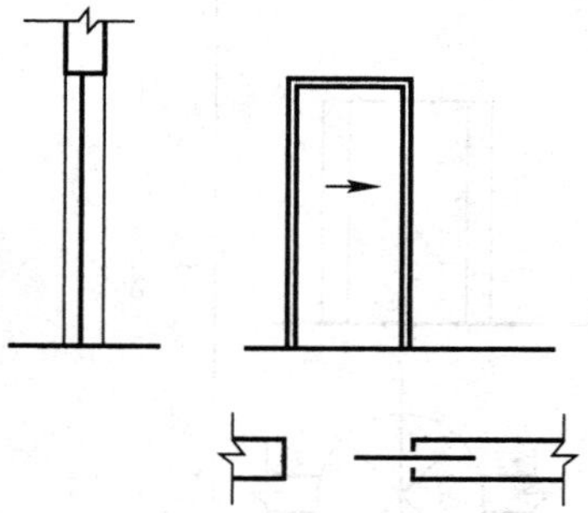	① 门的名称代号用 M 表示 ② 立面形式应按实际情况绘制
	墙中双扇推拉门	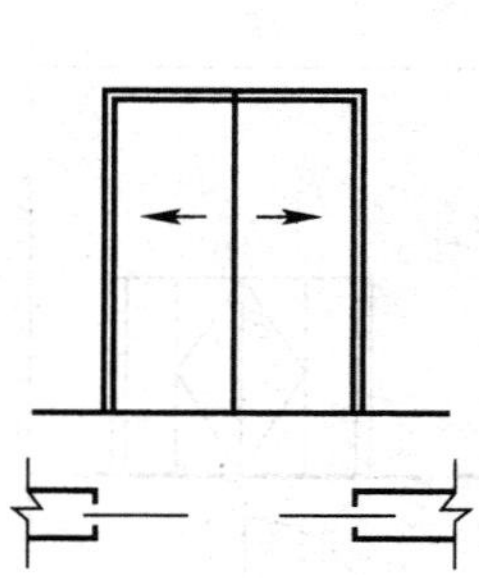	
28	推杠门	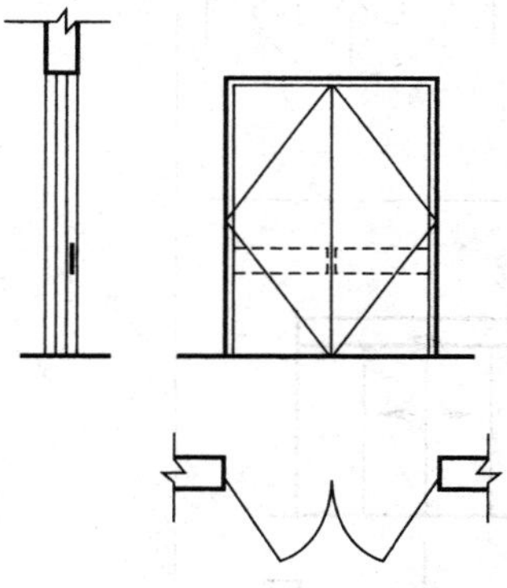	① 门的名称代号用 M 表示 ② 平面图中，下为外，上为内 门开启线为 90°、60°或 45° ③ 立面图中，开启线实线为外开，虚线为内开，开启线交角的一侧为安装合页一侧。开启线在建筑立面图中可不表示，在室内设计门窗立面大样图中需绘出 ④ 剖面图中，左为外，右为内 ⑤ 立面形式应按实际情况绘制
29	门连窗	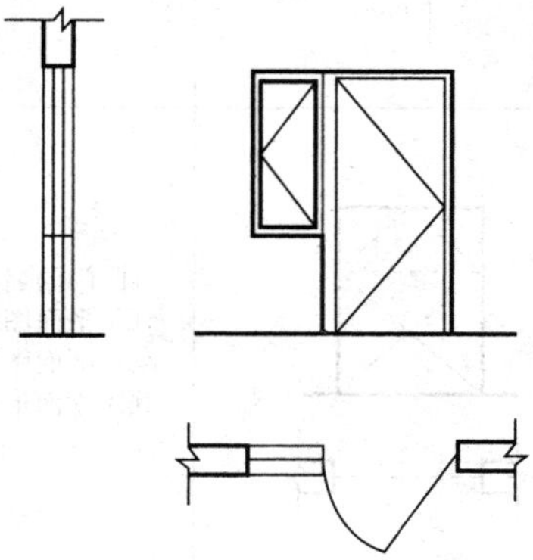	

续表

序号	名称	图例	备注
30	旋转门	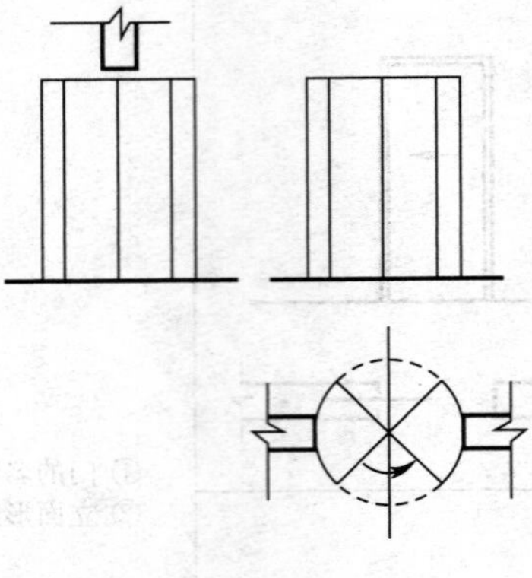	① 门的名称代号用M表示 ② 立面形式应按实际情况绘制
	两翼智能旋转门	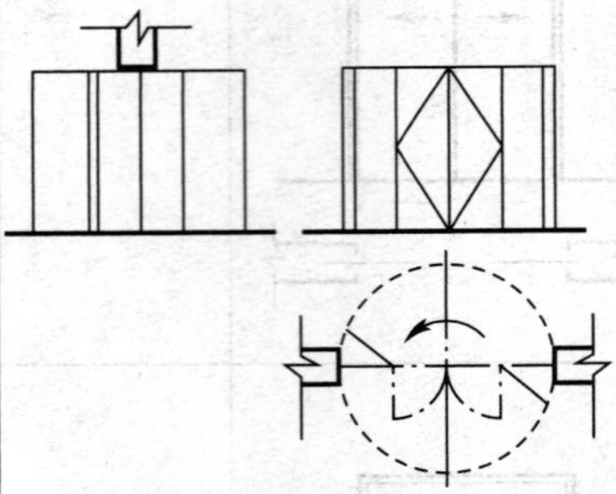	
31	自动门	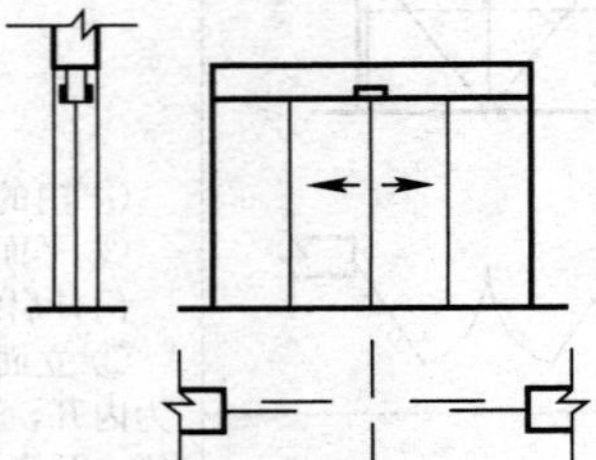	
32	折叠上翻门	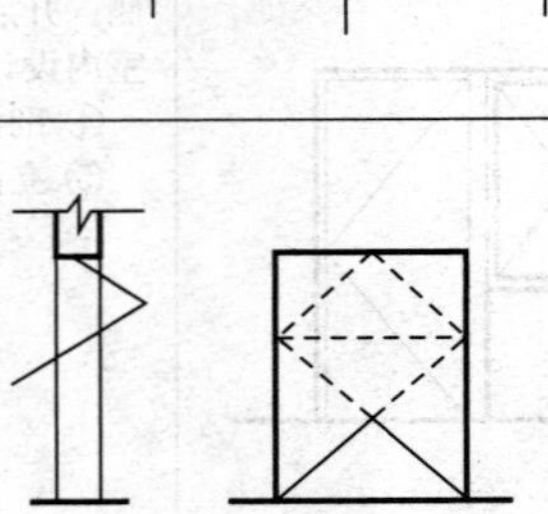	① 门的名称代号用M表示 ② 平面图中，下为外，上为内 ③ 剖面图中，左为外，右为内 ④ 立面形式应按实际情况绘制

续表

序号	名称	图例	备注
33	提升门	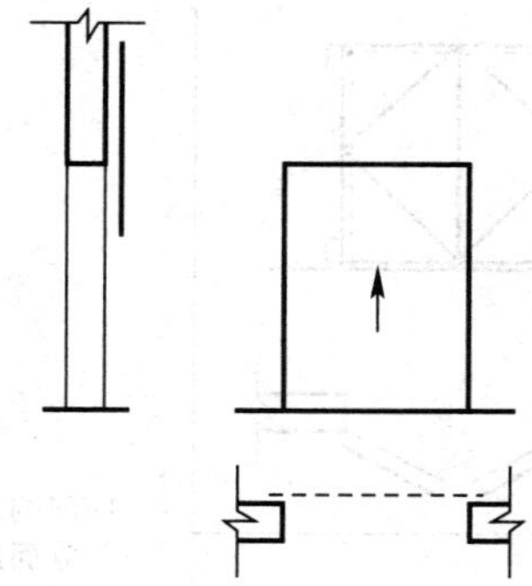	① 门的名称代号用 M 表示 ② 立在形式应按实际情况绘制
34	分节提升门	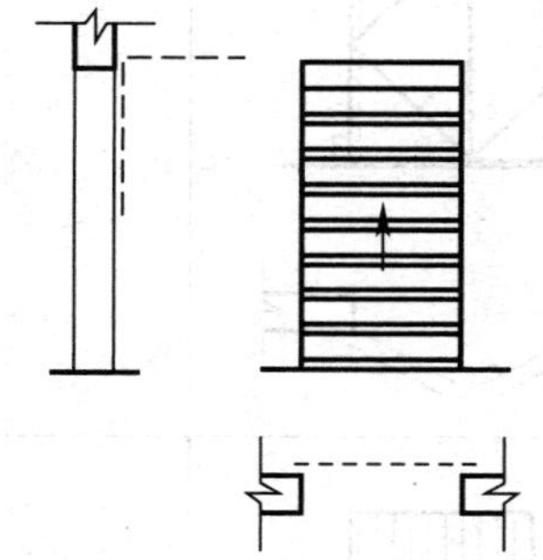	
35	人防单扇防护密闭门	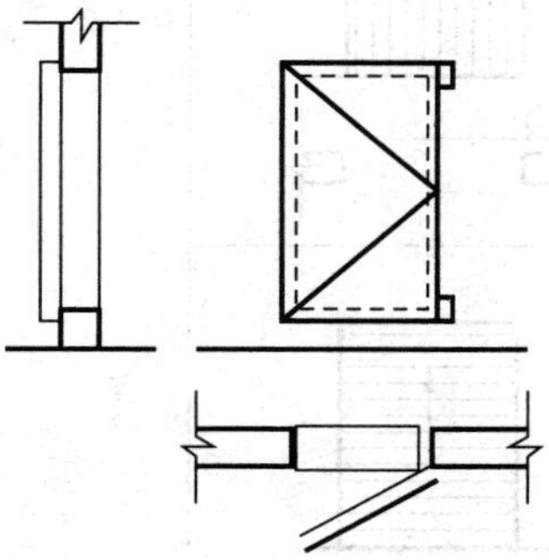	① 门的名称代号按人防要求表示 ② 立面形式应按实际情况绘制
	人防单扇密闭门	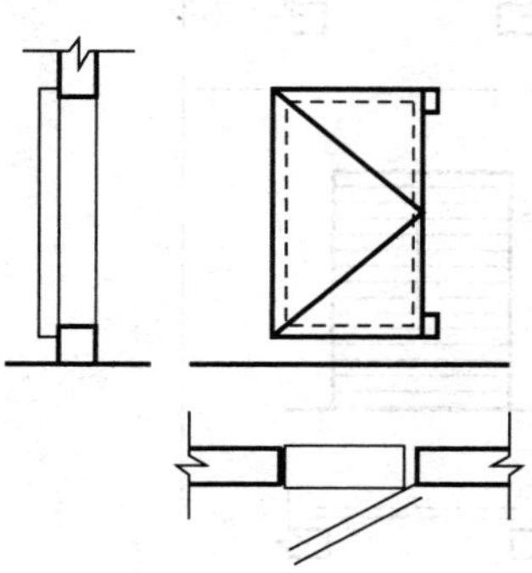	

续表

序号	名称	图例	备注
36	人防双扇防护密闭门		① 门的名称代号按人防要求表示 ② 立面形式应按实际情况绘制
	人防双扇密闭门		
37	横向卷帘门		—
	竖向卷帘门		
	单侧双层卷帘门		

续表

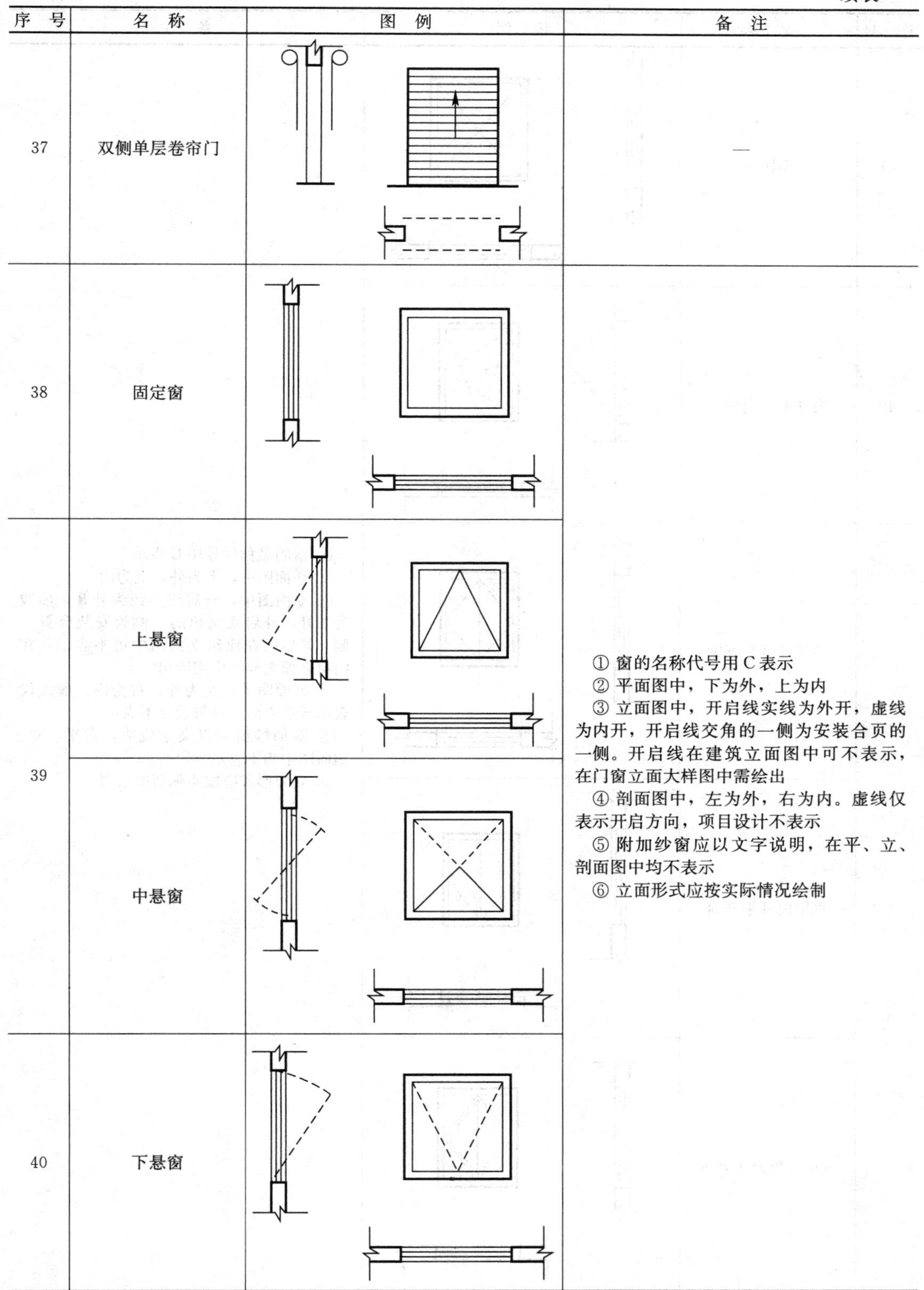

序号	名称	图例	备注
37	双侧单层卷帘门		—
38	固定窗		
39	上悬窗		① 窗的名称代号用C表示 ② 平面图中，下为外，上为内 ③ 立面图中，开启线实线为外开，虚线为内开，开启线交角的一侧为安装合页的一侧。开启线在建筑立面图中可不表示，在门窗立面大样图中需绘出 ④ 剖面图中，左为外，右为内。虚线仅表示开启方向，项目设计不表示 ⑤ 附加纱窗应以文字说明，在平、立、剖面图中均不表示 ⑥ 立面形式应按实际情况绘制
	中悬窗		
40	下悬窗		

续表

序号	名称	图例	备注
41	立转窗		① 窗的名称代号用C表示 ② 平面图中，下为外，上为内 ③ 立面图中，开启线实线为外开，虚线为内开，开启线交角的一侧为安装合页一侧。开启线在建筑立面图中可不表示，在门窗立面大样图中需绘出 ④ 剖面图中，左为外，右为内。虚线仅表示开启方向，项目设计不表示 ⑤ 附加纱窗应以文字说明，在平、立、剖面图中均不表示 ⑥ 立面形式应按实际情况绘制
42	内开平开内倾窗		
43	单层外开平开窗		
	单层内开平开窗		
	双层内外开平开窗		

续表

序号	名称	图例	备注
44	单层推拉窗		① 窗的名称代号用 C 表示 ② 立面形式应按实际情况绘制
	双层推拉窗		
45	上推窗		
46	百叶窗		

续表

序 号	名 称	图 例	备 注
47	高窗	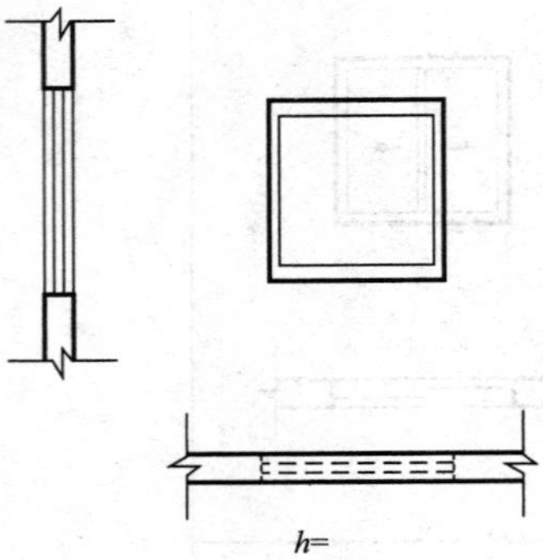 h=	① 窗的名称代号用C表示 ② 立面图中，开启线实线为外开，虚线为内开，开启线交角的一侧为安装合页一侧。开启线在建筑立面图中可不表示，在门窗立面大样图中需绘出 ③ 剖面图中，左为外，右为内 ④ 立面形式应按实际情况绘制 ⑤ h 表示高窗底距本层地面高度 ⑥ 高窗开启方式参考其他窗型
48	平推窗	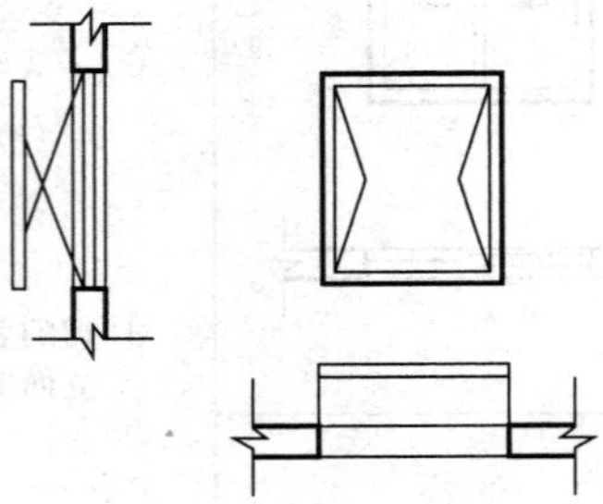	① 窗的名称代号用C表示 ② 立面形式应按实际情况绘制

1.3 水平及垂直运输装置图例

水平及垂直运输装置图例见表1-8。

水平及垂直运输装置图例 表1-8

序 号	名 称	图 例	说 明
1	铁路		适用于标准轨及窄轨铁路，使用时应注明轨距
2	起重机轨道		—

续表

序号	名称	图例	说明
3	手、电动葫芦	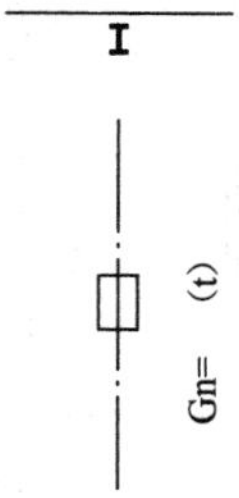 Gn= (t)	1. 上图表示立面（或剖切面），下图表示平面 2. 手动或电动由设计注明 3. 需要时，可注明起重机的名称、行驶的范围及工作级别 4. 有无操纵室，应按实际情况绘制 5. 本图例的符号说明： Gn——起重机起重量，以吨（t）计算 *S*——起重机的跨度或臂长，以米（m）计算
4	梁式悬挂起重机	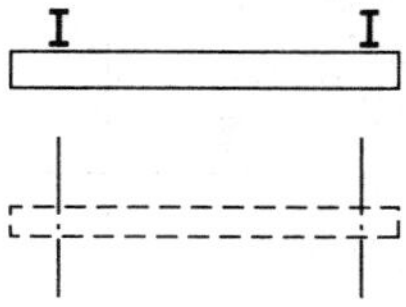 Gn= (t) *S*= (m)	
5	多支点悬挂起重机	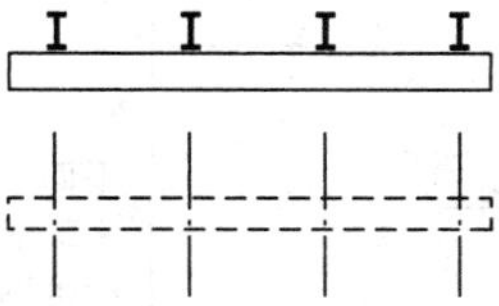 Gn= (t) *S*= (m)	
6	梁式起重机	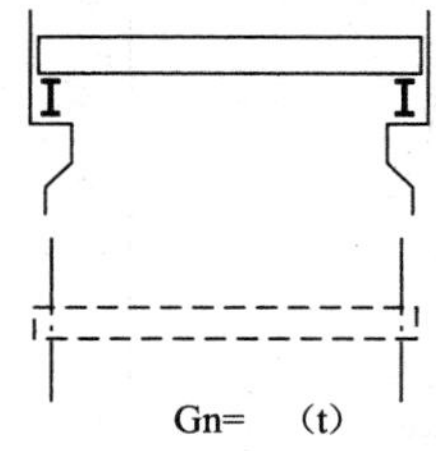 Gn= (t) *S*= (m)	

续表

序号	名称	图例	说明
7	桥式起重机	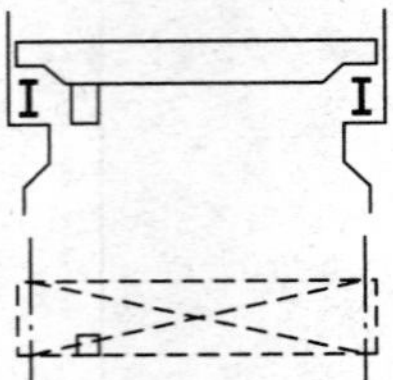 Gn= (t) S= (m)	1. 上图表示立面（或剖切面），下图表示平面 2. 有无操纵室，应按实际情况绘制 3. 需要时，可注明起重机的名称、行驶的范围及工作级别 4. 本图例的符号说明： Gn——起重机起重量，以吨（t）计算 S——起重机的跨度或臂长，以米（m）计算
8	龙门式起重机	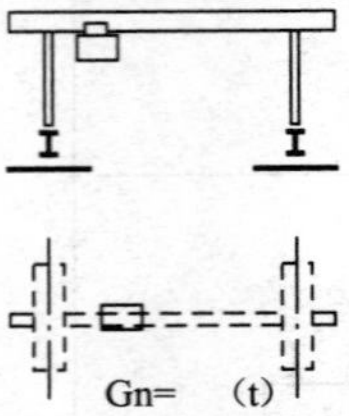 Gn= (t) S= (m)	
9	壁柱式起重机	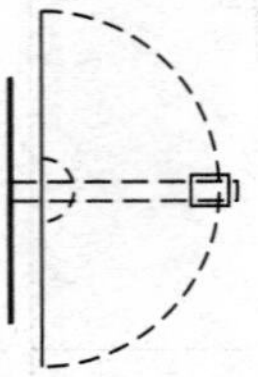 Gn= (t) S= (m)	
10	壁行起重机	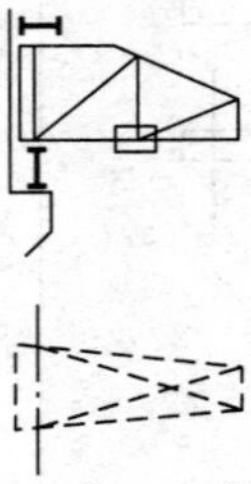 Gn= (t) S= (m)	1. 上图表示立面（或剖切面），下图表示平面 2. 需要时，可注明起重机的名称、行驶的范围及工作级别 3. 本图例的符号说明： Gn——起重机起重量，以吨（t）计算 S——起重机的跨度或臂长，以米（m）计算
11	定柱式起重机	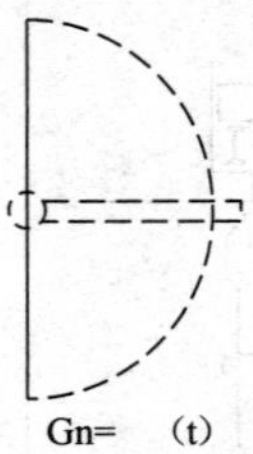 Gn= (t) S= (m)	
12	传送带	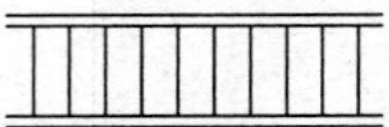	传送带的形式多种多样，项目设计图均按实际情况绘制，本图例仅为代表

续表

序号	名称	图例	备注
13	电梯	上	1. 电梯应注明类型，并按实际绘出门和平衡锤或导轨的位置 2. 其他类型电梯应参照本图例按实际情况绘制
14	杂物梯、食梯		
15	自动扶梯	下 上 上	箭头方向为设计运行方向
16	自动人行道		
17	自动人行坡道	上	

1.4 常用建筑材料图例

常用建筑材料图例见表 1-9。

常用建筑材料图例 **表 1-9**

序号	名称	图例	备注
1	自然土壤		包括各种自然土壤
2	夯实土壤		—
3	砂、灰土		—
4	砂砾石、碎砖三合土		—

续表

序 号	名 称	图 例	备 注
5	石材	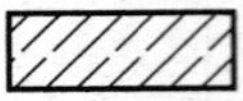	—
6	毛石		—
7	普通砖		包括实心砖、多孔砖、砌块等砌体。断面较窄不易绘出图例线时，可涂红，并在图纸备注中加注说明，画出该材料图例
8	耐火砖		包括耐酸砖等砌体
9	空心砖		指非承重砖砌体
10	饰面砖		包括铺地砖、马赛克、陶瓷锦砖、人造大理石等
11	焦渣、矿渣	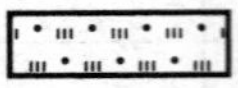	包括与水泥、石灰等混合而成的材料
12	混凝土	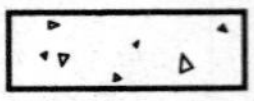	1. 本图例指能承重的混凝土及钢筋混凝土 2. 包括各种强度等级、骨料、添加剂的混凝土 3. 在剖面图上画出钢筋时，不画图例线 4. 断面图形小，不易画出图例线时，可涂黑
13	钢筋混凝土		
14	多孔材料		包括水泥珍珠岩、沥青珍珠岩、泡沫混凝土、非承重加气混凝土、软木、蛭石制品等
15	纤维材料	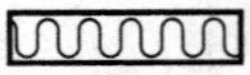	包括矿棉、岩棉、玻璃棉、麻丝、木丝板、纤维板等
16	泡沫塑料材料	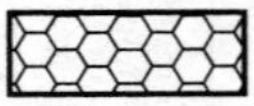	包括聚苯乙烯、聚乙烯、聚氨酯等多孔聚合物类材料
17	木材		1. 上图为横断面，左上图为垫木、木砖或木龙骨 2. 下图为纵断面
18	胶合板		应注明为×层胶合板
19	石膏板	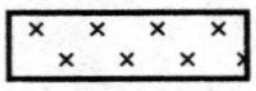	包括圆孔、方孔石膏板、防水石膏板、硅钙板、防火板等
20	金属	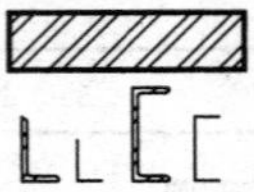	1. 包括各种金属 2. 图形小时，可涂黑
21	网状材料		1. 包括金属、塑料网状材料 2. 应注明具体材料名称
22	液体	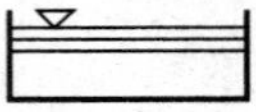	应注明具体液体名称
23	玻璃		包括平板玻璃、磨砂玻璃、夹丝玻璃、钢化玻璃、中空玻璃、夹层玻璃、镀膜玻璃等

续表

序　号	名　称	图　例	备　注
24	橡胶		—
25	塑料		包括各种软、硬塑料及有机玻璃等
26	防水材料		构造层次多或比例大时，采用上图例
27	粉刷		本图例采用较稀的点

注：序号 1、2、5、7、8、13、14、16、17、18 图例中的斜线、短斜线、交叉斜线等均为 45°。

1.5　钢筋表示方法

1.5.1　钢筋的一般表示方法

（1）普通钢筋的一般表示方法见表 1-10。

普通钢筋　　**表 1-10**

序　号	名　称	图　例	说　明
1	钢筋横断面		—
2	无弯钩的钢筋端部		下图表示长、短钢筋投影重叠时，短钢筋的端部用 45°斜划线表示
3	带半圆形弯钩的钢筋端部		—
4	带直钩的钢筋端部		—
5	带丝扣的钢筋端部		—
6	无弯钩的钢筋搭接		—
7	带半圆弯钩的钢筋搭接		—
8	带直钩的钢筋搭接		—
9	花篮螺丝钢筋接头		—
10	机械连接的钢筋接头		用文字说明机械连接的方式（或冷挤压或锥螺纹等）

（2）预应力钢筋的表示方法见表 1-11。

预应力钢筋 **表 1-11**

序号	名称	图例
1	预应力钢筋或钢绞线	
2	后张法预应力钢筋断面 无粘结预应力钢筋断面	
3	预应力钢筋断面	
4	张拉端锚具	
5	固定端锚具	
6	锚具的端视图	
7	可动连接件	
8	固定连接件	

（3）钢筋网片的表示方法见表 1-12。

钢筋网片 **表 1-12**

序号	名称	图例
1	一片钢筋网平面图	w-1
2	一行相同的钢筋网平面图	3w-1

注：用文字注明焊接网或绑扎网片。

（4）钢筋焊接接头的表示方法见表 1-13。

钢筋的焊接接头 **表 1-13**

序号	名称	接头形式	标注方法
1	单面焊接的钢筋接头		
2	双面焊接的钢筋接头		
3	用帮条单面焊接的钢筋接头		
4	用帮条双面焊接的钢筋接头		

续表

序号	名称	接头形式	标注方法
5	接触对焊的钢筋接头（闪光焊、压力焊）	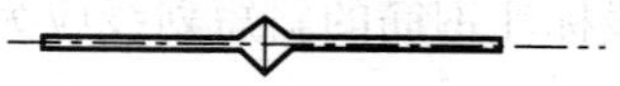	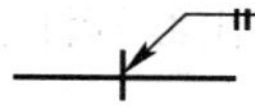
6	坡口平焊的钢筋接头	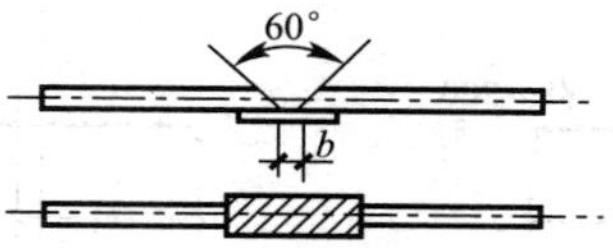 60° b	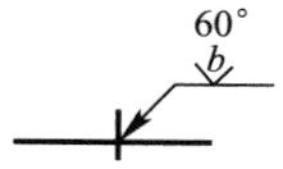 60° b
7	坡口立焊的钢筋接头	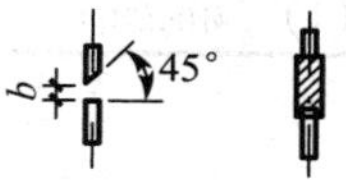 b 45°	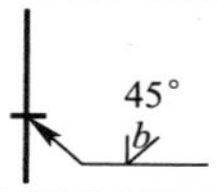 45° b
8	用角钢或扁钢做连接板焊接的钢筋接头	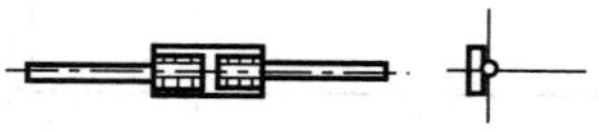	
9	钢筋或螺（锚）栓与钢板穿孔塞焊的接头	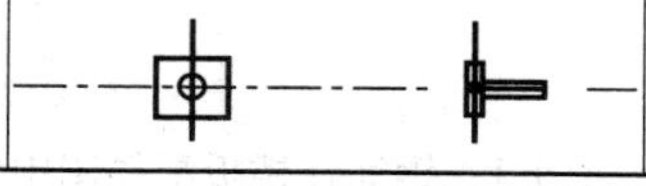	

（5）钢筋的画法见表1-14。

钢筋画法　　表1-14

序号	说明	图例
1	在结构楼板中配置双层钢筋时，底层钢筋的弯钩应向上或向左，顶层钢筋的弯钩则向下或向右	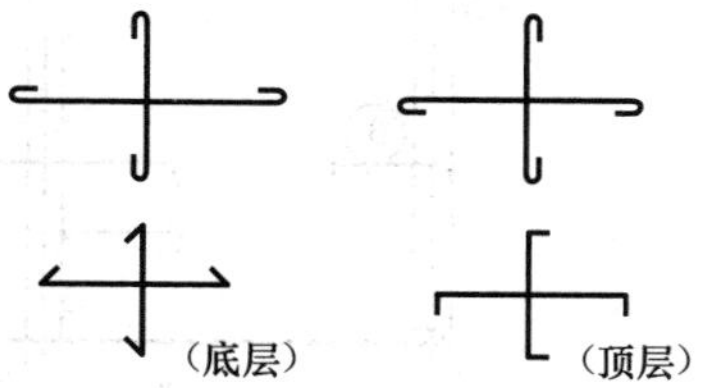 （底层）（顶层）
2	钢筋混凝土墙体配双层钢筋时，在配筋立面图中，远面钢筋的弯钩应向上或向左，而近面钢筋的弯钩向下或向右（JM近面，YM远面）	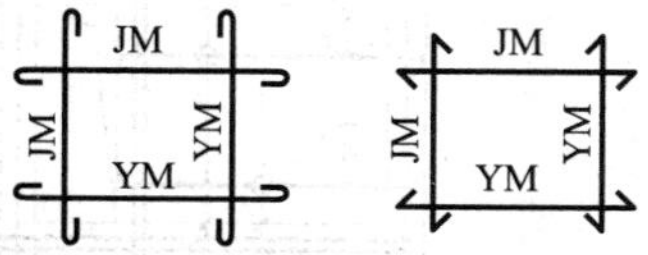 JM YM JM YM；JM YM JM YM
3	若在断面图中不能表达清楚的钢筋布置，应在断面图外增加钢筋大样图（如：钢筋混凝土墙、楼梯等）	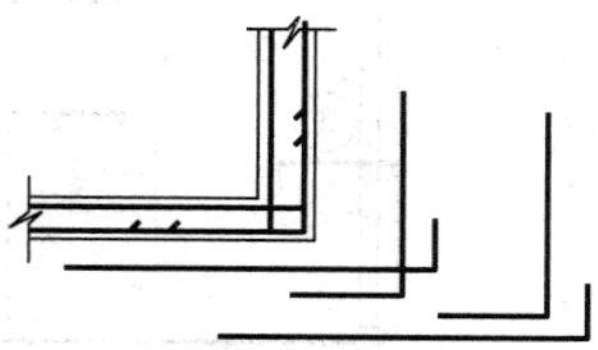
4	图中所表示的箍筋、环筋等若布置复杂时，可加画钢筋大样及说明	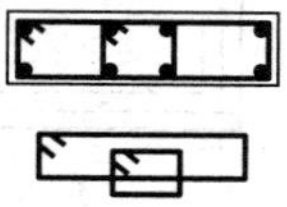
5	每组相同的钢筋、箍筋或环筋，可用一根粗实线表示，同时用一两端带斜短划线的横穿细线，表示其钢筋及起止范围	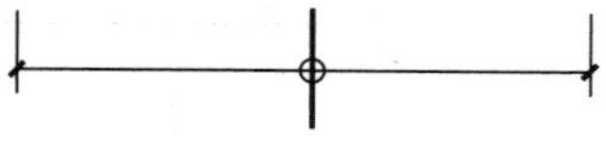

（6）钢筋在平面、立面、剖（断）面中的表示方法应符合下列规定：

1）钢筋在平面图中的配置应按图 1-1 所示的方法表示。当钢筋标注的位置不够时，可采用引出线标注。引出线标注钢筋的斜短划线应为中实线或细实线。

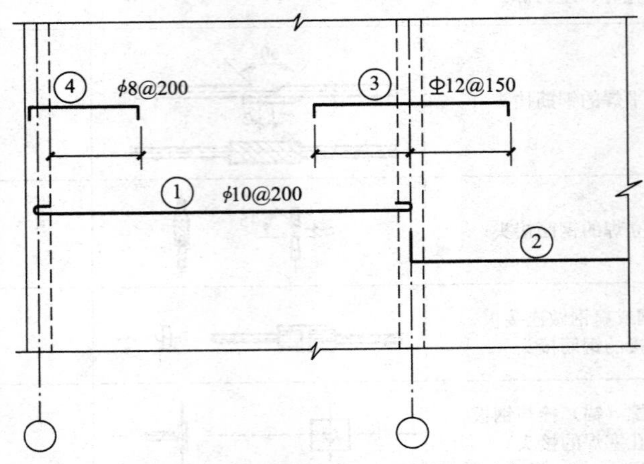

图 1-1 钢筋在楼板配筋图中的表示方法

2）当构件布置较简单时，结构平面布置图可与板配筋平面图合并绘制。

3）平面图中的钢筋配置较复杂时，可按表 1-14 及图 1-2 的方法绘制。

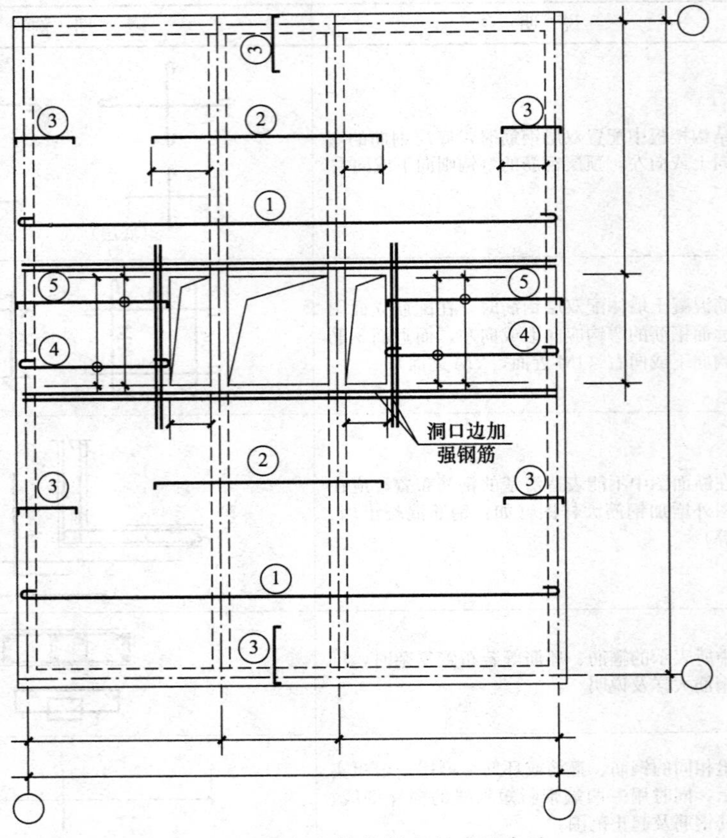

图 1-2 楼板配筋较复杂的表示方法

4）钢筋在梁纵、横断面图中的配置，应按图 1-3 所示的方法表示。

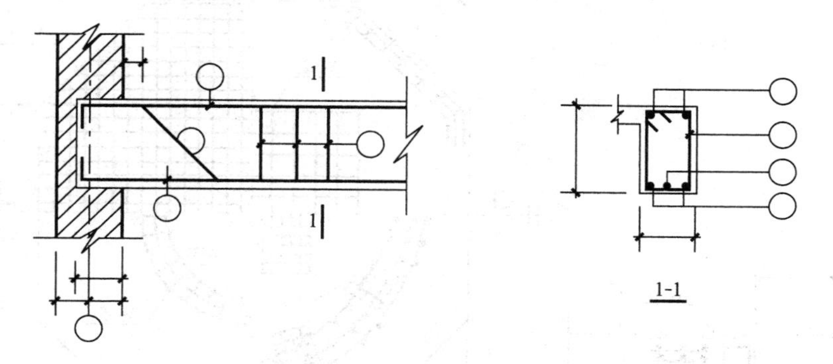

图 1-3　梁纵、横断面图中钢筋表示方法

5）构件配筋图中箍筋的长度尺寸，应指箍筋的里皮尺寸。弯起钢筋的高度尺寸应指钢筋的外皮尺寸（图 1-4）。

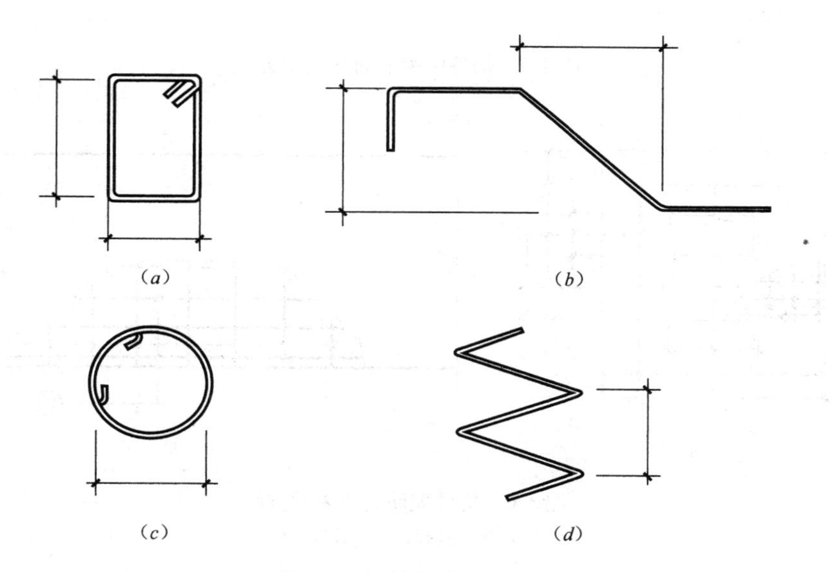

图 1-4　钢箍尺寸标注法

（*a*）箍筋尺寸标注图；（*b*）弯起钢筋尺寸标注图；（*c*）环形钢筋尺寸标注图；（*d*）螺旋钢筋尺寸标注图

1.5.2　钢筋的简化表示方法

（1）当构件对称时，采用详图绘制构件中的钢筋网片可按图 1-5 的方法用一半或 1/4 表示。

（2）钢筋混凝土构件配筋较简单时，宜按下列规定绘制配筋平面图：

1）独立基础宜按图 1-6（*a*）的规定在平面模板图左下角，绘出波浪线，绘出钢筋并标注钢筋的直径、间距等。

2）其他构件宜按图 1-6（*b*）的规定在某一部位绘出波浪线，绘出钢筋并标注钢筋的直径、间距等。

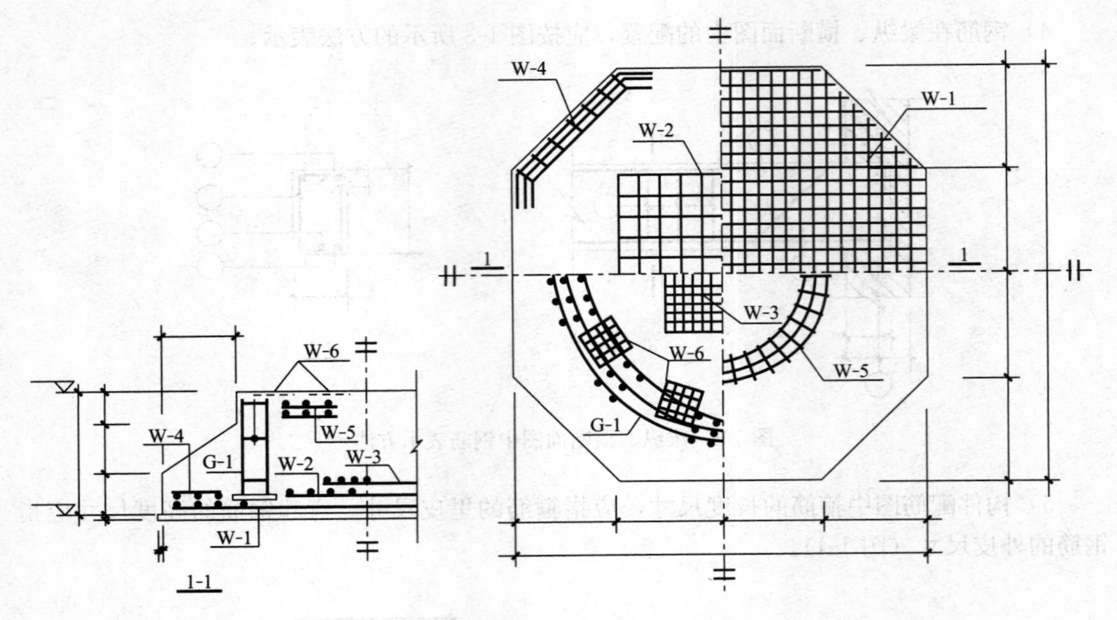

图 1-5 构件中钢筋简化表示方法

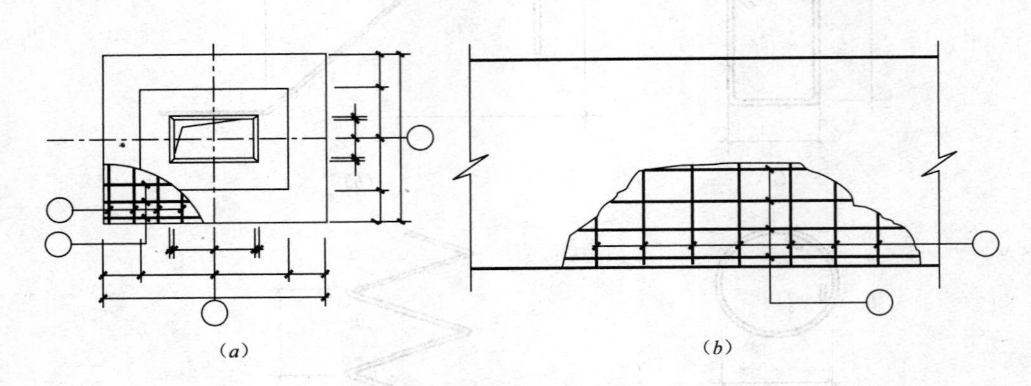

图 1-6 构件配筋简化表示方法
(a) 独立基础；(b) 其他构件

(3) 对称的混凝土构件，宜按图 1-7 的规定在同一图样中一半表示模板，另一半表示配筋。

1.5.3 预埋件、预留孔洞的表示方法

(1) 在混凝土构件上设置预埋件时，可按图 1-8 的规定在平面图或立面图上表示。引出线指向预埋件，并标注预埋件的代号。

(2) 在混凝土构件的正、反面同一位置均设置相同的预埋件时，可按图 1-9 的规定引出线为一条实线和一条虚线并指向预埋件，同时在引出横线上标注预埋件的数量及代号。

(3) 在混凝土构件的正、反面同一位置设置编号不同的预埋件时，可按图 1-10 的规定引一条实线和一条虚线并指向预埋件。引出横线上标注正面预埋件代号，引出横线下标注反面预埋件代号。

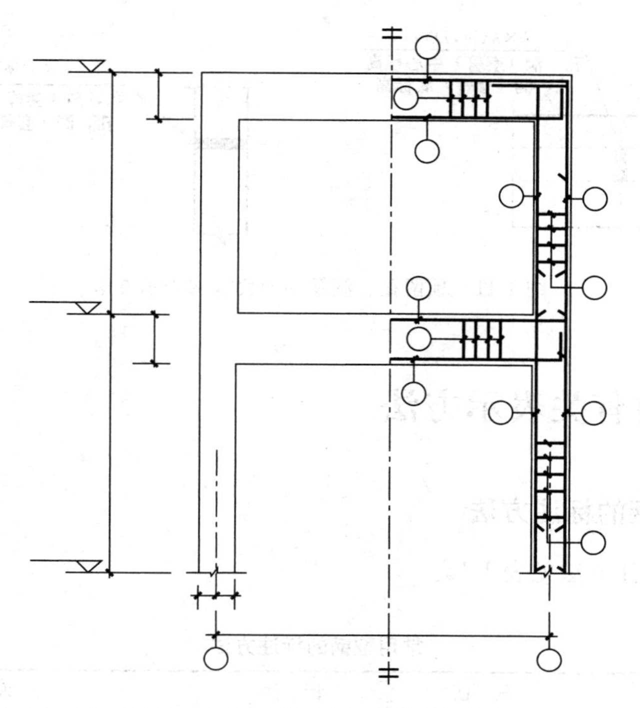
图 1-7　构件配筋简化表示方法

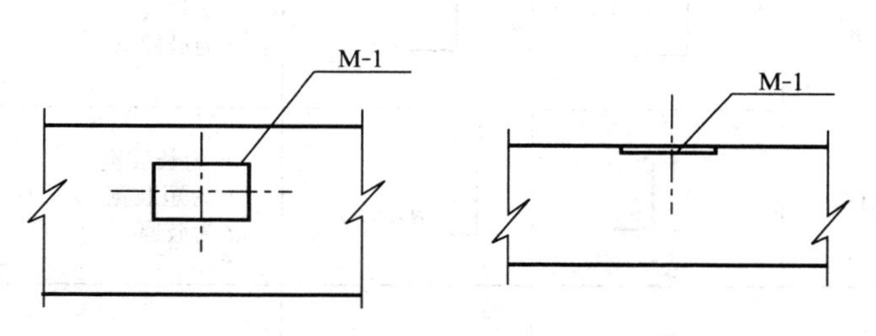

图 1-8　预埋件的表示方法

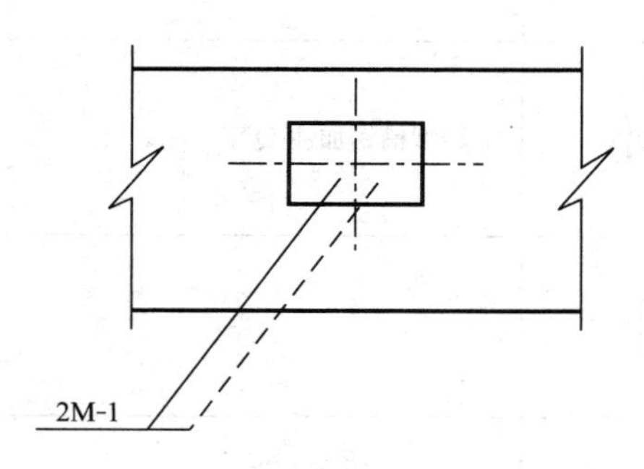

图 1-9　同一位置正、反面预埋件相同的表示方法

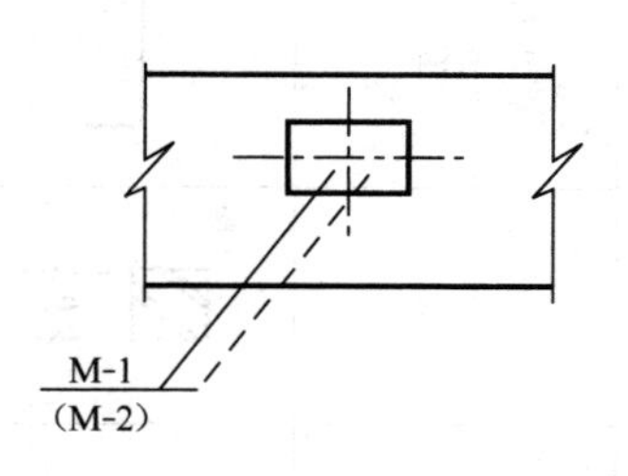

图 1-10　同一位置正、反面预埋件不相同的表示方法

（4）在构件上设置预留孔、洞或预埋套管时，可按图 1-11 的规定在平面或断面图中表示。引出线指向预留（埋）位置，引出横线上方标注预留孔、洞的尺寸，预埋套管的外径。横线下方标注孔、洞（套管）的中心标高或底标高。

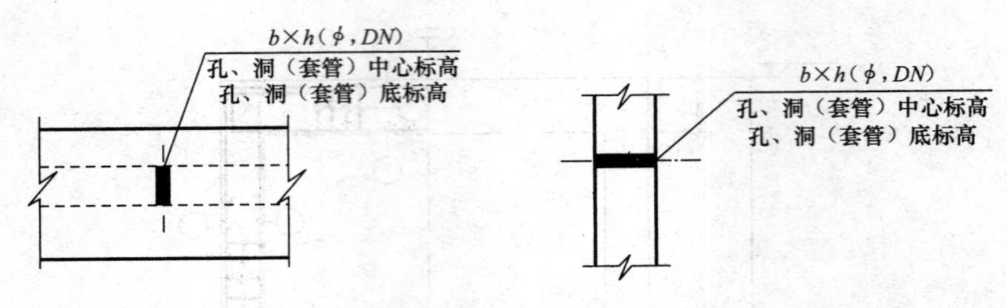

图 1-11　预留孔、洞及预埋套管的表示方法

1.6　钢结构有关表示方法

1.6.1　常用型钢的标注方法

常用型钢的标注方法见表 1-15。

常用型钢的标注方法　　**表 1-15**

序　号	名　称	截　面	标　注	说　明
1	等边角钢	∟	∟ $b\times t$	b 为肢宽 t 为肢厚
2	不等边角钢	∟ (B)	∟ $B\times b\times t$	B 为长肢宽 b 为短肢宽 t 为肢厚
3	工字钢	I	I N　Q I N	轻型工字钢加注 Q 字
4	槽钢	[	[N　Q [N	轻型槽钢加注 Q 字
5	方钢	(b)	□ b	—
6	扁钢	(b)	— $b\times t$	—
7	钢板	—	$-\frac{-b\times t}{L}$	$\frac{宽\times厚}{板长}$

续表

序　号	名　称	截　面	标　注	说　明
8	圆钢		ϕd	—
9	钢管		$\phi d\times t$	d 为外径 t 为壁厚
10	薄壁方钢管		B $b\times t$	薄壁型钢加注 B 字 t 为壁厚
11	薄壁等肢角钢		B $b\times t$	
12	薄壁等肢卷边角钢	a	B $b\times a\times t$	
13	薄壁槽钢	h	B $h\times b\times t$	
14	薄壁卷边槽钢	a	B $h\times b\times a\times t$	
15	薄壁卷边 Z 型钢	h a b	B $h\times b\times a\times t$	
16	T 型钢		TW×× TM×× TN××	TW 为宽翼缘 T 型钢 TM 为中翼缘 T 型钢 TN 为窄翼缘 T 型钢
17	H 型钢		HW×× HM×× HN××	HW 为宽翼缘 H 型钢 HM 为中翼缘 H 型钢 HN 为窄翼缘 H 型钢
18	起重机钢轨		QU××	详细说明产品规格型号
19	轻轨及钢轨		××kg/m钢轨	

1.6.2　螺栓、孔、电焊铆钉的表示方法

螺栓、孔、电焊铆钉的表示方法应符合表 1-16 中的规定。

螺栓、孔、电焊铆钉的表示方法 **表 1-16**

序 号	名 称	图 例	说 明
1	永久螺栓	M ϕ	1. 细“十”线表示定位线 2. M 表示螺栓型号 3. ϕ 表示螺栓孔直径 4. d 表示膨胀螺栓、电焊铆钉直径 5. 采用引出线标注螺栓时，横线上标注螺栓规格，横线下标注螺栓孔直径
2	高强螺栓	M ϕ	
3	安装螺栓	M ϕ	
4	膨胀螺栓	d	
5	圆形螺栓孔	ϕ	
6	长圆形螺栓孔	ϕ b	
7	电焊铆钉	d	

1.6.3 常用焊缝的表示方法

（1）焊接钢构件的焊缝除应按现行的国家标准《焊缝符号表示法》（GB/T 324—2008）有关规定执行外，还应符合本部分的各项规定。

（2）单面焊缝的标注方法应符合下列规定：

1）当箭头指向焊缝所在的一面时，应将图形符号和尺寸标注在横线的上方［图 1-12（a）］。当箭头指向焊缝所在另一面（相对应的那面）时，应按图 1-12（b）的规定执行，将图形符号和尺寸标注在横线的下方。

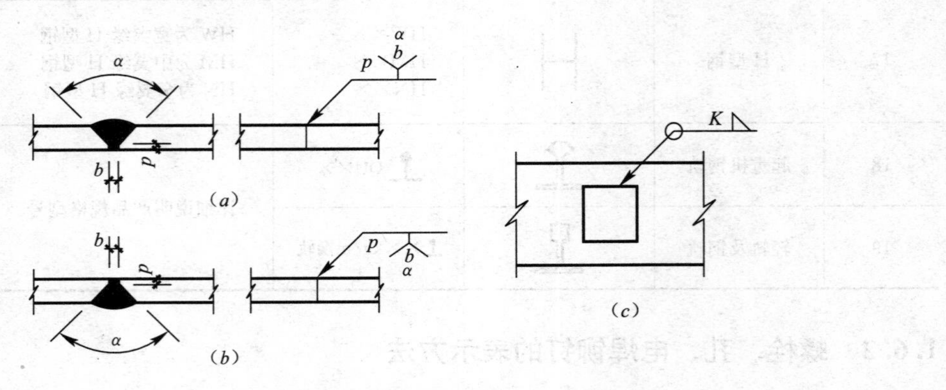

图 1-12 单面焊缝的标注方法

2）表示环绕工作件周围的焊缝时，应按图 1-12（*c*）的规定执行，其围焊焊缝符号为圆圈，绘在引出线的转折处，并标注焊角尺寸 *K*。

（3）双面焊缝的标注，应在横线的上、下都标注符号和尺寸。上方表示箭头一面的符号和尺寸，下方表示另一面的符号和尺寸［图 1-13（*a*）］；当两面的焊缝尺寸相同时，只需在横线上方标注焊缝的符号和尺寸［图 1-13（*b*）、（*c*）、（*d*）］。

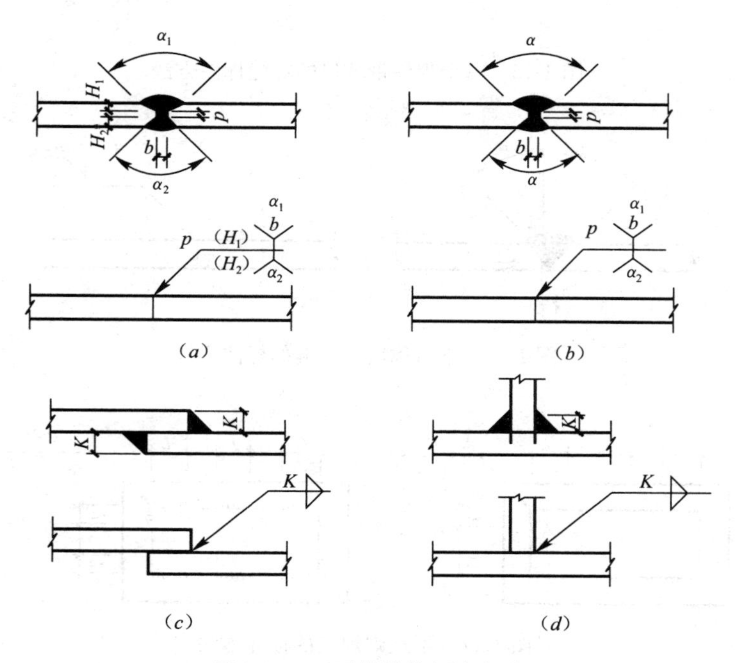

图 1-13　双面焊缝的标注方法

（4）3 个和 3 个以上的焊件相互焊接的焊缝，不得作为双面焊缝标注。其焊缝符号和尺寸应分别标注（图 1-14）。

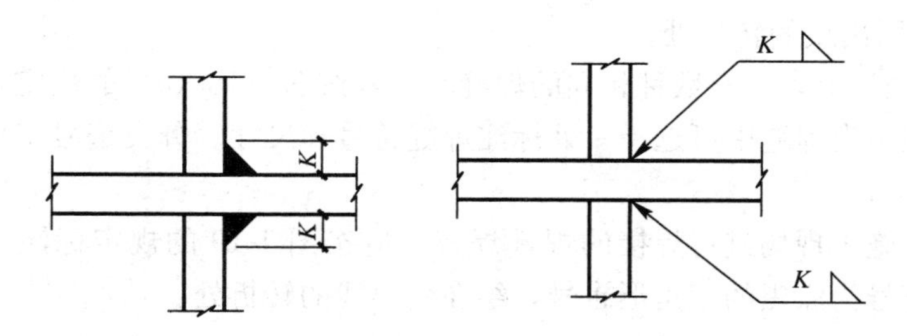

图 1-14　3 个以上焊件的焊缝标注方法

（5）相互焊接的两个焊件中，当只有一个焊件带坡口时（如单面 V 形），引出线箭头必须指向带坡口的焊件（图 1-15）。

（6）相互焊接的 2 个焊件，当为单面带双边不对称坡口焊缝时，应按图 1-16 的规定，引出线箭头应指向较大坡口的焊件。

（7）当焊缝分布不规则时，在标注焊缝符号的同时，可按图 1-17 的规定，宜在焊缝处加中实线（表示可见焊缝），或加细栅线（表示不可见焊缝）。

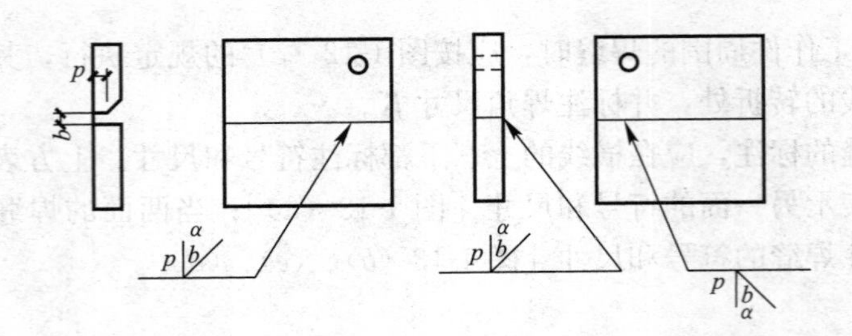

图 1-15　一个焊件带坡口的焊缝标注方法

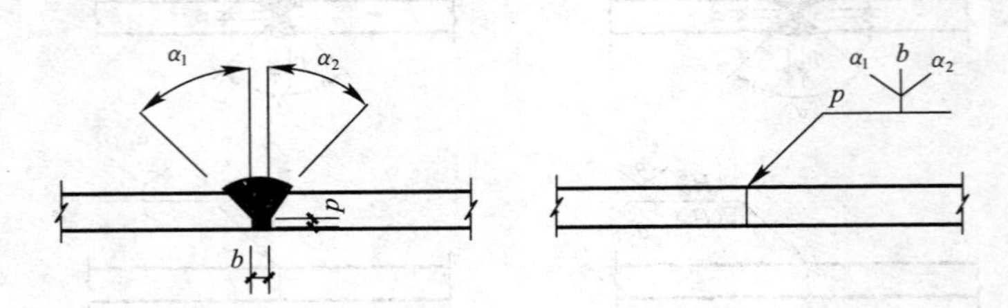

图 1-16　不对称坡口焊缝的标注方法

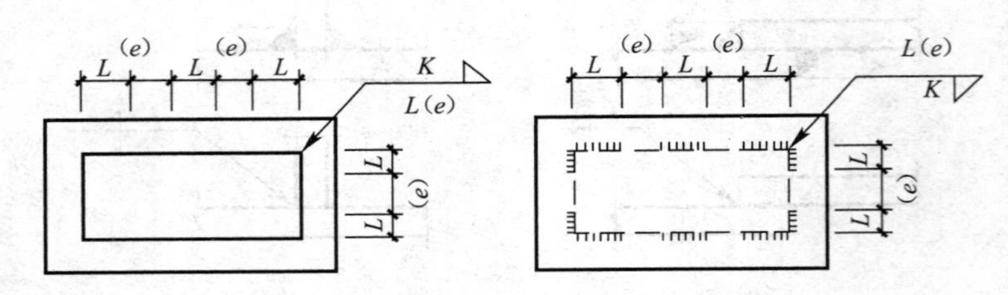

图 1-17　不规则焊缝的标注方法

(8) 相同焊缝符号应按下列方法表示：

1) 在同一图形上，当焊缝形式、断面尺寸和辅助要求均相同时，应按图 1-18 (*a*) 的规定，可只选择一处标注焊缝的符号和尺寸，并加注“相同焊缝符号”，相同焊缝符号为 3/4 圆弧，绘在引出线的转折处。

2) 在同一图形上，当有数种相同的焊缝时，宜按图 1-18 (*b*) 的规定，可将焊缝分类编号标注。在同一类焊缝中可选择一处标注焊缝符号和尺寸。分类编号采用大写的拉丁字母 A、B、C。

(9) 需要在施工现场进行焊接的焊件焊缝，应按图 1-19 的规定标注“现场焊缝”符号。现场焊缝符号为涂黑的三角形旗号，绘在引出线的转折处。

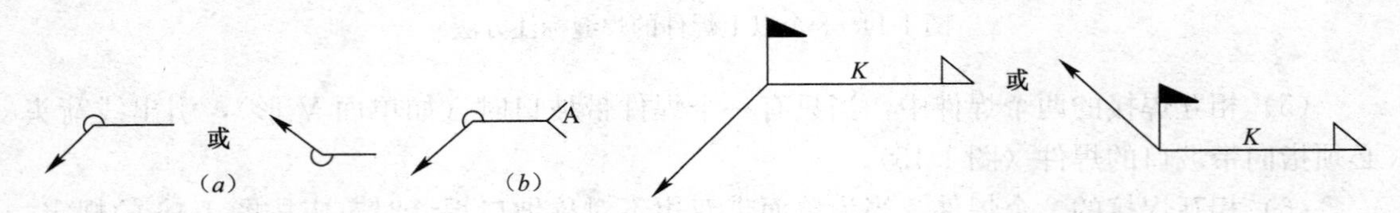

图 1-18　相同焊缝的标注方法　　　　图 1-19　现场焊缝的表示方法

(10) 当需要标注的焊缝能够用文字表述清楚时，也可采用文字表达的方式。

(11) 建筑钢结构常用焊缝符号及符号尺寸应符合表 1-17 的规定。

建筑钢结构常用焊缝符号及符号尺寸　　表 1-17

序号	焊缝名称	形式	标注法	符号尺寸（mm）
1	V 形焊缝	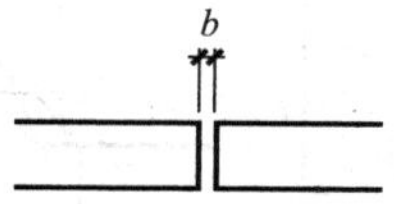 b	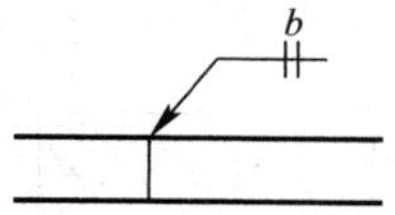 b	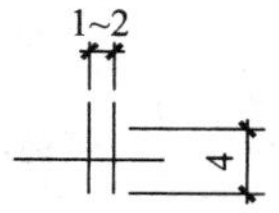 1~2；4
2	单边 V 形焊缝	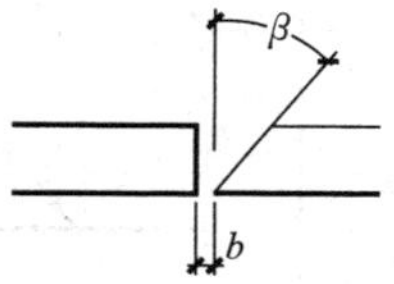 β；b	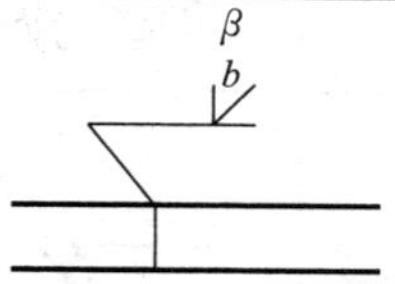 β；b；注：箭头指向剖口	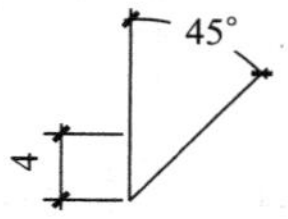 45°；4
3	带钝边单边 V 形焊缝	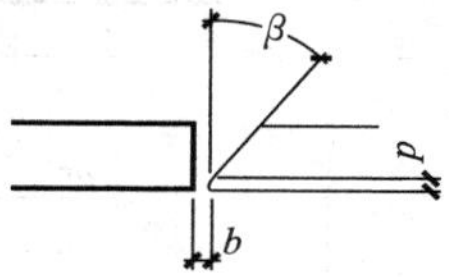 β；p；b	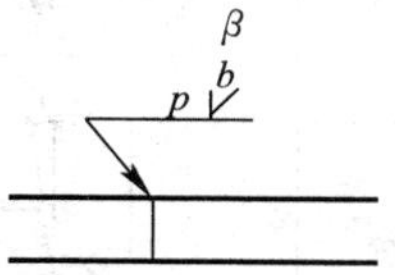 β；p b	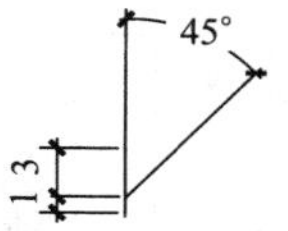 45°；1 3
4	带垫板带钝边单边 V 形焊缝	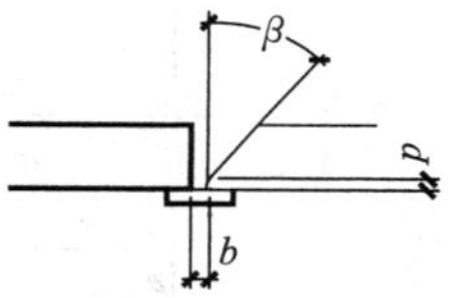 β；p；b	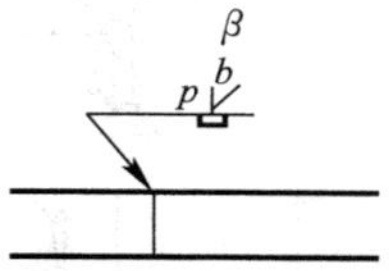 β；p b；注：箭头指向剖口	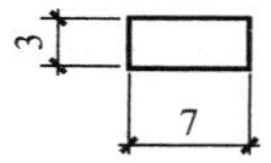 3；7
5	带垫板 V 形焊缝	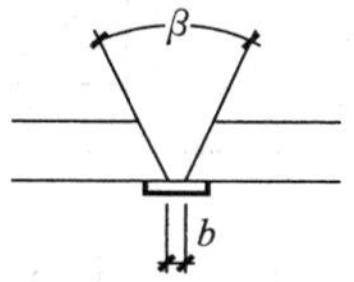 β；b	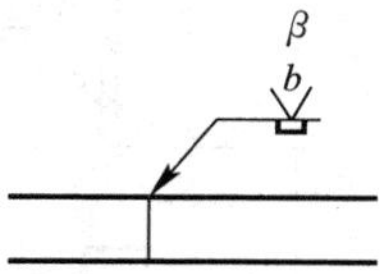 β；b	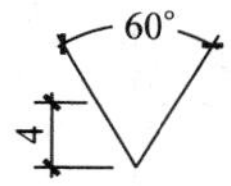 60°；4
6	Y 形焊缝	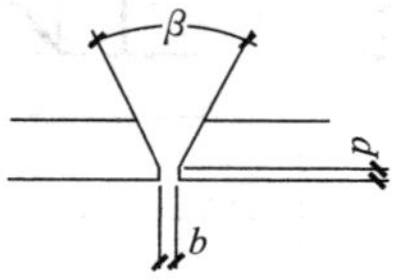 β；p；b	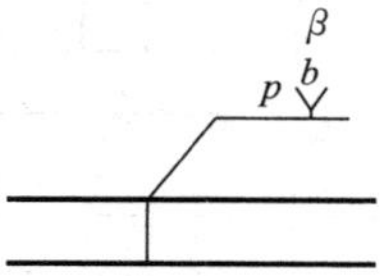 β；p b	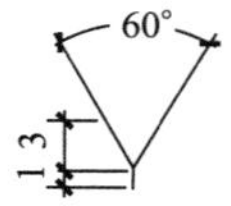 60°；1 3
7	带垫板 Y 形焊缝	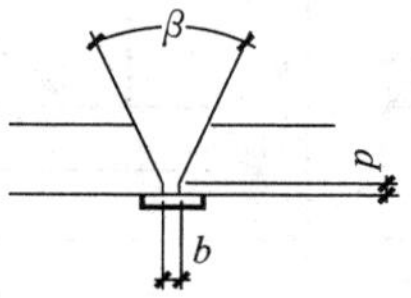 β；p；b	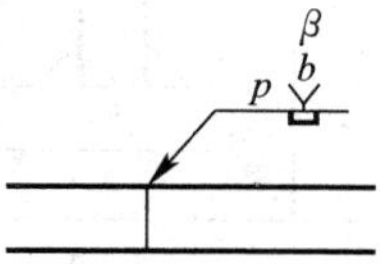 β；p b	—
8	双单边 V 形焊缝	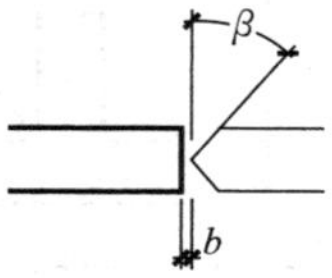 β；b	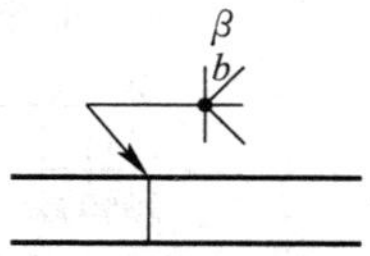 β；b	—
9	双 V 形焊缝	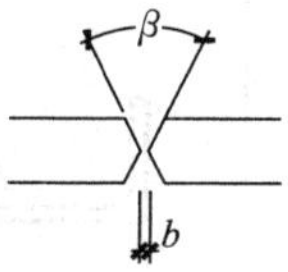 β；b	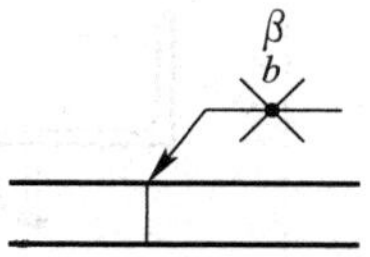 β；b	—

续表

序 号	焊缝名称	形 式	标注法	符号尺寸（mm）
10	带钝边U形焊缝	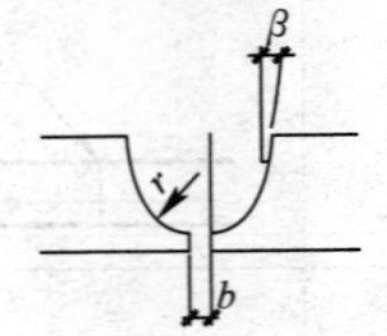 β r b	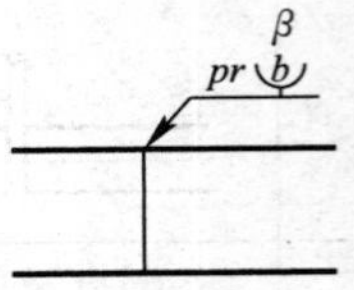 β pr b	 1 3 r3
11	带钝边双U形焊缝	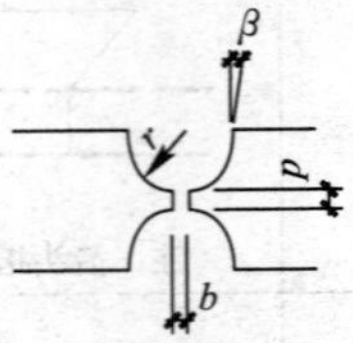 β r p b	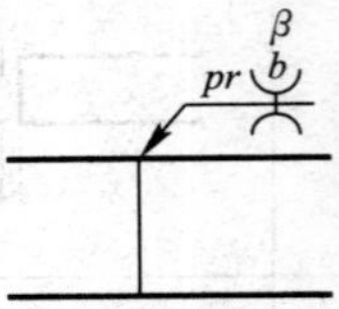 β pr b	—
12	带钝边J形焊缝	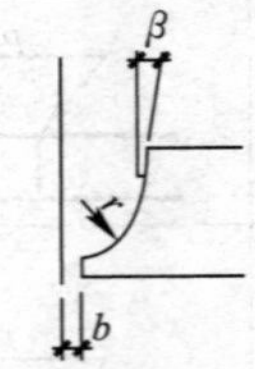 β r b	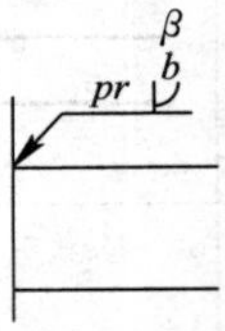 β pr b	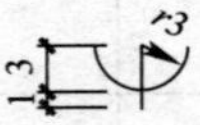 1 3 r3
13	带钝边双J形焊缝	 β r p b	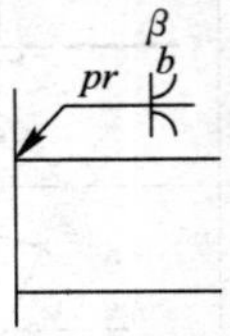 β pr b	—
14	角焊缝	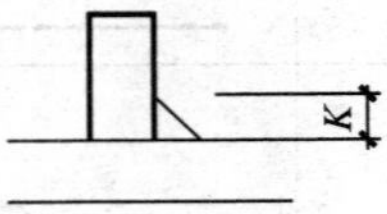 K	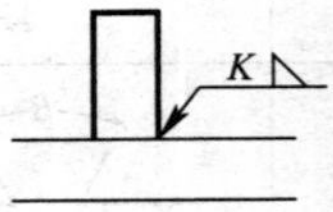 K	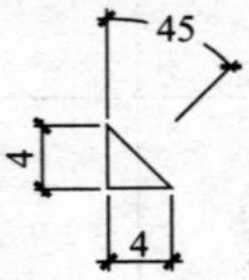 45 4 4
15	双面角焊缝	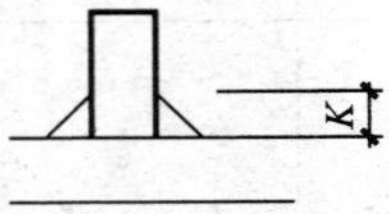 K	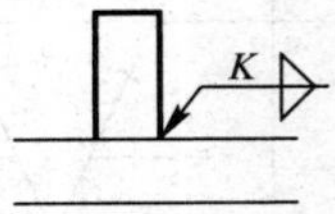 K	—
16	剖口角焊缝	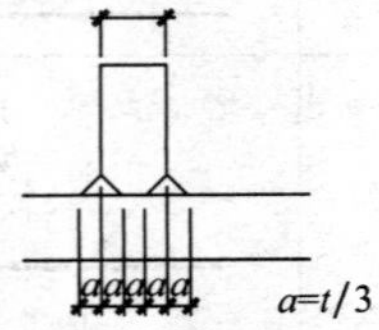 a a a a a a=t/3	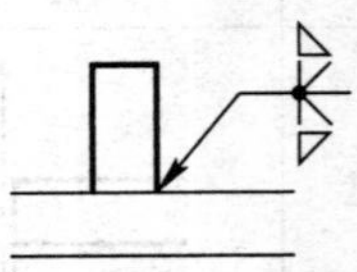	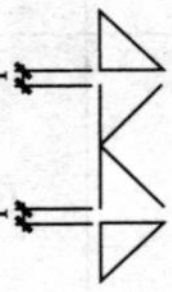 1 1
17	喇叭形焊缝	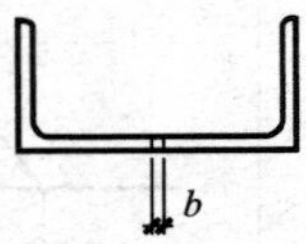 b	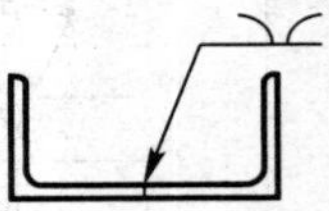	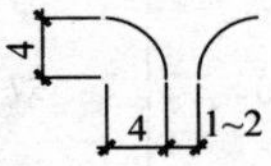 4 4 1~2

续表

序　号	焊缝名称	形　式	标注法	符号尺寸（mm）
18	双面半喇叭形焊缝			
19	塞焊			

1.6.4　尺寸标注

（1）两构件的两条很近的重心线，应按图 1-20 的规定在交汇处将其各自向外错开。

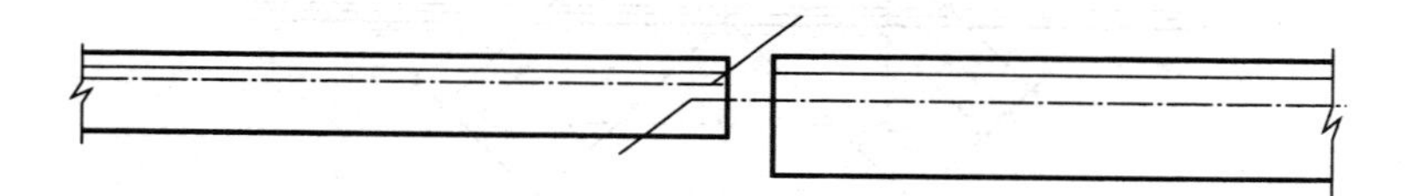

图 1-20　两构件重心不重合的表示方法

（2）弯曲构件的尺寸应按图 1-21 的规定沿其弧度的曲线标注弧的轴线长度。

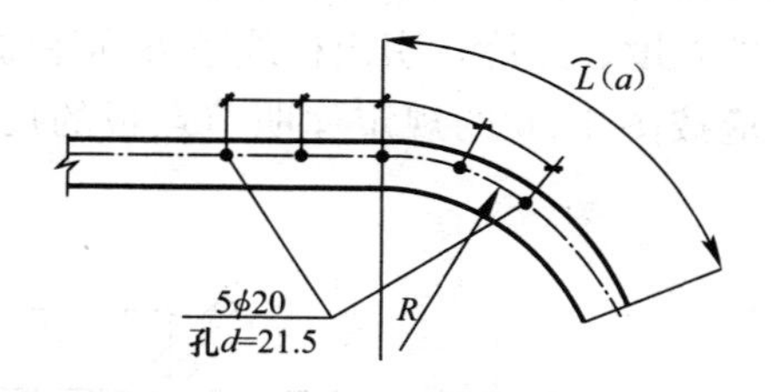

图 1-21　弯曲构件尺寸的标注方法

（3）切割的板材，应按图 1-22 的规定标注各线段的长度及位置。

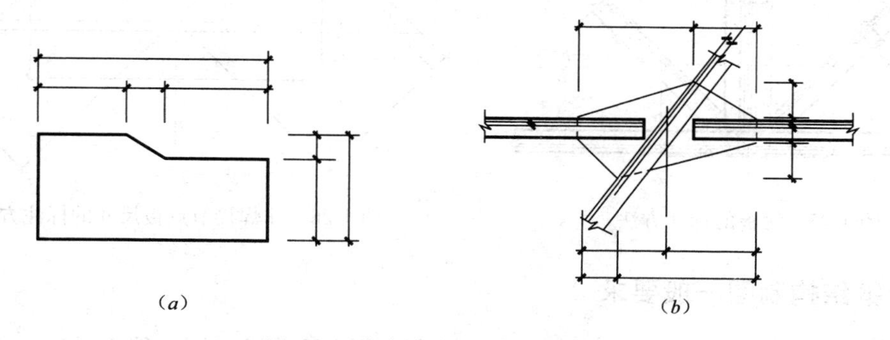

图 1-22　切割板材尺寸的标注方法

（4）不等边角钢的构件，应按图 1-23 的规定标注出角钢一肢的尺寸。

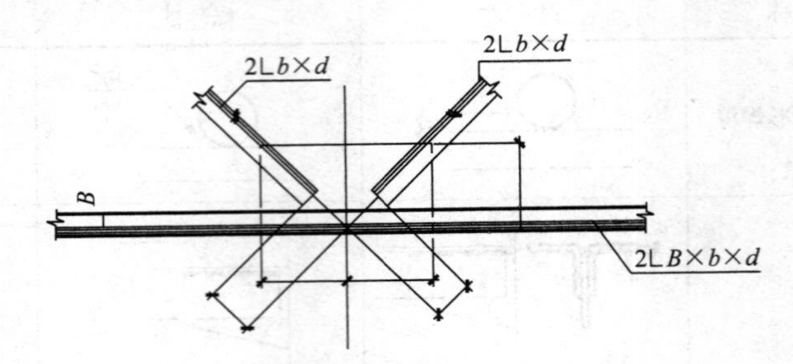

图 1-23　节点尺寸及不等边角钢的标注方法

（5）节点尺寸，应按图 1-23、图 1-24 的规定，注明节点板的尺寸和各杆件螺栓孔中心或中心距，以及杆件端部至几何中心线交点的距离。

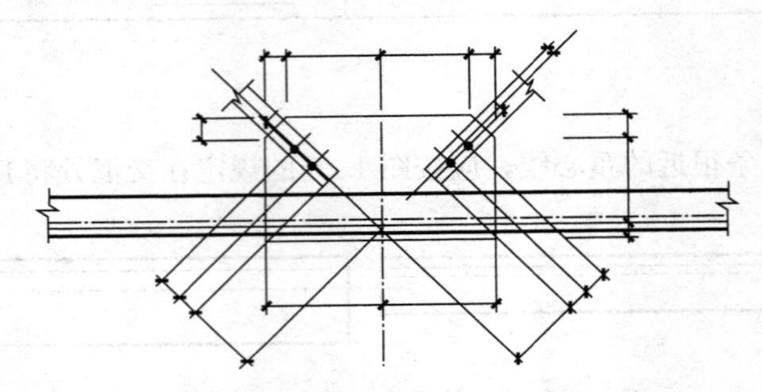

图 1-24　节点尺寸的标注方法

（6）双型钢组合截面的构件，应按图 1-25 的规定注明缀板的数量及尺寸。引出横线上方标注缀板的数量及缀板的宽度、厚度，引出横线下方标注缀板的长度尺寸。

（7）非焊接的节点板，应按图 1-26 的规定注明节点板的尺寸和螺栓孔中心与几何中心线交点的距离。

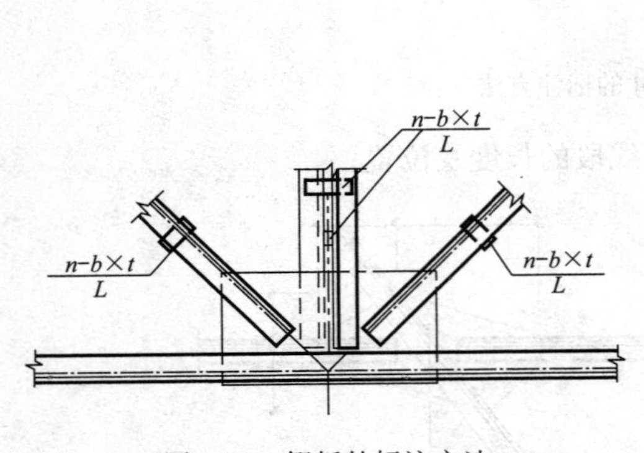

图 1-25　缀板的标注方法

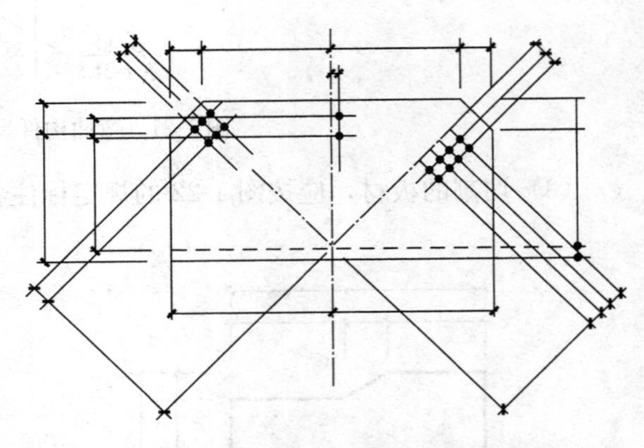

图 1-26　非焊接节点板尺寸的标注方法

1.6.5　钢结构制图一般要求

（1）钢结构布置图可采用单线表示法、复线表示法及单线加短构件表示法，并符合下列规定：

1）单线表示时，应使用构件重心线（细点划线）定位，构件采用中实线表示；非对称截面应在图中注明截面摆放方式。

2）复线表示时，应使用构件重心线（细点划线）定位，构件使用细实线表示构件外轮廓，细虚线表示腹板或肢板。

3）单线加短构件表示时，应使用构件重心线（细点划线）定位，构件采用中实线表示；短构件使用细实线表示构件外轮廓，细虚线表示腹板或肢板；短构件长度一般为构件实际长度的1/3～1/2。

4）为方便表示，非对称截面可采用外轮廓线定位。

（2）构件断面可采用原位标注或编号后集中标注，并符合下列规定：

1）平面图中主要标注内容为梁、水平支撑、栏杆、铺板等平面构件。

2）剖、立面图中主要标注内容为柱、支撑等竖向构件。

（3）构件连接应根据设计深度的不同要求，采用如下表示方法：

1）构造图的表示方法，要求有构件详图及节点详图；

2）索引图加节点详图的表示方法；

3）标准图集的方法。

1.6.6 复杂节点详图的分解索引

（1）从结构平面图或立面图引出的节点详图较为复杂时，可按图1-27的规定，将图1-28的复杂节点分解成多个简化的节点详图进行索引。

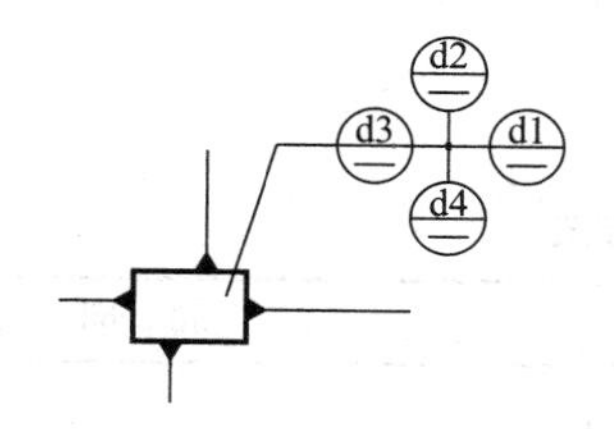

图1-27 分解为简化节点详图的索引

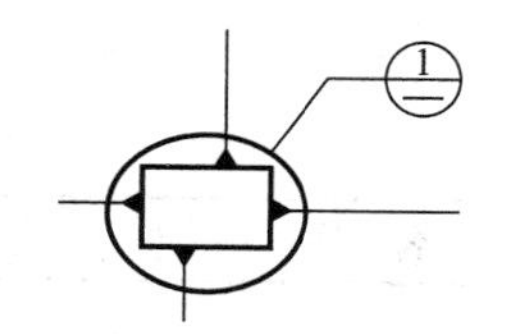

图1-28 复杂节点详图的索引

（2）由复杂节点详图分解的多个简化节点详图有部分或全部相同时，可按图1-29的规定简化标注索引。

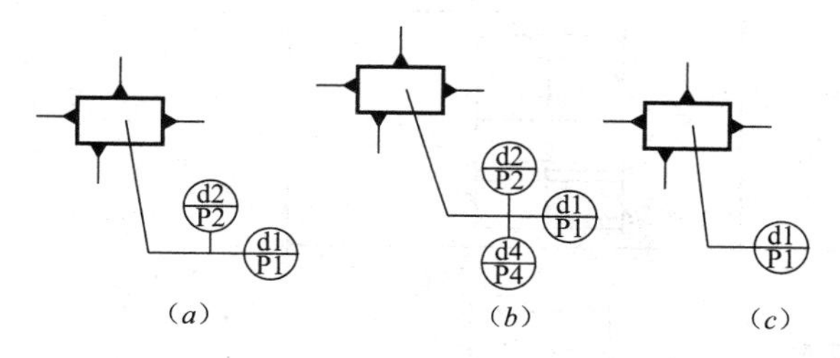

图1-29 节点详图分解索引的简化标注

（*a*）同方向节点相同；（*b*）d1与d3相同，d2与d4不同；（*c*）所有节点相同

1.7 木结构图例

1.7.1 常用木构件断面的表示方法

常用木构件断面的表示方法见表 1-18。

常用木构件断面的表示方法 **表 1-18**

序 号	名 称	图 例	说 明
1	圆木	ϕ或d	1. 木材的断面图均应画出横纹线或顺纹线 2. 立面图一般不画木纹线，但木键的立面图均须绘出木纹线
2	半圆木	$1/2\phi$或d	
3	方木	$b\times h$	
4	木板	$b\times h$或h	

1.7.2 木构件连接的表示方法

木构件连接的表示方法见表 1-19。

木构件连接的表示方法 **表 1-19**

序 号	名 称	图 例	说 明
1	钉连接正面画法 (看得见钉帽的)	$n\phi d\times L$	
2	钉连接背面画法 (看不见钉帽的)	$n\phi d\times L$	
3	木螺钉连接正面画法 (看得见钉帽的)	$n\phi d\times L$	

续表

序号	名称	图例	说明
4	木螺钉连接背面画法（看不见钉帽的）	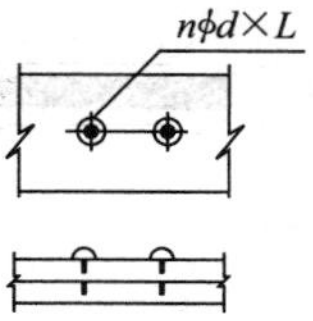 $n\phi d \times L$	—
5	杆件连接		仅用于单线图中
6	螺栓连接	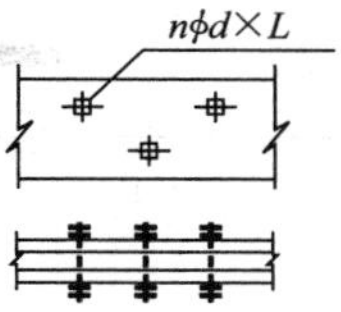 $n\phi d \times L$	1. 当采用双螺母时应加以注明 2. 当采用钢夹板时，可不画垫板线
7	齿连接	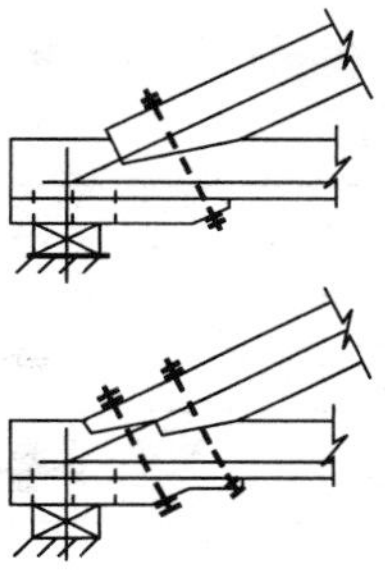	—

1.8 道路工程常用图例

道路工程常用图例应符合表 1-20 的规定。

道路工程常用图例 **表 1-20**

项目	序号	名称	图例
平面	1	涵洞	
	2	通道	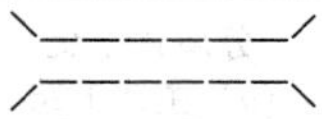
	3	分离式立交 （*a*）主线上跨 （*b*）主线下穿	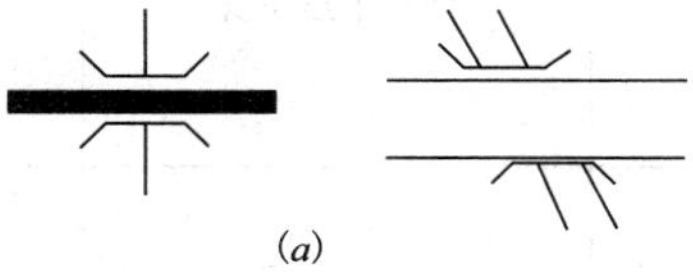 (*a*) 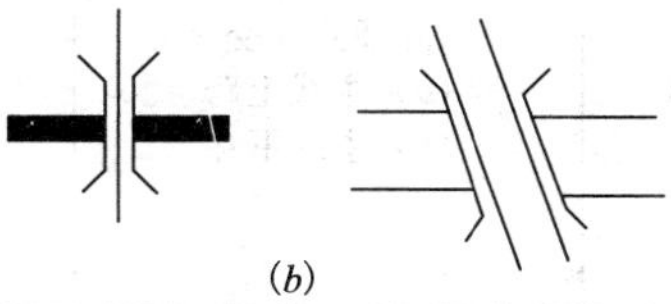 (*b*)

续表

项 目	序 号	名 称	图 例
平面	4	桥梁（大、中桥按实际长度绘）	
	5	互通式立交（按采用形式绘）	
	6	隧道	
	7	养护机构	
	8	管理机构	
	9	防护网	
	10	防护栏	
	11	隔离墩	
纵断	12	箱涵	
	13	管涵	
	14	盖板涵	
	15	拱涵	
	16	箱形通道	
	17	分离式立交 （*a*）主线上跨 （*b*）主线下穿	(a) (b)
	18	互通式立交 （*a*）主线上跨 （*b*）主线下穿	(a) (b)

续表

项　目	序　号	名　称	图　例
材料	19	细粒式沥青混凝土	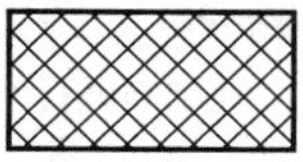
	20	中粒式沥青混凝土	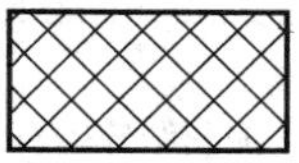
	21	粗粒式沥青混凝土	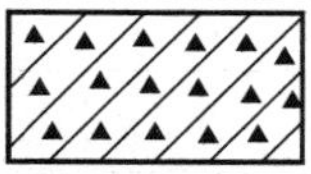
	22	沥青碎石	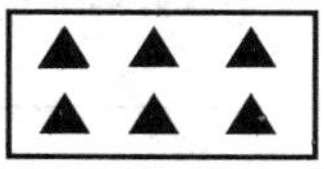
	23	沥青贯入碎砾石	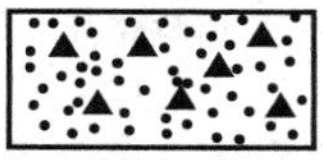
	24	沥青表面处置	
	25	水泥混凝土	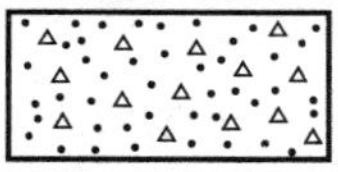
	26	钢筋混凝土	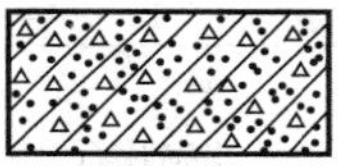
	27	水泥稳定土	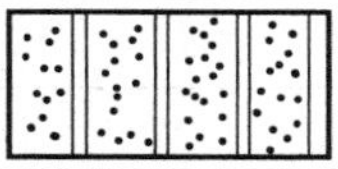
	28	水泥稳定砂砾	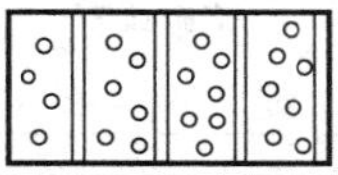
	29	水泥稳定砾石	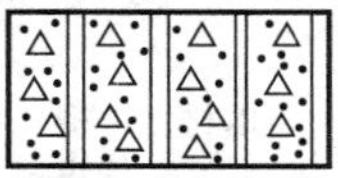
	30	石灰土	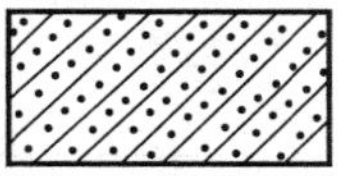
	31	石灰粉煤灰	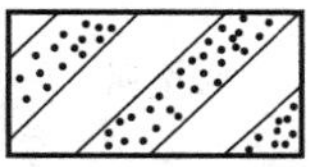
	32	石灰粉煤灰土	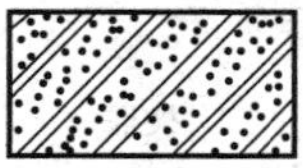
	33	石灰粉煤灰砂砾	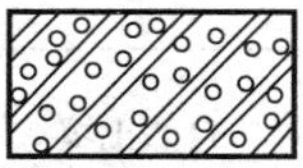
	34	石灰粉煤灰碎砾石	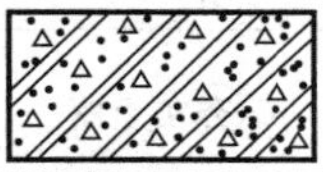

续表

项目	序号	名称	图例
材料	35	泥结碎砾石	
	36	泥灰结碎砾石	
	37	级配碎砾石	
	38	填隙碎石	
	39	天然砂砾	
	40	干砌片石	
	41	浆砌片石	
	42	浆砌块石	
	43	木材 横 纵	
	44	金属	
	45	橡胶	
	46	自然土壤	
	47	夯实土壤	

1.9 管道、附件、管件图例

1.9.1 管道图例

管道类别应以汉语拼音字母表示，管道图例宜符合表 1-21 的要求。

管道图例 **表 1-21**

序号	名称	图例	备注
1	生活给水管	——— J ———	—
2	热水给水管	——— RJ ———	—
3	热水回水管	——— RH ———	—
4	中水给水管	——— ZJ ———	—
5	循环冷却给水管	——— XJ ———	—
6	循环冷却回水管	——— XH ———	—
7	热媒给水管	——— RM ———	—
8	热媒回水管	——— RMH ———	—
9	蒸汽管	——— Z ———	—
10	凝结水管	——— N ———	—
11	废水管	——— F ———	可与中水原水管合用
12	压力废水管	——— YF ———	—
13	通气管	——— T ———	—
14	污水管	——— W ———	—
15	压力污水管	——— YW ———	—
16	雨水管	——— Y ———	—
17	压力雨水管	——— YY ———	—
18	虹吸雨水管	——— HY ———	—
19	膨胀管	——— PZ ———	—
20	保温管		也可用文字说明保温范围

续表

序号	名称	图例	备注
21	伴热管		也可用文字说明保温范围
22	多孔管		
23	地沟管		
24	防护套管		—
25	管道立管	XL-1 平面 XL-1 系统	X为管道类别 L为立管 1为编号
26	空调凝结水管	KN	—
27	排水明沟	坡向	—
28	排水暗沟	坡向	—

注：1. 分区管道用加注角标方式表示。
2. 原有管线可用比同类型的新设管线细一级的线型表示，并加斜线，拆除管线则加叉线。

1.9.2 管道附件

管道附件的图例宜符合表1-22的要求。

管道附件　　表1-22

序号	名称	图例	备注
1	套管伸缩器		—
2	方形伸缩器		—
3	刚性防水套管		—
4	柔性防水套管		—
5	波纹管		—
6	可曲挠橡胶接头	单球 双球	—
7	管道固定支架		—
8	立管检查口		—

续表

序号	名称	图例	备注
9	清扫口	 平面 系统	—
10	通气帽	成品 蘑菇形	—
11	雨水斗	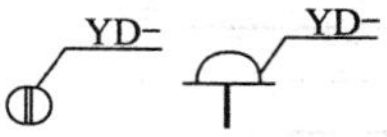 YD- YD- 平面 系统	—
12	排水漏斗	 平面 系统	—
13	圆形地漏	 平面 系统	通用。如为无水封，地漏应加存水弯
14	方形地漏	 平面 系统	—
15	自动冲洗水箱	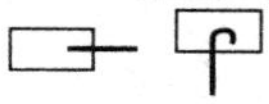	—
16	挡墩	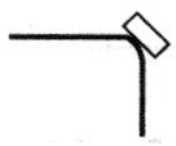	—
17	减压孔板	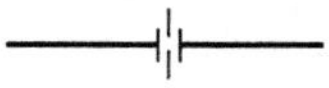	—
18	Y形除污器		—
19	毛发聚集器	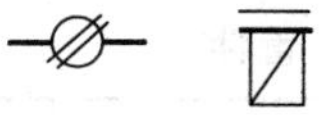 平面 系统	—
20	倒流防止器		—
21	吸气阀		—
22	真空破坏器		—
23	防虫网罩		—
24	金属软管		—

1.9.3 管道连接

管道连接的图例宜符合表 1-23 的要求。

管道连接 **表 1-23**

序号	名称	图例	备注
1	法兰连接		—
2	承插连接		—
3	活接头		—
4	管堵		—
5	法兰堵盖		—
6	盲板		—
7	弯折管	高 低 低 高	—
8	管道丁字上接	高 低	—
9	管道丁字下接	高 低	—
10	管道交叉	低 高	在下面和后面的管道应断开

1.9.4 管件

管件的图例宜符合表 1-24 的要求。

管件 **表 1-24**

序号	名称	图例	序号	名称	图例
1	偏心异径管		8	90°弯头	
2	同心异径管		9	正三通	
3	乙字管		10	TY 三通	
4	喇叭口		11	斜三通	
5	转动接头		12	正四通	
6	S形存水弯		13	斜四通	
7	P形存水弯		14	浴盆排水管	

1.10 阀门、水龙头、消防设施、卫生设备、仪表等图例

1.10.1 阀门

阀门的图例宜符合表 1-25 的要求。

阀门 表 1-25

序 号	名 称	图 例	备 注
1	闸阀		—
2	角阀	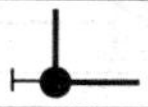	—
3	三通阀		—
4	四通阀	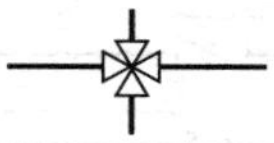	—
5	截止阀	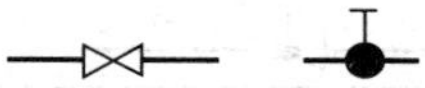	—
6	蝶阀	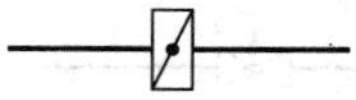	—
7	电动闸阀		—
8	液动闸阀	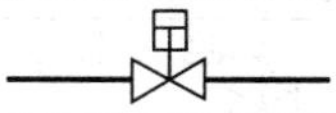	—
9	气动闸阀	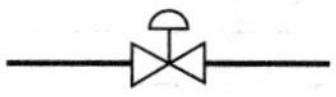	—
10	电动蝶阀	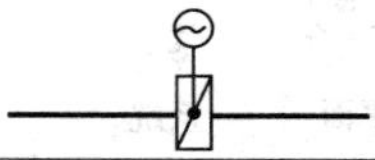	—
11	液动蝶阀	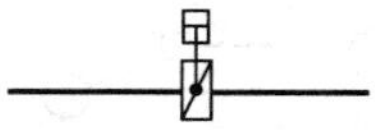	—
12	气动蝶阀	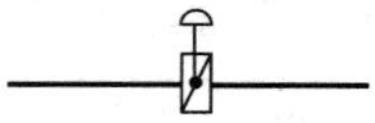	—
13	减压阀		左侧为高压端
14	旋塞阀	平面 系统	—
15	底阀	 平面 系统	—
16	球阀		—
17	隔膜阀		—
18	气开隔膜阀		—

续表

序号	名称	图例	备注
19	气闭隔膜阀		—
20	电动隔膜阀		—
21	温度调节阀		—
22	压力调节阀		—
23	电磁阀	M	—
24	止回阀		—
25	消声止回阀		—
26	持压阀	C	—
27	泄压阀		—
28	弹簧安全阀		左侧为通用
29	平衡锤安全阀		—
30	自动排气阀	平面 系统	—
31	浮球阀	平面 系统	—
32	水力液位控制阀	平面 系统	—
33	延时自闭冲洗阀		—
34	感应式冲洗阀		—
35	吸水喇叭口	平面 系统	—
36	疏水器		—

1.10.2 给水配件

给水配件的图例宜符合表 1-26 的要求。

给水配件　　表 1-26

序号	名称	图例	序号	名称	图例
1	水嘴	平面　系统	6	脚踏开关水嘴	
2	皮带水嘴	平面　系统	7	混合水嘴	
3	洒水（栓）水嘴		8	旋转水嘴	
4	化验水嘴		9	浴盆带喷头混合水嘴	
5	肘式水嘴		10	蹲便器脚踏开关	

1.10.3 消防设施

消防设施的图例宜符合表 1-27 的要求。

消防设施　　表 1-27

序号	名称	图例	备注
1	消火栓给水管	—— XH ——	—
2	自动喷水灭火给水管	—— ZP ——	—
3	雨淋灭火给水管	—— YL ——	—
4	水幕灭火给水管	—— SM ——	—
5	水炮灭火给水管	—— SP ——	—
6	室外消火栓		—
7	室内消火栓（单口）	平面　系统	白色为开启面
8	室内消火栓（双口）	平面　系统	—
9	水泵接合器		—
10	自动喷洒头（开式）	平面　系统	—

续表

序号	名称	图例	备注
11	自动喷洒头（闭式）	平面　系统	下喷
12	自动喷洒头（闭式）	平面　系统	上喷
13	自动喷洒头（闭式）	平面　系统	上下喷
14	侧墙式自动喷洒头	平面　系统	—
15	水喷雾喷头	平面　系统	—
16	直立型水幕喷头	平面　系统	—
17	下垂型水幕喷头	平面　系统	—
18	干式报警阀	平面　系统	—
19	湿式报警阀	平面　系统	—
20	预作用报警阀	平面　系统	—
21	雨淋阀	平面　系统	—
22	信号闸阀		—

续表

序 号	名 称	图 例	备 注
23	信号蝶阀	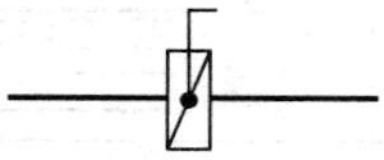	—
24	消防炮	 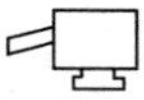 平面 系统	—
25	水流指示器	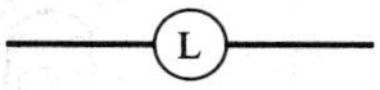 L	—
26	水力警铃		—
27	末端试水装置	 平面 系统	—
28	手提式灭火器	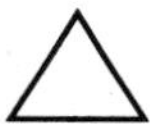	—
29	推车式灭火器		—

注：1. 分区管道用加注角标方式表示。
2. 建筑灭火器的设计图例可按照现行国家标准《建筑灭火器配置设计规范》（GB 50140—2005）的规定确定。

1.10.4 卫生设备及水池

卫生设备及水池的图例宜符合表 1-28 的要求。

卫生设备及水池 表 1-28

序 号	名 称	图 例	备 注
1	立式洗脸盆		—
2	台式洗脸盆	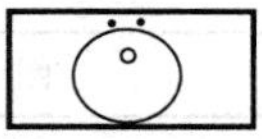	—
3	挂式洗脸盆	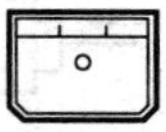	—
4	浴盆	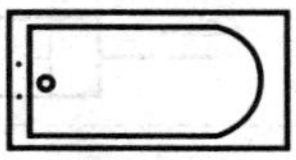	—
5	化验盆、洗涤盆		—
6	厨房洗涤盆	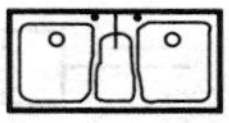	不锈钢制品

续表

序 号	名 称	图 例	备 注
7	带沥水板洗涤盆	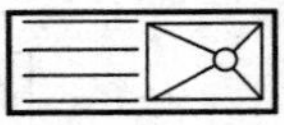	—
8	盥洗盆	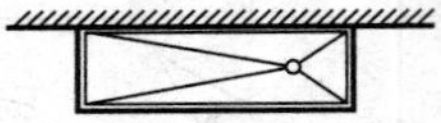	—
9	污水池		—
10	妇女净身盆	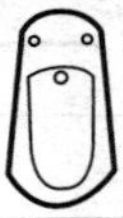	—
11	立式小便器	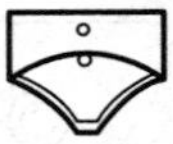	—
12	壁挂式小便器		—
13	蹲式大便器	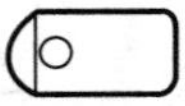	—
14	坐式大便器	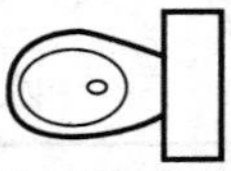	—
15	小便槽	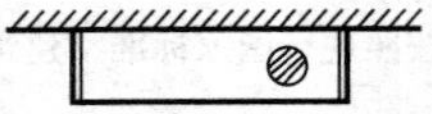	—
16	淋浴喷头		—

注：卫生设备图例也可以建筑专业资料图为准。

1.10.5 小型给水排水构筑物

小型给水排水构筑物的图例宜符合表 1-29 的要求。

小型给水排水构筑物 表 1-29

序 号	名 称	图 例	备 注
1	矩形化粪池	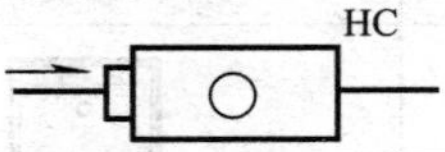 HC	HC 为化粪池
2	隔油池	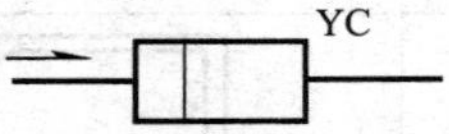 YC	YC 为隔油池代号
3	沉淀池	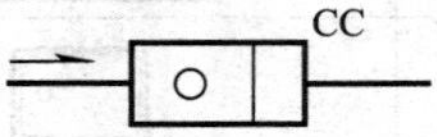 CC	CC 为沉淀池代号
4	降温池	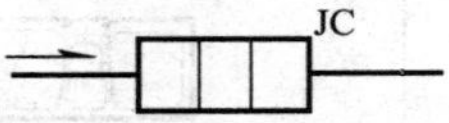 JC	JC 为降温池代号

续表

序号	名称	图例	备注
5	中和池	ZC	ZC为中和池代号
6	雨水口（单箅）		—
7	雨水口（双箅）		—
8	阀门井及检查井	J-XX W-XX Y-XX　J-XX W-XX Y-XX	以代号区别管道
9	水封井		—
10	跌水井		—
11	水表井		—

1.10.6 给水排水设备

给水排水设备的图例宜符合表1-30的要求。

给水排水设备 **表1-30**

序号	名称	图例	备注
1	卧式水泵	或 平面 系统	—
2	立式水泵	平面 系统	—
3	潜水泵		—
4	定量泵		—
5	管道泵		—
6	卧室容积热交换器		—
7	立式容积热交换器		—

续表

序号	名称	图例	备注
8	快速管式热交换器		—
9	板式热交换器		—
10	开水器		—
11	喷射器		小三角为进水端
12	除垢器		—
13	水锤消除器		—
14	搅拌器	M	—
15	紫外线消毒器	ZWX	—

1.10.7 给水排水专业所用仪表

给水排水专业所用仪表的图例宜符合表 1-31 的要求。

仪表　　表 1-31

序号	名称	图例	序号	名称	图例
1	温度计		8	真空表	
2	压力表		9	温度传感器	T
3	自动记录压力表		10	压力传感器	P
4	压力控制器		11	pH 传感器	pH
5	水表		12	酸传感器	H
6	自动记录流量表		13	碱传感器	Na
7	转子流量计	平面　系统	14	余氯传感器	Cl

1.11 电气工程图例

1.11.1 基本规定

1. 图线

（1）建筑电气专业的图线宽度（*b*）应根据图纸的类型、比例和复杂程度，按现行国家标准《房屋建筑制图统一标准》（GB/T 50001—2010）的规定选用，并宜为 0.5mm、0.7mm、1.0mm。

（2）电气总平面图和电气平面图宜采用三种及以上的线宽绘制，其他图样宜采用两种及以上的线宽绘制。

（3）同一张图纸内，相同比例的各图样，宜选用相同的线宽组。

（4）同一个图样内，各种不同线宽组中的细线，可统一采用线宽组中较细的细线。

（5）建筑电气专业常用的制图图线、线型及线宽宜符合表 1-32 的规定。

制图图线、线型及线宽 **表 1-32**

<table>
<tr><th colspan="2">名 称</th><th>线 型</th><th>线 宽</th><th>一般用途</th></tr>
<tr><td rowspan="5">实线</td><td>粗</td><td></td><td>b</td><td rowspan="2">本专业设备之间电气通路连接线、本专业设备可见轮廓线、图形符号轮廓线</td></tr>
<tr><td rowspan="2">中粗</td><td rowspan="2"></td><td>0.7b</td></tr>
<tr><td>0.7b</td><td rowspan="2">本专业设备可见轮廓线、图形符号轮廓线、方框线、建筑物可见轮廓</td></tr>
<tr><td>中</td><td></td><td>0.5b</td></tr>
<tr><td>细</td><td></td><td>0.25b</td><td>非本专业设备可见轮廓线、建筑物可见轮廓；尺寸、标高、角度等标注线及引出线</td></tr>
<tr><td rowspan="5">虚线</td><td>粗</td><td></td><td>b</td><td rowspan="2">本专业设备之间电气通路不可见连接线；线路改造中原有线路</td></tr>
<tr><td rowspan="2">中粗</td><td rowspan="2"></td><td>0.7b</td></tr>
<tr><td>0.7b</td><td rowspan="2">本专业设备不可见轮廓线、地下电缆沟、排管区、隧道、屏蔽线、连锁线</td></tr>
<tr><td>中</td><td></td><td>0.5b</td></tr>
<tr><td>细</td><td></td><td>0.25b</td><td>非本专业设备不可见轮廓线及地下管沟、建筑物不可见轮廓线等</td></tr>
<tr><td rowspan="2">波浪线</td><td>粗</td><td></td><td>b</td><td rowspan="2">本专业软管、软护套保护的电气通路连接线、蛇形敷设线缆</td></tr>
<tr><td>中粗</td><td></td><td>0.7b</td></tr>
<tr><td colspan="2">单点长画线</td><td></td><td>0.25b</td><td>定位轴线、中心线、对称线；结构、功能、单元相同围框线</td></tr>
<tr><td colspan="2">双点长画线</td><td></td><td>0.25b</td><td>辅助围框线、假想或工艺设备轮廓线</td></tr>
<tr><td colspan="2">折断线</td><td></td><td>0.25b</td><td>断开界线</td></tr>
</table>

2. 比例

（1）电气总平面图、电气平面图的制图比例，宜与工程项目设计的主导专业一致，采用的比例宜符合表 1-33 的规定，并应优先采用常用比例。

电气总平面图、电气平面图的制图比例　　表 1-33

序号	图名	常用比例	可用比例
1	电气总平面图、规划图	1∶500、1∶1000、1∶2000	1∶300、1∶5000
2	电气平面图	1∶50、1∶100、1∶150	1∶200
3	电气竖井、设备间、电信间、变配电室等平、剖面图	1∶20、1∶50、1∶100	1∶25、1∶150
4	电气详图、电气大样图	10∶1、5∶1、2∶1、1∶1、1∶2、1∶5、1∶10、1∶20	4∶1、1∶25、1∶50

（2）电气总平面图、电气平面图应按比例制图，并应在图样中标注制图比例。

（3）一个图样宜选用一种比例绘制。选用两种比例绘制时，应做说明。

1.11.2 强电图样常用图形符号

图样中采用的图形符号应符合下列规定：

（1）图形符号可放大或缩小；

（2）当图形符号旋转或镜像时，其中的文字宜为视图的正向；

（3）当图形符号有两种表达形式时，可任选用其中一种形式，但同一工程应使用同一种表达形式；

（4）当现有图形符号不能满足设计要求时，可按图形符号生成原则产生新的图形符号；新产生的图形符号宜由一般符号与一个或多个相关的补充符号组合而成；

（5）补充符号可置于一般符号的里面、外面或与其相交。

1. 变配电系统图形符号

变配电系统图形符号见表 1-34～表 1-37。

发电、变电站图形符号　　表 1-34

序号	名称	图形符号	说明
1	发电站，规划的		用于总平面图
2	发电站，运行的		
3	热电联产发电站，规划的	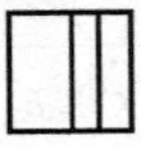	
4	热电联产发电站，运行的		

续表

序号	名　称	图形符号	说　明
5	变电站、配电所，规划的		可在符号内加上任何有关变电站详细类型的说明，用于总平面图
6	变电站、配电所，运行的		用于总平面图
7	水力发电站，规划的		
8	水力发电站，运行的或未规定的		
9	热电站，规划的		
10	热电站，运行的或未规定的		用于平面图
11	地热发电站，规划的		
12	地热发电站，运行的或未规定的		
13	太阳能发电站，规划的		
14	太阳能发电站，运行的或未规定的		
15	风力发电站，规划的		
16	风力发电站，运行的或未规定的		

配电线路图形符号 **表 1-35**

序号	名　称	图形符号	说　明
1	地下线路		用于平面图、总平面图
2	水下线路		

续表

序号	名称	图形符号	说明
3	带接头的地下线路		
4	带充气或注油堵头的线路		用于平面图、总平面图
5	带充气或注油截止阀的线路		
6	带旁路的充气或注油堵头的线路		
7	接闪杆		用于接线图、平面图、总平面图、系统图
8	架空线路		用于总平面图
9	套管线路		
10	六孔管道的线路	6	
11	电力电缆井/人孔		
12	手孔		
13	防雨罩		用于平面图、总平面图
14	防雨罩内的放大点		
15	交接点		
16	线路集线器；自动线路连接器		用于网络图
17	杆上线路集线器		
18	保护阳极		

续表

序号	名称	图形符号	说明
19	Mg 保护阳极	Mg	用于网络图
20	电缆梯架、托盘和槽盒线路		
21	电缆沟线路		
22	中性线		用于电路图、平面图、系统图
23	保护线		
24	保护线和中性线共用线		
25	带中性线和保护线的三相线路		
26	向上配线或布线		用于平面图
27	向下配线或布线		
28	垂直通过配线或布线		
29	由下引来配线或布线		
30	由上引来配线或布线		

管线系统图形符号 **表 1-36**

序号	名称	图形符号		说明
		形式 1	形式 2	
1	直通段			一般符号，用于平面图、概略图

续表

序号	名 称	图形符号 形式1	图形符号 形式2	说 明
2	组合的直通段			用于平面图、概略图
3	终端封头			
4	弯通			
5	T形（三通）			
6	十字形（四通）			
7	无连接的两个系统的交叉			
8	两个独立系统的交叉			
9	长度可调的直通段			
10	内部固定的直通段			
11	外壳膨胀单元			
12	导体膨胀单元			
13	外壳及导体膨胀单元			
14	柔性单元			
15	变径单元			
16	带内部压紧垫板的直通段			

续表

序号	名 称	图形符号		说 明
		形式 1	形式 2	
17	相位转换单元			用于平面图、概略图
18	设备盒（箱）			
19	带内部防火垫板的直通段			
20	末端馈线单元			
21	中心馈线单元			
22	带设备盒（箱）的末端馈线单元			
23	带设备盒（箱）的中心馈线单元			
24	带固定分支的直通段			
25	带几路分支的直通段			
26	带连续移动分支的直通段			
27	带可调步长分支的直通段	1m		
28	带移动分支的直通段			
29	带设备盒（箱）固定分支的直通段			

续表

序号	名　称	图形符号		说　明
		形式 1	形式 2	
30	带设备盒（箱）移动分支的直通段			用于平面图、概略图
31	带保护极插座固定分支的直通段			
32	由两个配线系统组成的直通段	A B	A B	
33	由几个独立间隔组成的直通段	A B C	A B C	

导体、连接件图形符号　　表 1-37

序号	名　称	图形符号		说　明
		形式 1	形式 2	
1	导线组		3	示出导线数，如示出三根导线，用于电路图、接线图、平面图、总平面图、系统图
2	软连接			用于电路图、接线图、平面图、总平面图、系统图
3	端子			
4	端子板			电路图
5	T 型连接			用于电路图、接线图、平面图、总平面图、系统图
6	导线的双 T 连接			
7	跨接连接（跨越连接）			

续表

序号	名称	图形符号		说明
		形式1	形式2	
8	阴接触件（连接器的）、插座			用于电路图、接线图、系统图
9	阳接触件（连接器的）、插头			用于电路图、接线图、平面图、系统图
10	定向连接			
11	进入线束的点			本符号不适用于表示电气连接，用于电路图、接线图、平面图、总平面图、系统图

2. 常用电气元件与设备图形符号

常用电气元件与设备图形符号，见表1-38～表1-45。

电阻器、电容器及半导体元件图形符号　　表1-38

序号	名称	图形符号	说明
1	电阻器		一般符号，用于电路图
2	电容器		
3	半导体二极管		
4	发光二极管（LED）		
5	双向三极闸流晶体管		用于电路图
6	PNP晶体管		

注：1. 当电气元器件需要说明类型和敷设方式时，宜在符号旁标注下列字母：EX—密闭；C—暗装。
　　2. 符号中加上端子符号（○）表明是一个器件，如果使用了端子代号，则端子符号可以省略。

电机、变压器、调压器、电抗器、互感器图形符号　　表 1-39

序号	名　称	图形符号		说　明
		形式 1	形式 2	
1	电机			一般符号，用于电路图、接线图、平面图、系统图
2	三相笼式感应电动机		M 3~	
3	单相笼式感应电动机，有且分相引出端子		M 1~	用于电路图
4	三相绕线式转子感应电动机		M 3~	
5	双绕组变压器			一般符号（形式 2 可表示瞬时电压的极性），用于电路图、接线图、平面图、总平面图、系统图，形式 2 只适用电路图
6	绕组间有屏蔽的双绕组变压器			
7	一个绕组上有中间抽头的变压器			用于电路图、接线图、平面图、总平面图、系统图，形式 2 只适用电路图
8	星形-三角形连接的三相变压器			

续表

序号	名　称	图形符号		说　明
		形式 1	形式 2	
9	具有 4 个抽头的星形-星形连接的三相变压器	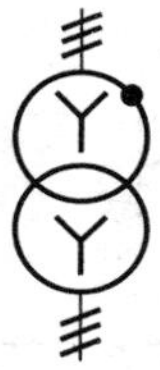	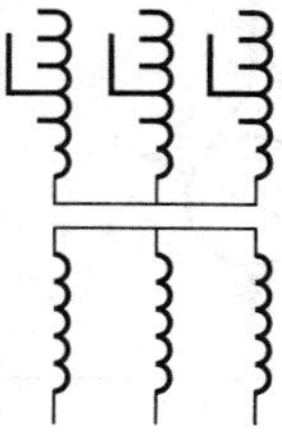	用于电路图、接线图、平面图、总平面图、系统图，形式 2 只适用电路图
10	单相变压器组成的三相变压器，星形-三角形连接	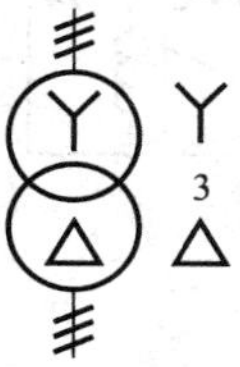	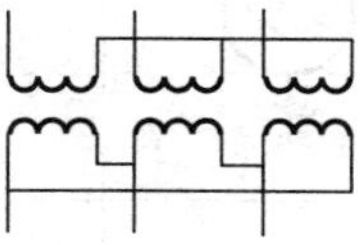	
11	具有分接开关的三相变压器	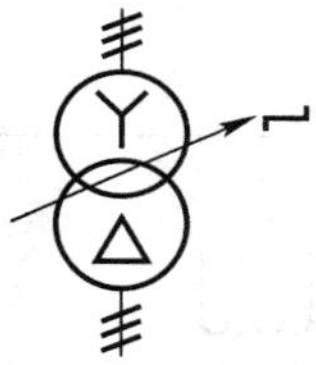	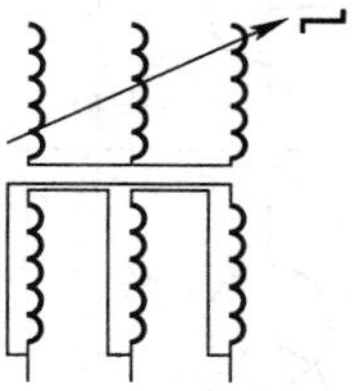	星形-三角形连接，用于电路图、接线图、平面图、系统图，形式 2 只适用电路图
12	三相变压器	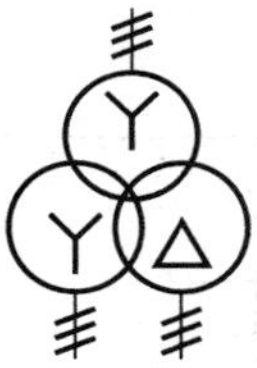	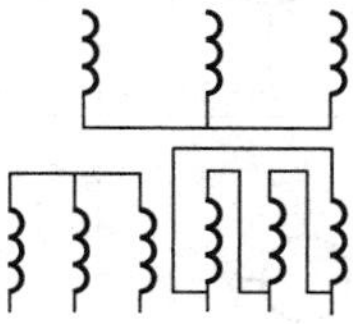	星形-星形-三角形连接，用于电路图、接线图、系统图，形式 2 只适用电路图
13	自耦变压器		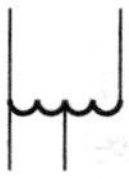	一般符号，用于电路图、接线图、平面图、总平面图、系统图，形式 2 只适用电路图
14	单相自耦变压器		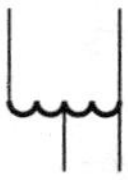	用于电路图、接线图、系统图，形式 2 只适用电路图
15	三相自耦变压器，星形连接		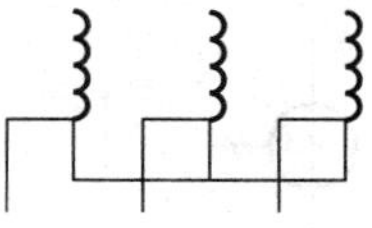	

续表

序号	名　称	图形符号		说　明
		形式 1	形式 2	
16	可调压的单相自耦变压器			用于电路图、接线图、系统图，形式 2 只适用电路图
17	三相感应调压器		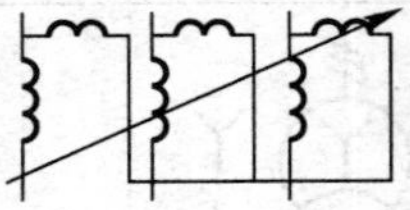	
18	电抗器			一般符号，用于电路图、接线图、系统图，形式 2 只适用电路图
19	电压互感器	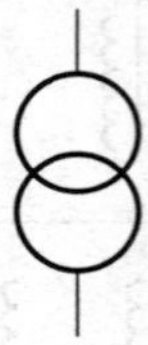	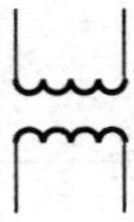	用于电路图、接线图、系统图，形式 2 只适用电路图
20	电流互感器		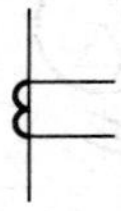	一般符号，用于电路图、接线图、平面图、总平面图、系统图，形式 2 只适用电路图
21	具有两个铁心，每个铁心有一个次级绕组的电流互感器	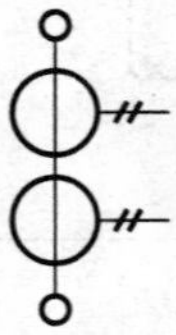	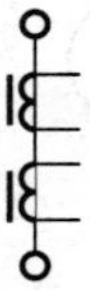	用于电路图、接线图、系统图，形式 2 只适用电路图，其铁心符号可以略去
22	在一个铁心上具有两个次级绕组的电流互感器	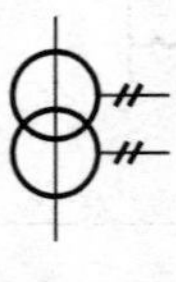	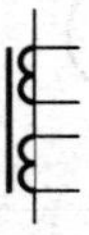	用于电路图、接线图、系统图，形式 2 只适用电路图，其铁心符号必须画出
23	具有三条穿线一次导体的脉冲变压器或电流互感器	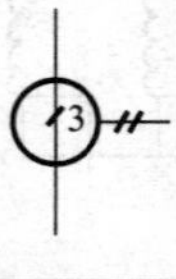	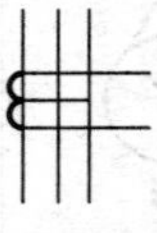	用于电路图、接线图、系统图，形式 2 只适用电路图

续表

序号	名 称	图形符号		说 明
		形式 1	形式 2	
24	三个电流互感器	3 4 3	L1 L2 L3	四个次级引线引出，用于电路图、接线图、系统图，形式 2 只适用电路图
25	具有两个铁心，每个铁心有一个次级绕组的三个电流互感器	3 4 4 3	L1 L2 L3	用于电路图、接线图、系统图，形式 2 只适用电路图
26	两个电流互感器	3 3 2 L1、L3	L1 L2 L3	导线 L1 和导线 L3；三个次级引线引出，用于电路图、接线图、系统图，形式 2 只适用电路图
27	具有两个铁心，每个铁心有一个次级绕组的两个电流互感器	3 3 3 2 L1、L3	L1 L2 L3	用于电路图、接线图、系统图，形式 2 只适用电路图

注：当电机需要区分不同类型时，符号“★”可采用下列字母表示：G—发电机；GP—永磁发电机；GS—同步发电机；M—电动机；MG—能作为发电机或电动机使用的电机；MS—同步电动机；MGS—同步发电机-电动机等。

变换器、整流器、逆变器等器件图形符号 **表 1-40**

序号	名 称	图形符号	说 明
1	物件	○	一般符号，用于电路图、接线图、平面图、系统图
2		□	
3		▭	

续表

序号	名称	图形符号	说明
4	有稳定输出电压的变换器		电路图、接线图、系统图
5	频率由 f1 变到 f2 的变频器		f1 和 f2 可用输入和输出频率的具体数值代替，用于电路图、系统图
6	直流/直流变换器		用于电路图、接线图、系统图
7	整流器		
8	逆变器		
9	整流器/逆变器		
10	原电池		长线代表阳极，短线代表阴极，用于电路图、接线图、系统图
11	静止电能发生器		一般符号，用于电路图、接线图、平面图、系统图
12	光电发生器		用于电路图、接线图、系统图
13	剩余电流监视器		

注：*□可作为电气箱（柜、屏）的图形符号，当需要区分其类型时，宜在□内标注下列字母：LB—照明配电箱；ELB—应急照明配电箱；PB—动力配电箱；EPB—应急动力配电箱；WB—电度表箱；SB—信号箱；TB—电源切换箱；CB—控制箱、操作箱。

开关、触点、继电器及保护器件图形符号　　表 1-41

序号	名称	图形符号		说明
		形式 1	形式 2	
1	动合（常开）触点，开关			一般符号，用于电路图、接线图

续表

序号	名　称	图形符号 形式1	图形符号 形式2	说　明
2	动断（常闭）触点			用于电路图、接线图
3	先断后合的转换触点			
4	中间断开的转换触点			
5	先合后断的双向转换触点			
6	延时闭合的动合触点			当带该触点的器件被吸合时，此触点延时闭合，用于电路图、接线图
7	延时断开的动合触点			当带该触点的器件被释放时，此触点延时断开，用于电路图、接线图
8	延时断开的动断触点			当带该触点的器件被吸合时，此触点延时断开，用于电路图、接线图
9	延时闭合的动断触点			当带该触点的器件被释放时，此触点延时闭合，用于电路图、接线图
10	自动复位的手动按钮开关	E--		用于电路图、接线图
11	无自动复位的手动旋转开关			
12	具有动合触点且自动复位的蘑菇头式的应急按钮开关			

续表

序号	名 称	图形符号		说 明
		形式1	形式2	
13	带有防止无意操作的手动控制的具有动合触点的按钮开关	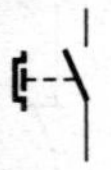		用于电路图、接线图
14	热继电器，动断触点	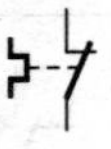		
15	液位控制开关，动合触点	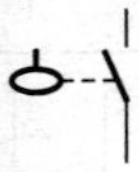		
16	液位控制开关，动断触点	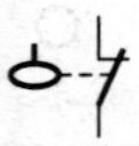		
17	带位置图示的多位开关	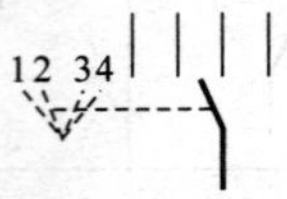 12 34		最多四位，用于电路图
18	接触器；接触器的主动合触点			在非操作位置上触点断开，用于电路图、接线图
19	接触器；接触器的主动断触点	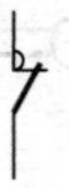		在非操作位置上触点闭合，用于电路图、接线图
20	隔离器			用于电路图、接线图
21	隔离开关			
22	带自动释放功能的隔离开关			具有由内装的测量继电器或脱扣器触发的自动释放功能，用于电路图、接线图
23	断路器			一般符号，用于电路图、接线图
24	带隔离功能断路器			用于电路图、接线图

续表

序号	名称	图形符号		说明
		形式1	形式2	
25	剩余电流动作断路器			用于电路图、接线图
26	带隔离功能的剩余电流动作断路器			
27	继电器线圈，驱动器件	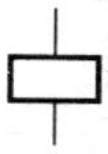		一般符号，用于电路图、接线图
28	缓慢释放继电器线圈	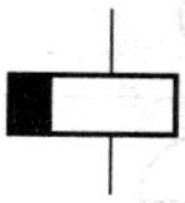		用于电路图、接线图
29	缓慢吸合继电器线圈	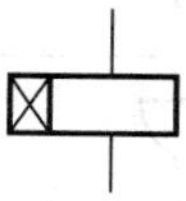		
30	热继电器的驱动器件	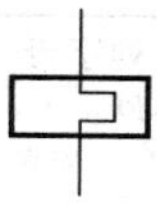		
31	熔断器			一般符号，用于电路图、接线图
32	熔断器式隔离器			用于电路图、接线图
33	熔断器式隔离开关			
34	火花间隙			
35	避雷器			
36	多功能电器，控制与保护开关电器（CPS）			该多功能开关器件可通过使用相关功能符号表示可逆功能、断路器功能、隔离功能、接触器功能和自动脱扣功能。当使用该符号时，可省略不采用的功能符号要素，用于电路图、系统图

测量仪表、灯和信号器件图形符号 表 1-42

序号	名 称	图形符号	说 明
1	电压表	(V)	用于电路图、接线图、系统图
2	电度表（瓦时计）	Wh	
3	复费率电度表	Wh	示出二费率，用于电路图、接线图、系统图
4	信号灯*	⊗	一般符号，用于电路图、接线图、平面图、系统图
5	音响信号装置		一般符号（电喇叭、电铃、单击电铃、电动汽笛），用于电路图、接线图、平面图、系统图
6	蜂鸣器		用于电路图、接线图、平面图、系统图

注：*当信号灯需要指示颜色，宜在符号旁标注下列字母：YE—黄；RD—红；GN—绿；BU—蓝；WH—白。如果需要指示光源种类，宜在符号旁标注下列字母：Na—钠气；Xe—氙；IN—白炽灯；Hg—汞；I—碘；EL—电致发光的；ARC—弧光；IR—红外线的；FL—荧光的；UV—紫外线的；LED—发光二极管。

接线盒、启动器、插座图形符号 表 1-43

序号	名 称	图形符号		说 明
		形式 1	形式 2	
1	连接盒	○		一般符号
2	连接盒，接线盒	⊙		用于平面图
3	用户端			供电引入设备
4	配电中心			—
5	电动机启动器		MS	一般符号，用于电路图、接线图、系统图，形式 2 用于平面图

续表

序号	名　称	图形符号		说　明
		形式 1	形式 2	
6	星-三角启动器		SDS	用于电路图、接线图、系统图，形式 2 用于平面图
7	带自耦变压器的启动器		SAT	
8	带可控硅整流器的调节-启动器		ST	
9	电源插座、插孔			一般符号，用于不带保护极的电源插座，用于平面图
10	多个电源插座	3		表示三个插座，用于平面图
11	带保护极的电源插座			用于平面图
12	带滑动防护板的电源插座			
13	单相二、三极电源插座			
14	带单极开关的电源插座			
15	带保护极和单极开关的电源插座			
16	带连锁开关的电源插座			
17	带隔离变压器的电源插座			例如：剃须插座，用于平面图
18	电信插座			—

注：当电源插座需要区分不同类型时，宜在符号旁标注下列字母：1P—单相；3P—三相；1C—单相暗敷；3C—三相暗敷；1EX—单相防爆；3EX—三相防爆；1EN—单相密闭；3EN—三相密闭。

照明开关、按钮及引出线图形符号 **表 1-44**

序号	名　称	图形符号	说　明
1	开关（单联单控开关）		一般符号，用于平面图
2	双联单控开关		用于平面图
3	三联单控开关		
4	n 联单控开关，n＞3	n	
5	带指示灯的开关 （带指示灯的单联单控开关）		
6	带指示灯双联单控开关		
7	带指示灯的三联单控开关		
8	带指示灯的 n 联单控开关，n＞3	n	
9	单极限时开关	t	
10	单极声光控开关	SL	
11	墙壁明装单极开关		
12	墙壁暗装单极开关		
13	墙壁密封（防水）单极开关		
14	墙壁防爆单极开关		

续表

序号	名称	图形符号	说明
15	双控单极开关		—
16	多位单极开关		
17	单极拉线开关		
18	单极双控拉线开关		
19	双极开关		
20	中间开关		
21	调光器		
22	风机盘管三速开关		用于平面图
23	按钮		
24	带指示灯的按钮		
25	防止无意操作的按钮		例如借助于打碎玻璃罩进行保护，用于平面图
26	定时器	t	—
27	定时开关		
28	钥匙开关		

续表

序号	名称	图形符号	说明
29	照明引出线位置		—
30	墙上照明引出线		

照明灯具、风扇、热水器及泵图形符号　　表 1-45

序号	名称	图形符号	说明
1	灯		一般符号，用于平面图
2	应急疏散指示标志灯	E	用于平面图
3	应急疏散指示标志灯（向右）		
4	应急疏散指示标志灯（向左）		
5	应急疏散指示标志灯（向左、向右）		
6	专用电路上的应急照明灯		
7	自带电源的应急照明灯		
8	荧光灯（单管荧光灯）		一般符号，用于平面图
9	二管荧光灯		用于平面图
10	三管荧光灯		
11	多管荧光灯，n＞3	n	
12	防爆荧光灯		—
13	密闭防爆灯		

续表

序号	名　称	图形符号	说　明
14	单管格栅灯	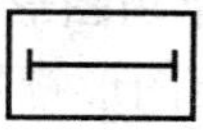	用于平面图
15	双管格栅灯		
16	三管格栅灯	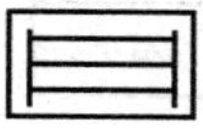	
17	壁灯	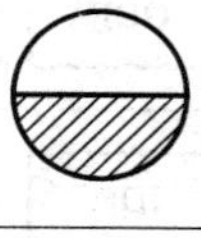	—
18	天棚灯		
19	投光灯		一般符号，用于平面图
20	聚光灯	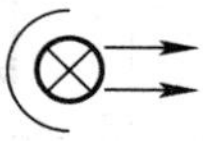	用于平面图
21	泛光灯		—
22	弯灯		
23	防水防尘灯		
24	风扇；风机		用于平面图
25	热水器	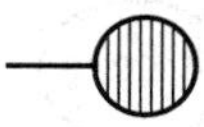	—
26	泵	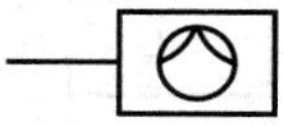	

注：当灯具需要区分不同类型时，宜在符号旁标注下列字母：ST—备用照明；SA—安全照明；LL—局部照明灯；W—壁灯；C—吸顶灯；R—筒灯；EN—密闭灯；G—圆球灯；EX—防爆灯；E—应急灯；L—花灯；P—吊灯；BM—浴霸。

1.11.3 弱电图样常用图形符号

1. 通信及综合布线系统图样常用图形符号

通信及综合布线系统图样常用图形符号见表 1-46～表 1-51。

配线架（柜）及插座 **表 1-46**

序号	名 称	图形符号		说 明
		形式 1	形式 2	
1	总配线架（柜）	MDF		系统图、平面图
2	光纤配线架（柜）	ODF		系统图、平面图
3	中间配线架（柜）	IDF		系统图、平面图
4	建筑物配线架（柜）	BD	BD	有跳线连接，用于系统图
5	楼层配线架（柜）	FD	FD	有跳线连接，用于系统图
6	建筑群配线架（柜）	CD		用于平面图、系统图
7	建筑物配线架（柜）	BD		用于平面图、系统图
8	楼层配线架（柜）	FD		用于平面图、系统图
9	集线器	HUB		用于平面图、系统图
10	交换机	SW		用于平面图、系统图
11	集合点	CP		用于平面图、系统图
12	光纤连接盘	LIU		用于平面图、系统图
13	电话插座	TP	TP	

续表

序号	名称	图形符号		说明
		形式 1	形式 2	
14	数据插座	TD	TD	用于平面图、系统图
15	信息插座	TO	TO	
16	n 孔信息插座	nTO	nTO	n 为信息孔数量，例如：TO—单孔信息插座；2TO—二孔信息插座用于平面图、系统图
17	多用户信息插座	MUTO		用于平面图、系统图

光　缆　　表 1-47

序号	名称	图形符号	说明
1	光缆		光纤或光缆的一般符号
2	多模突变型光纤		—
3	单模突变型光纤		
4	渐变型光纤		
5	光缆参数标注	a/b/c	a——光缆型号 b——光缆芯数 c——光缆长度
6	永久接头		—
7	可拆卸固定接头		
8	光连接器（插头-插座）		

通信线路 表 1-48

序号	名　称	图形符号	说　明
1	通信线路		通信线路的一般符号
2	直埋线路		用于路由图
3	水下线路、海底线路		
4	架空线路		
5	管道线路		管道数量、应用的管孔位置、截面尺寸或其他特征（如管孔排列形式）可标注在管道线路的上方，虚斜线可作为人（手）孔的简易画法，适用于路由图
6	线路中的充气或注油堵头		—
7	具有旁路的充气或注油堵头的线路		
8	沿建筑物敷设：通信线路	W	用于路由图
9	接图线		—

线路设施与分线设备 表 1-49

序号	名　称	图形符号	说　明
1	防电缆光缆蠕动装置		类似于水底光电缆的丝网或网套锚固
2	线路集中器		—
3	埋式光缆电缆铺砖、铺水泥盖板保护		可加文字标注明铺砖为横铺、竖铺及铺设长度或注明铺水泥盖板及铺设长度
4	埋式光缆电缆穿管保护		可加文字标注表示管材规格及数量
5	埋式光缆电缆上方敷设排流线		—
6	埋式电缆旁边敷设防雷消弧线		
7	光缆电缆预留		

续表

序号	名　称	图形符号	说　明
8	光缆电缆蛇形敷设		—
9	电缆充气点		
10	直埋线路标石		直埋线路标石的一般符号，加注 V 表示气门标石，加注 M 表示监测标石
11	光缆电缆盘留		—
12	电缆气闭套管		
13	电缆直通套管		
14	电缆分支套管		
15	电缆接合型接头套管		
16	引出电缆监测线的套管		
17	含有气压报警信号的电缆套管		
18	压力传感器	P	
19	电位针式压力传感器	P	
20	电容针式压力传感器	P	

续表

序号	名　称	图形符号	说　明
21	水线房		—
22	水线标志牌	或	单杆及双杆水线标牌
23	通信线路巡房		—
24	光电缆交接间		—
25	架空交接箱		加 GL 表示光缆架空交接箱
26	落地交接箱		加 GL 表示光缆落地交接箱
27	壁龛交接箱		加 GL 表示光缆壁龛交接箱
28	分线盒	简化形	分线盒一般符号，可按照以下形式加注字母：$\frac{N-B}{C} \mid \frac{d}{D}$ 其中：N—编号；B—容量；C—线序；d—现有用户数；D—设计用户数
29	室内分线盒		—
30	室外分线盒		—

续表

序号	名　称	图形符号	说　明
31	分线箱	 简化形	分线箱的一般符号，加注同序号 28
32	壁龛分线箱	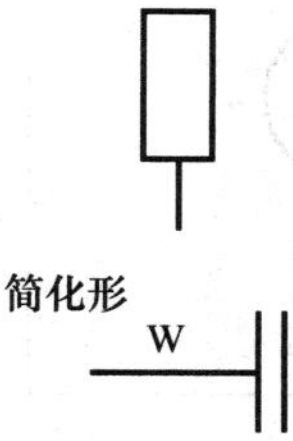 简化形 W	壁龛分线箱的一般符号，加注同序号 28

通信杆路　　表 1-50

序号	名　称	图形符号	说　明
1	电杆		一般符号，可以用文字符号 A-B/C 标注。其中 A—杆路或所属部门；B—杆长；C—杆号
2	单接杆		
3	品接杆	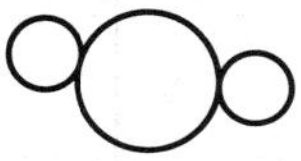	
4	H 型杆	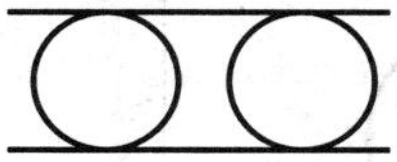	
5	L 型杆	 L	
6	A 型杆	 A	
7	三角杆	 △	
8	四角杆	 #	
9	带撑杆的电杆	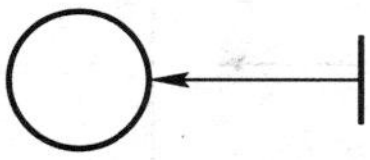	

续表

序号	名　称	图形符号	说　明
10	带撑杆拉线的电杆	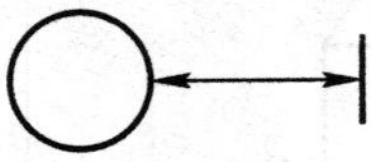	—
11	引上杆	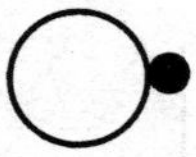	小黑点表示电缆或光缆
12	通信电杆上装设避雷线		—
13	通信电杆上装设带有火花间隙的避雷线		
14	通信电杆上装设放电器	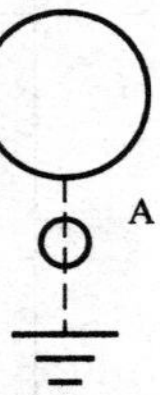 A	在 A 处注明放电器型号
15	电杆保护用围桩	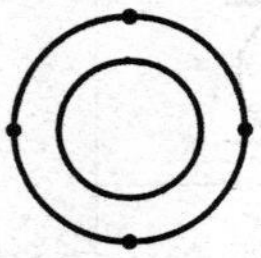	河中打桩杆
16	分水桩	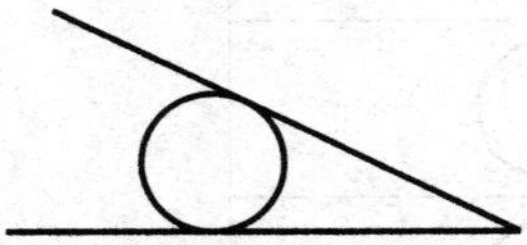	—
17	单方拉线	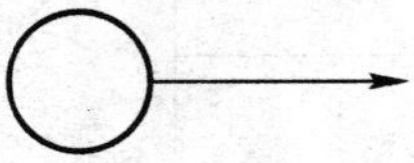	拉线的一般符号
18	双方拉线	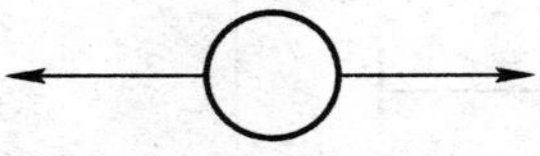	—

续表

序号	名　称	图形符号	说　明
19	四方拉线	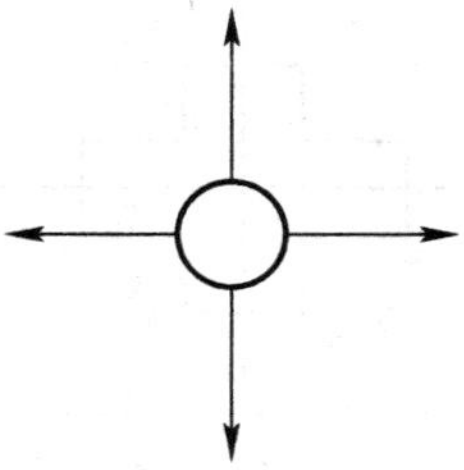	—
20	有 V 型拉线的电杆	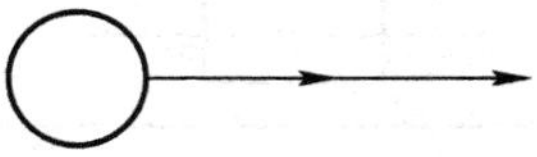	
21	有高桩拉线的电杆	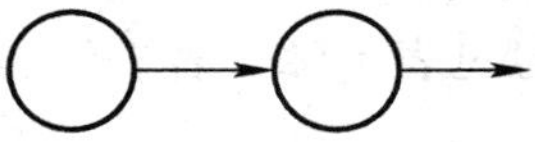	
22	横木或卡盘		

通信管道 **表 1-51**

序　号	名　称	图形符号	说　明
1	直通型人孔	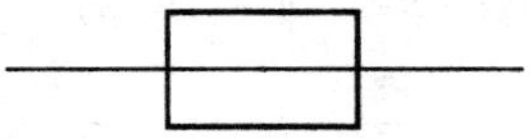	一般符号
2	手孔	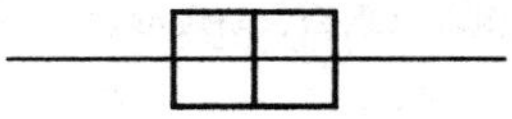	
3	局前人孔	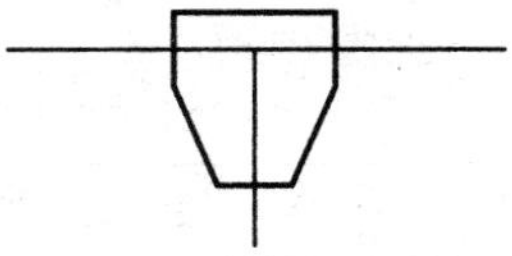	—
4	斜通型人孔	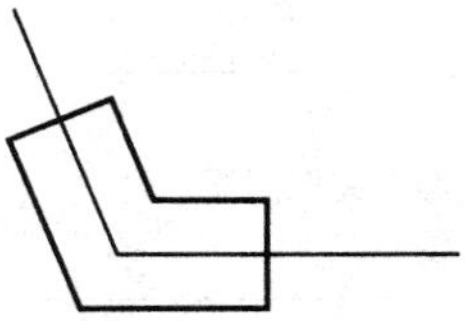	
5	三通型人孔	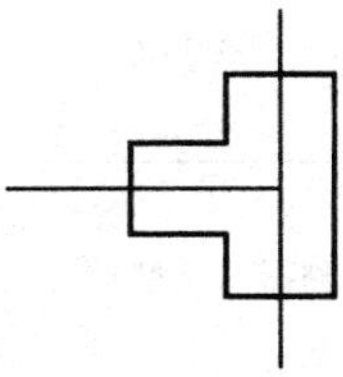	

续表

序号	名称	图形符号	说明
6	四通型人孔		—
7	埋式手孔		

2. 火灾自动报警系统图样常用图形符号

火灾自动报警系统图样常用图形符号见表 1-52～表 1-55。

报警触发装置 **表 1-52**

序号	名称	图形符号	
		形式 1	形式 2
1	感温火灾探测器（点型）		
2	感温火灾探测器（点型、非地址码型）		
3	感温火灾探测器（点型、防爆型）		
4	感温火灾探测器（线型）		
5	点型定温火灾探测器		
6	点型差温火灾探测器		
7	点型差定温火灾探测器		
8	感烟火灾探测器（点型）		

续表

序号	名称	图形符号	
		形式1	形式2
9	感烟火灾探测器（点型、非地址码型）	N	
10	感烟火灾探测器（点型、防爆型）	EX	
11	感光火灾探测器（点型）		
12	红外感光火灾探测器（点型）		
13	紫外感光火灾探测器（点型）		
14	可燃气体探测器（点型）		
15	点型离子感烟火灾探测器		
16	点型光电感烟火灾探测器		
17	吸气型感烟火灾探测器		
18	点型复合式感烟感温火灾探测器		
19	独立式感烟火灾探测器		
20	复合式感光感烟火灾探测器（点型）		
21	复合式感光感温火灾探测器（点型）		

续表

序号	名称	图形符号	
		形式1	形式2
22	线型感温火灾探测器		
23	线型定温火灾探测器		
24	线型差温火灾探测器		
25	线型差定温火灾探测器		
26	线型光束感烟火灾探测器		
27	光束感烟火灾探测器（线型，发射部分）		
28	光束感烟火灾探测器（线型，接受部分）		
29	线型感烟感温火灾探测器（线型，发射部分）		
30	光束感烟感温火灾探测器（线型，发射部分）		
31	光束感烟感温火灾探测器（线型，接受部分）		

续表

序号	名称	图形符号	
		形式 1	形式 2
32	线型可燃气体探测器		
33	消防通风口的手动控制器		
34	消防通风口的热启动控制器		
35	带火警电话插孔的手动报警按钮		
36	水流指示器（组）		L
37	压力开关	P	
38	70℃动作的常开防火阀	70℃	
39	280℃动作的常开排烟阀	280℃	
40	280℃动作的常闭排烟阀	280℃	
41	加压送风口		
42	排烟口	SE	

报警装置 **表 1-53**

序号	名称	图形符号
1	火灾报警控制器*	★
2	火灾报警控制器	B
3	通用型火灾报警控制器	BT
4	集中型火灾报警控制器	BJ

续表

序 号	名 称	图形符号
5	区域型火灾报警控制器	BQ
6	火灾报警控制器（联动型）	BL
7	无线火灾报警控制器	BW
8	光纤火灾报警控制器	BX
9	可燃气体报警控制器	KQ
10	火灾显示盘	X

注：*当火灾报警控制器需要区分不同类型时，符号"★"可采用下列字母：C—集中型火灾报警控制器；Z—区域型火灾报警控制器；G—通用火灾报警控制器；S—可燃气体报警控制器。

控制及辅助装置 **表 1-54**

序 号	名 称	图形符号
1	控制和指示设备*	★
2	消防联动控制器	KL
3	防火卷帘控制器	KJL
4	防烟设备控制器	KFY
5	排烟设备控制器	KPY

续表

序　号	名　称	图形符号
6	自动灭火控制器	KMH
7	防火门控制器	KFM
8	输入/输出模块	M
9	输入模块	MR
10	输出模块	MC
11	消防应急电源（交换）	DY ~
12	消防应急电源（直流）	DY —
13	消防应急电源（交直流）	DY ≂
14	中继器	ZJ
15	短路隔离器	DG
16	消防应急照明灯	ZM
17	疏散指示标志灯	BZ-S
18	消防设施标志灯	BZ-SH

续表

序 号	名 称	图形符号
19	照明标志灯	ZM-BZ
20	电话插孔	◎
21	门灯	⊗
22	接线盒	JX
23	显示器	CRT

注：* 当控制和指示设备需要区分不同类型时，符号“★”可采用下列字母表示：RS—防火卷帘门控制器；RD—防火门磁释放器；I/O—输入/输出模块；I—输入模块；O—输出模块；P—电源模块；T—电信模块；SI—短路隔离器；M—模块箱；SB—安全栅；D—火灾显示盘；FI—楼层显示盘；CRT—火灾计算机图形显示系统；FPA—火警广播系统；MT—对讲电话主机；BO—总线广播模块；TP—总线电话模块。

火灾警报装置 **表 1-55**

序 号	名 称	图形符号
1	火警电铃	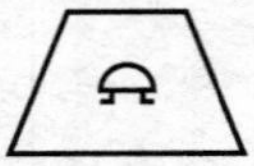
2	消防电话	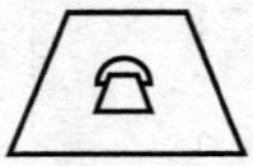
3	火灾声警报器	
4	火灾光警报器	
5	火灾声、光警报器	
6	火灾应急广播扬声器	

3. 有线电视及卫生电视接收系统图样常用图形符号

有线电视及卫星电视接收系统图样常用图形符号见表 1-56。

有线电视及卫星电视接收系统图样常用图形符号 **表 1-56**

序号	名 称	图形符号		说 明
		形式 1	形式 2	
1	天线			一般符号，用于电路图、接线图、平面图、总平面图、系统图
2	带馈线的抛物面天线	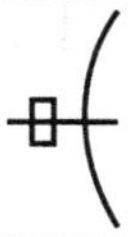		
3	有本地天线引入的前端			符号表示一条馈线支路，用于平面图、总平面图
4	无本地天线引入的前端			符号表示一条输入和一条输出通路，用于平面图、总平面图
5	放大器、中继器			一般符号，三角形指向传输方向，用于电路图、接线图、平面图、总平面图、系统图
6	双向分配放大器			用于电路图、接线图、平面图、总平面图、系统图
7	均衡器			用于平面图、总平面图、系统图
8	可变均衡器			
9	固定衰减器	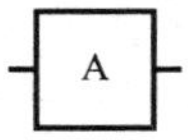		用于电路图、接线图、系统图
10	可变衰减器	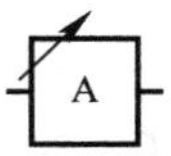		
11	线路电源器件	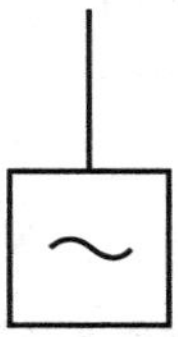		
12	供电阻塞	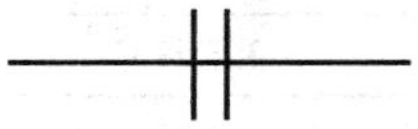		用于平面图、安装图、接线图
13	线路电源接入点	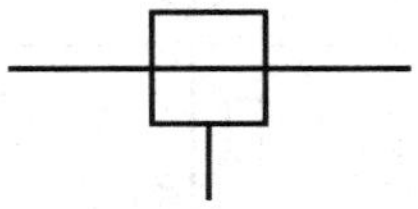		—

续表

序号	名 称	图形符号		说 明
		形式 1	形式 2	
14	解调器		DEM	用于接线图、系统图，形式 2 用于平面图
15	调制器		MO	
16	调制解调器		MOD	
17	分配器			一般符号（表示两路分配器），用于电路图、接线图、平面图、系统图
18	分配器			一般符号（表示三路分配器），用于电路图、接线图、平面图、系统图
19	分配器			一般符号（表示四路分配器），用于电路图、接线图、平面图、系统图
20	系统出线端			用于电路图、接线图、平面图、系统图
21	环路系统出线端，串联出线端			
22	分支器			一般符号（表示一个信号分支），用于电路图、接线图、平面图、系统图
23	分支器			一般符号（表示两个信号分支），用于电路图、接线图、平面图、系统图
24	分支器			一般符号（表示四个信号分支），用于电路图、接线图、平面图、系统图
25	混合器			一般符号（表示两路混合器，信息流从左到右）
26	电视插座	TV	TV	用于平面图、系统图

4. 广播系统图样常用图形符号

广播系统图样常用图形符号见表 1-57。

广播系统图样常用图形符号 **表 1-57**

序 号	名 称	图形符号	说 明
1	传声器		一般符号，用于系统图、平面图
2	扬声器	注1	

续表

序号	名称	图形符号	说明
3	嵌入式安装扬声器箱		用于平面图
4	扬声器箱、音箱、声柱	注1	
5	号筒式扬声器		用于系统图、平面图
6	调谐器、无线电接收机		用于接线图、平面图、总平面图、系统图
7	放大器	注2	一般符号，用于接线图、平面图、总平面图、系统图
8	传声器插座	M	用于平面图、总平面图、系统图

注：1. 当扬声器箱、音箱、声柱需要区分不同的安装形式时，宜在符号旁标注下列字母：C—吸顶式安装；R—嵌入式安装；W—壁挂式安装。
2. 当放大器需要区分不同类型时，宜在符号旁标注下列字母：A—扩大机；PRA—前置放大器；AP—功率放大器。

5. 安全技术防范系统图样常用图形符号

安全技术防范系统图样常用图形符号见表1-58～表1-64。

安全技术防范系统图样常用图形符号　　表1-58

序号	名称	图形符号	说明
1	栅栏		单位地域界标
2	监视区边界		区内有监控，人员出入受控制
3	保护区边界（防护区）		全部在严密监控防护之下，人员出入受限制
4	加强保护区边界（禁区）		位于保护区内，人员出入禁区受严格限制
5	保安巡逻打卡器		
6	警戒电缆传感器		

续表

序　号	名　称	图形符号	说　明
7	警戒感应处理器		长方形，长：宽=1：0.6
8	周界报警控制器		—
9	接口盒		
10	主动红外探测器	Tx IR Rx	发射、接收分别为 Tx、Rx
11	引力导线探测器	W	—
12	静电场或电磁场探测器	E	
13	遮挡式微波探测器	Tx M Rx	
14	埋入线电场扰动探测器	L	
15	弯曲或震动电缆探测器	C	
16	拾音器电缆探测器		
17	光缆探测器	F	
18	压力差探测器		
19	高压脉冲探测器	H	
20	激光探测器	LD	

出入口控制设备图形符号 **表 1-59**

序 号	名 称	图形符号	说 明
1	楼宇对讲系统主机		—
2	对讲电话分机		
3	可视对讲摄像机		
4	可视对讲机		
5	内部对讲设备		
6	可视对讲户外机		用于平面图、系统图
7	电控锁	EL	—
8	磁力锁	M	
9	卡控旋转栅门		—
10	卡控旋转门		

续表

序 号	名 称	图形符号	说 明
11	卡控叉形转栏		
12	出入口数据处理设备		
13	读卡器		
14	键盘读卡器	KP	
15	指纹识别器		
16	掌纹识别器		
17	人像识别器		
18	眼纹识别器		
19	声控锁		

报警开关图形符号 表 1-60

序　号	名　称	图形符号	序　号	名　称	图形符号
1	报警开关		6	门磁开关	
2	紧急脚挑开关		7	电锁按键	E
3	钞票夹开关		8	锁匙开关	
4	紧急按钮开关		9	密码开关	
5	压力垫开关				

振动、接近式探测器图形符号 表 1-61

序　号	名　称	图形符号	说　明
1	振动、接近式探测器		—
2	声波探测器		
3	分布电容探测器		
4	压敏探测器	P	
5	玻璃破碎探测器	B	

续表

序号	名称	图形符号	说明
6	振动探测器	A	结构的或惯性的含振动分析器
7	振动声波复合探测器	A/◖	—
8	商品防盗探测器		—
9	易燃气体探测器		如：煤气、天然气、液化石油气等
10	感应线圈探测器		—

空间移动探测图形符号　　表 1-62

序号	名称	图形符号	说明
1	空间移动探测器		—
2	被动红外入侵探测器	IR	—
3	微波入侵探测器	M	—
4	超声波入侵探测器	U	—
5	被动红外/超声波双技术探测器	IR/U	—

续表

序号	名称	图形符号	说明
6	被动红外/微波双技术探测器	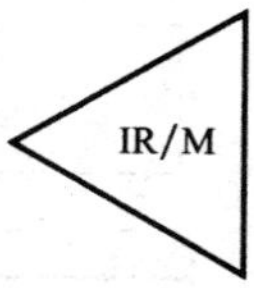 IR/M	—
7	三复合探测器	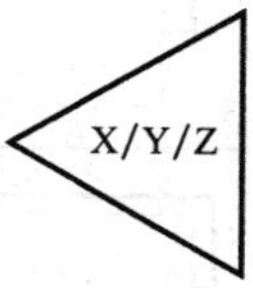 X/Y/Z	X、Y、Z也可是相同的，如X=Y=Z=IR

声、光报警器图形符号　　表1-63

序号	名称	图形符号	说明
1	声、光报警器	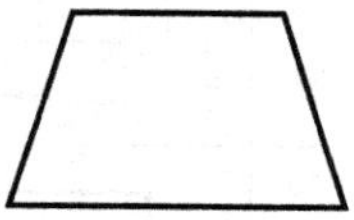	具有内部电源
2	声、光报警箱	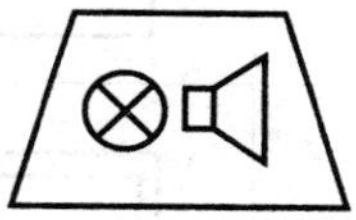	
3	报警灯箱	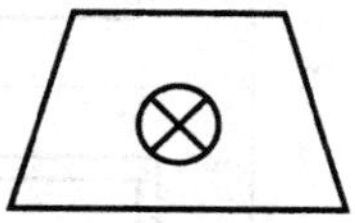	—
4	警铃箱	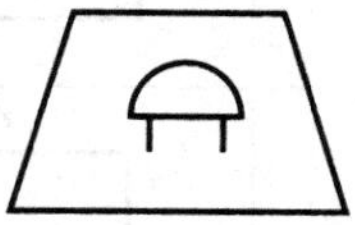	
5	警号箱	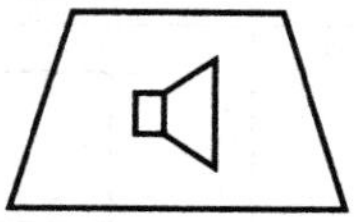	语言报警同一符号

电视监控设备图形符号　　表1-64

序号	名称	图形符号	说明
1	标准镜头		虚线代表摄像机体

续表

序号	名称	图形符号	说明
2	广角镜头		—
3	自动光圈镜头	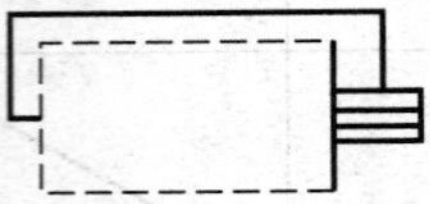	
4	自动光圈电动聚焦镜头	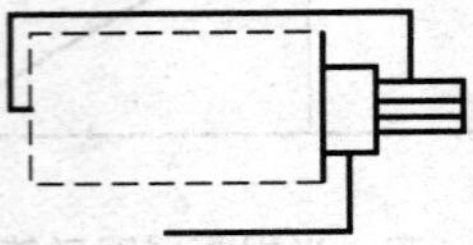	
5	三可变镜头	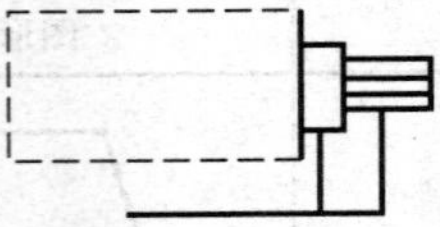	
6	黑白摄像机	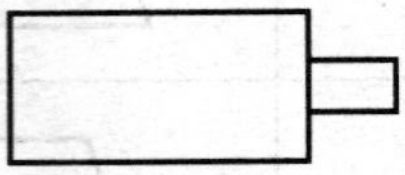	带标准镜头的黑白摄像机
7	彩色摄像机	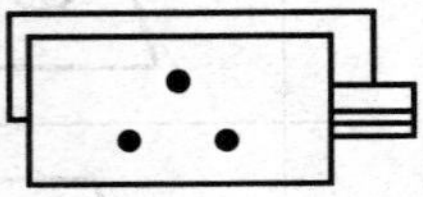	带自动光圈镜头的彩色摄像机
8	微光摄像机	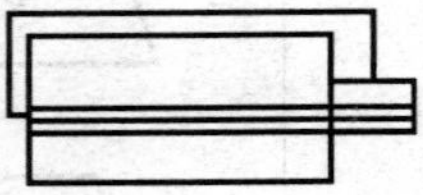	自动光圈，微光摄像机
9	室外防护罩	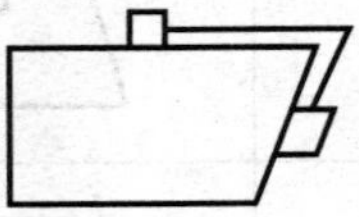	—
10	室内防护罩	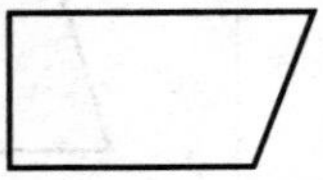	
11	摄像机	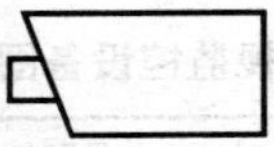	用于平面图、系统图
12	彩色摄像机	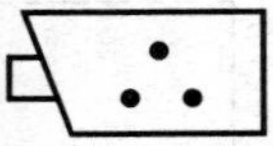	

续表

序　号	名　称	图形符号		说　明
13	彩色转黑白摄像机			—
14	带云台的摄像机			
15	有室外防护罩的摄像机	OH		
16	网络（数字）摄像机	IP		
17	红外摄像机	IR		
18	红外带照明灯摄像机	IR		
19	半球形摄像机	H		
20	全球摄像机	R		
21	时滞录像机	τ		—
22	录像机			普通录像机，彩色录像机通用符号
23	监视器			用于平面图、系统图
24	彩色监视器			
25	视频移动报警器	VM		—

续表

序 号	名 称	图形符号	说 明
26	视频顺序切换器	Y VS X	(1) X代表几路输入 (2) Y代表几路输出
27	视频补偿器	VA	—
28	时间信号发生器	TG	—
29	视频分配器	Y VD X	(1) X代表几路输入 (2) Y代表几路输出
30	云台		—
31	云台、镜头控制器		—
32	图像分割器	(X)	X代表画面数
33	光、电信号转换器	O E	—
34	电、光信号转换器	E O	—

续表

序　号	名　称	图形符号	说　明
35	云台、镜头解码器	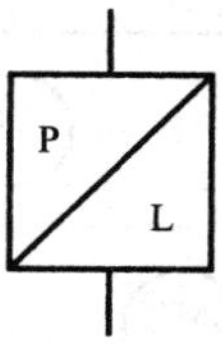 P L	—
36	矩阵控制器	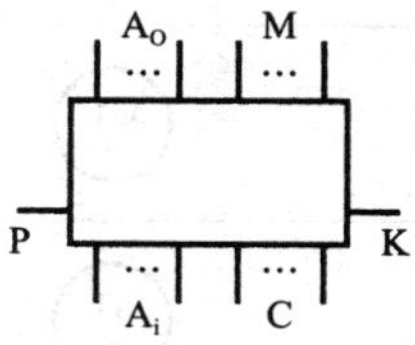 A_o M P K A_i C	A_i—报警输入；A_o—报警输出 C—视频输入；P—云台镜头控制 K—键盘控制；M—视频输出
37	数字监控主机	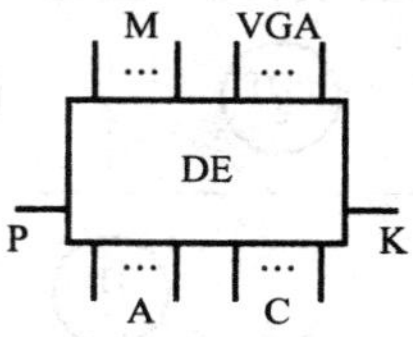 M VGA DE P K A C	VGA—电脑显示器（主输出） M—分控输出、监视器 K—鼠标、键盘 其余同上

6. 建筑设备监控系统图样常用图形符号

建筑设备监控系统图样常用图形符号见表 1-65。

建筑设备监控系统图样常用图形符号　　表 1-65

序　号	名　称	图形符号		应用类别
		形式 1	形式 2	
1	温度传感器	T		用于电路图、平面图、系统图
2	压力传感器	P		
3	湿度传感器	M	H	
4	压差传感器	PD	ΔP	
5	流量测量元件	GE *		* 为位号，用于电路图、平面图、系统图
6	流量变送器	GT *		
7	液位变送器	LT *		
8	压力变送器	PT *		

续表

序 号	名 称	图形符号		应用类别
		形式 1	形式 2	
9	温度变送器	TT *		* 为位号，用于电路图、平面图、系统图
10	湿度变送器	MT *	HT *	
11	位置变送器	GT *		
12	速率变送器	ST *		
13	压差变送器	PDT *	ΔPT *	
14	电流变送器	IT *		
15	电压变送器	UT *		
16	电能变送器	ET *		
17	模拟/数字变换器	A/D		用于电路图、平面图、系统图
18	数字/模拟变换器	D/A		
19	热能表	HM		
20	燃气表	GM		
21	水表	WM		
22	电动阀	M		
23	电磁阀	M		

1.11.4 电气线路线型符号与电气设备标注方式

1. 电气线路线型符号

图样中的电气线路可采用表 1-66 的线型符号绘制。

当同一类型或同一系列的电气设备、线路（回路）、元器件等的数量大于或等于 2 时，应进行编号。

电气线路的标注应符合下列规定：

（1）应标注电气线路的回路编号或参照代号、线缆型号及规格、根数、敷设方式、敷设部位等信息。

（2）对于弱电线路，宜在线路上标注本系列的线型符号，线型符号应按表 1-66 标注。

（3）对于封闭母线、电缆梯架、托盘和槽盒宜标注其规格及安装高度。

图样中的电气线路线型符号　　表 1-66

序 号	名 称	线型符号	
		形式 1	形式 2
1	信号线路	S	——S——
2	控制线路	C	——C——
3	应急照明线路	EL	——EL——
4	保护接地线	PE	——PE——
5	接地线	E	——E——
6	接闪线、接闪带、接闪网	LP	——LP——
7	电话线路	TP	——TP——
8	数据线路	TD	——TD——
9	有线电视线路	TV	——TV——
10	广播线路	BC	——BC——
11	视频线路	V	——V——
12	综合布线系统线路	GCS	——GCS——
13	消防电话线路	F	——F——
14	50V 以下的电源线路	D	——D——
15	直流电源线路	DC	——DC——
16	光缆，一般符号	[symbol]	

2. 电气设备标注方式

绘制图样时，宜采用表 1-67 的电气设备标注方式表示。电气设备的标注应符合下列规定：

（1）宜在用电设备的图形符号附近标注其额定功率、参照代号。

（2）对于电气箱（柜、屏），应在其图形符号附近标注参照代号，并宜标注设备安装容量。

（3）对于照明灯具，宜在其图形符号附近标注灯具的数量、光源数量、光源安装容量、安装高度、安装方式。

电气设备标注方式 表 1-67

序号	项　目	标注方式	说　明
1	用电设备标注	$\frac{a}{b}$	a——参照代号 b——额定容量（kW 或 kVA）
2	系统图电气箱（柜、屏）标注	—a+b/c 注 1	a——参照代号 b——位置信息 c——型号
3	平面图电气箱（柜、屏）标注	—a 注 1	a——参照代号
4	照明、安全、控制变压器标注	a　b/c　d	a——参照代号 b/c——一次电压/二次电压 d——额定容量
5	灯具标注	$a-b\frac{c\times d\times L}{e}f$ 注 2	a——数量 b——型号 c——每盏灯具的光源数量 d——光源安装容量 e——安装高度（m） “—”表示吸顶安装 L——光源种类，当信号灯需要指示颜色，宜在符号旁标注下列字母：YE—黄；RD—红；GN—绿；BU—蓝；WH—白。如果需要指示光源种类，宜在符号旁标注下列字母：Na—钠气；Xe—氙；Ne—氖；IN—白炽灯；Hg—汞；I—碘；EL—电致发光的；ARC—弧光；IR—红外线的；FL—荧光的；UV—紫外线的；LED—发光二极管 f——安装方式，见表 1-70
6	电缆梯架、托盘和槽盒标注	$\frac{a\times b}{c}$	a——宽度（mm） b——高度（mm） c——安装高度（m）
7	光缆标注	a/b/c	a——型号 b——光纤芯数 c——长度

续表

序号	项　目	标注方式	说　明
8	线缆标注	ab－c（d×e＋f×g）i－jh 注 3	a——参照代号 b——型号 c——电缆根数 d——相导体根数 e——根导体截面（mm^2） f——N、PE 导体根数 g——N、PE 导体截面（mm^2） i——敷设方式和管径，见表 1-68 j——敷设部位，见表 1-69 h——安装高度（m）
9	电话线缆标注	a－b（c×2×d）e－f	a——参照代号 b——型号 c——导体对数 d——导体直径（mm） e——敷设方式和管径（mm），见表 1-68 f——敷设部位，见表 1-69

注：1. 前缀“—”在不会引起混淆时可省略。
2. 对于照明灯具，宜在其图形符号附近标注灯具的数量、光源数量、光源安装容量、安装高度、安装方式。
3. 当电源线缆 N 和 PE 分开标注时，应先标注 N 后标注 PE（线缆规格中的电压值在不会引起混淆时可省略）。

1.11.5 文字符号

（1）图样中线缆敷设方式标注宜采用表 1-68 的文字符号。

线缆敷设方式标注的文字符号　　表 1-68

名　称	文字符号	名　称	文字符号
穿低压注体输送用焊接钢管（钢导管）敷设	SC	电缆梯架敷设	CL
穿普通碳素钢电线套管敷设	MT	金属槽盒敷设	MR
穿可挠金属电线保护套管敷设	CP	塑料槽盒敷设	PR
穿硬塑料导管敷设	PC	钢索敷设	M
穿阻燃半硬塑料导管敷设	FPC	直埋敷设	DB
穿塑料波纹电线管敷设	KPC	电缆沟敷设	TC
电缆托盘敷设	CT	电缆排管敷设	CE

（2）线缆敷设部位标注的文字符号见表 1-69。

线缆敷设部位标注的文字符号　　表 1-69

名　称	文字符号	名　称	文字符号
沿或跨梁（屋架）敷设	AB	暗敷设在顶板内	CC
沿或跨柱敷设	AC	暗敷设在梁内	BC
沿吊顶或顶板面敷设	CE	暗敷设在柱内	CLC
吊顶内敷设	SCE	暗敷设在墙内	WC
沿墙面敷设	WS	暗敷设在地板或地面下	FC
沿屋面敷设	RS		

（3）灯具安装方式标注的文字符号见表 1-70。

灯具安装方式标注的文字符号　　表 1-70

名　称	文字符号	名　称	文字符号
线吊式	SW	吊顶内安装	CR
链吊式	CS	墙壁内安装	WR
管吊式	DS	支架上安装	S
壁装式	W	柱上安装	CL
吸顶式	C	座装	HM
嵌入式	R		

（4）供配电系统设计文件的标注文字符号见表 1-71。

供配电系统设计文件标注的文字符号　　表 1-71

文字符号	名　称	单　位
U_n	系统标称电压，线电压（有效值）	V
U_r	设备的额定电压，线电压（有效值）	V
I_r	额定电流	A
f	频率	Hz
P_r	额定功率	kW
P_n	设备安装功率	kW
P_c	计算有功功率	kW
Q_c	计算无功功率	kvar
S_c	计算视在功率	kVA
S_r	额定视在功率	kVA
I_c	计算电流	A
I_{st}	启动电流	A
I_p	尖峰电流	A
I_s	整定电流	A
I_k	稳态短路电流	kA
$\cos\varphi$	功率因数	—
u_{kr}	阻抗电压	%
i_p	短路电流峰值	kA
S''_{KQ}	短路容量	MVA
K_d	需要系数	—

（5）设备端子和导体的标志和标识见表 1-72。

设备端子和导体的标志和标识　　表 1-72

导　体		文字符号	
		设备端子标志	导体和导体终端标识
交流导体	第 1 线	U	L1
	第 2 线	V	L2
	第 3 线	W	L3
	中性导体	N	N

续表

导体		文字符号	
		设备端子标志	导体和导体终端标识
直流导体	正极	+或C	L+
	负极	-或D	L-
	中间点导体	M	M
保护导体		PE	PE
PEN导体		PEN	PEN

(6) 电气设备常用参照代号的字母代码见表1-73。当电气设备的图形符号在图样中不能清晰地表达其信息时，应在其图形符号附近标注参照代号。编号宜选用1、2、3……数字顺序排列。参照代号采用字母代码标注时，参照代号宜由前缀符号、字母代码和数字组成。当采用参照代号标注不会引起混淆时，参照代号的前缀符号可省略。

参照代号可表示项目的数量、安装位置、方案等信息。参照代号的编制规则宜在设计文件里说明。

电气设备常用参照代号的字母代码 **表1-73**

项目	设备、装置和元件名称	参照代号的字母代码	
		主类代码	含子类代码
两种或两种以上的用途或任务	35kV开关柜	A	AH
	20kV开关柜		AJ
	10kV开关柜		AK
	6kV开关柜		—
	低压配电柜		AN
	并联电容器箱（柜、屏）		ACC
	直流配电箱（柜、屏）		AD
	保护箱（柜、屏）		AR
	电能计量箱（柜、屏）		AM
	信号箱（柜、屏）		AS
	电源自动切换箱（柜、屏）		AT
	动力配电箱（柜、屏）		AP
	应急动力配电箱（柜、屏）		APE
	控制、操作箱（柜、屏）		AC
	励磁箱（柜、屏）		AE
	照明配电箱（柜、屏）		AL
	应急照明配电箱（柜、屏）		ALE
	电度表箱（柜、屏）		AW
	弱电系统设备箱（柜、屏）		—
把某一输入变量（物理性质、条件或事件）转换为供进一步处理的信号	热过载继电器	B	BB
	保护继电器		BB
	电流互感器		BE
	电压互感器		BE
	测量继电器		BE
	测量电阻（分流）		BE

续表

项　目	设备、装置和元件名称	参照代号的字母代码	
		主类代码	含子类代码
把某一输入变量（物理性质、条件或事件）转换为供进一步处理的信号	测量变送器	B	BE
	气表、水表		BF
	差压传感器		BF
	流量传感器		BF
	接近开关、位置开关		BG
	接近传感器		BG
	时针、计时器		BK
	湿度计、湿度测量传感器		BM
	压力传感器		BP
	烟雾（感烟）探测器		BR
	感光（火焰）探测器		BR
	光电池		BR
	速度计、转速计		BS
	速度变换器		BS
	温度传感器、温度计		BT
	麦克风		BX
	视频摄像机		BX
	火灾探测器		
	气体探测器		—
	测量变换器		
	位置测量传感器		BG
	液位测量传感器*		BL
材料、能量或信号的存储	电容器	C	CA
	线圈		CB
	硬盘		CF
	存储器		CF
	磁带记录仪、磁带机		CF
	录像机		CF
提供辐射能或热能	白炽灯、荧光灯	E	EA
	紫外灯		EA
	电炉、电暖炉		EB
	电热、电热丝		EB
	灯、灯泡		
	激光器		—
	发光设备		
	辐射器		
直接防止（自动）能量流、信息流、人身或设备发生危险的或意外的情况，包括用于防护的系统和设备	热过载释放器	F	FD
	熔断器		FA
	安全栅		FC
	电涌保护器		FC
	接闪器		FE
	接闪杆		FE
	保护阳极（阴极）		FR

续表

项　目	设备、装置和元件名称	参照代号的字母代码	
		主类代码	含子类代码
启动能量流或材料流，产生用作信息载体或参考源的信号。生产一种新能量、材料或产品	发电机	G	GA
	直流发电机		GA
	电动发电机组		GA
	柴油发电机组		GA
	蓄电池、干电池		GB
	燃料电池		GB
	太阳能电池		GC
	信号发生器		GF
	不间断电源		GU
处理（接收、加工和提供）信号或信息（用于防护的物体除外，见F类）	继电器	K	KF
	时间继电器		KF
	控制器（电、电子）		KF
	输入、输出模块		KF
	接收机		KF
	发射机		KF
	光耦器		KF
	控制器（光、声学）		KG
	阀门控制器		KH
	瞬时接触继电器		KA
	电流继电器		KC
	电压继电器		KV
	信号继电器		KS
	瓦斯保护继电器		KB
	压力继电器		KPR
提供驱动用机械能（旋转或线性机械运动）	电动机	M	MA
	直线电动机		MA
	电磁驱动		MB
	励磁线圈		MB
	执行器		ML
	弹簧储能装置		ML
提供信息	打印机	P	PF
	录音机		PF
	电压表		PV
	告警灯、信号灯		PG
	监视器、显示器		PG
	LED（发光二极管）		PG
	铃、钟		PB
	计量表		PG
	电流表		PA
	电度表		PJ

续表

项　目	设备、装置和元件名称	参照代号的字母代码	
		主类代码	含子类代码
提供信息	时钟、操作时间表	P	PT
	无功电度表		PJR
	最大需用量表		PM
	有功功率表		PW
	功率因数表		PPF
	无功电流表		PAR
	（脉冲）计数器		PC
	记录仪器		PS
	频率表		PF
	相位表		PPA
	转速表		PT
	同位指示器		PS
	无色信号灯		PG
	白色信号灯		PGW
	红色信号灯		PGR
	绿色信号灯		PGG
	黄色信号灯		PGY
	显示器		PC
	温度计、液位计		PG
受控切换或改变能量流、信号流或材料流（对于控制电路中的信号，见K类和S类）	断路器	Q	QA
	接触器		QAC
	晶闸管、电动机启动器		QA
	隔离器、隔离开关		QB
	熔断器式隔离器		QB
	熔断器式隔离开关		QB
	接地开关		QC
	旁路断路器		QD
	电源转换开关		QCS
	剩余电流保护断路器		QR
	软启动器		QAS
	综合启动器		QCS
	星-三角启动器		QSD
	自耦降压启动器		QTS
	转子变阻式启动器		QRS
限制或稳定能量、信息或材料的运动或流动	电阻器、二极管	R	RA
	电抗线圈		RA
	滤波器、均衡器		RF
	电磁锁		RL
	限流器		RN
	电感器		—

续表

项　目	设备、装置和元件名称	参照代号的字母代码	
		主类代码	含子类代码
把手动操作转变为进一步处理的特定信号	控制开关	S	SF
	按钮开关		SF
	多位开关（选择开关）		SAC
	启动按钮		SF
	停止按钮		SS
	复位按钮		SR
	试验按钮		ST
	电压表切换开关		SV
	电流表切换开关		SA
保持能量性质不变的能量变换，已建立的信号保持信息内容不变的变换，材料形态或形状的变换	变频器、频率转换器	T	TA
	电力变压器		TA
	DC/DC 转换器		TA
	整流器、AC/DC 变换器		TB
	天线、放大器		TF
	调制器、解调器		TF
	隔离变压器		TF
	控制变压器		TC
	整流变压器		TR
	照明变压器		TL
	有载调压变压器		TLC
	自耦变压器		TT
保护物体在一定的位置	支柱绝缘子	U	UB
	强电梯架、托盘和槽盒		UB
	瓷瓶		UB
	弱电梯架、托盘和槽盒		UG
	绝缘子		—
从一地到另一地导引或输送能量、信号、材料或产品	高压母线、母线槽	W	WA
	高压配电线缆		WB
	低压母线、母线槽		WC
	低压配电线缆		WD
	数据总线		WF
	控制电缆、测量电缆		WG
	光缆、光纤		WH
	信号线路		WS
	电力（动力）线路		WP
	照明线路		WL
	应急电力（动力）线路		WPE
	应急照明线路		WLE
	滑触线		WT

续表

项　目	设备、装置和元件名称	参照代号的字母代码	
		主类代码	含子类代码
连接物	高压端子、接线盒	X	XB
	高压电缆头		XB
	低压端子、端子板		XD
	过路接线盒、接线端子箱		XD
	低压电缆头		XD
	插座、插座箱		XD
	接地端子、屏蔽接地端子		XE
	信号分配器		XG
	信号插头连接器		XG
	（光学）信号连接		XH
	连接器		—
	插头		—

（7）常用辅助文字符号见表1-74。

常用辅助文字符号　　**表 1-74**

文字符号	中文名称	文字符号	中文名称	文字符号	中文名称
A	电流	DCD	解调	IND	感应
A	模拟	DEC	减	L	左
AC	交流	DP	调度	L	限制
A、AUT	自动	DR	方向	L	低
ACC	加速	DS	失步	LL	最低（较低）
ADD	附加	E	接地	LA	闭锁
ADJ	可调	EC	编码	M	主
AUX	辅助	EM	紧急	M	中
ASY	异步	EMS	发射	M、MAN	手动
B、BRK	制动	EX	防爆	MAX	最大
BC	广播	F	快速	MIN	最小
BK	黑	FA	事故	MC	微波
BU	蓝	FB	反馈	MD	调制
BW	向后	FM	调频	MH	人孔（人井）
C	控制	FW	正、向前	MN	监听
CCW	逆时针	FX	固定	MO	瞬间（时）
CD	操作台（独立）	G	气体	MUX	多路复用的限定符号
CO	切换	GN	绿	NR	正常
CW	顺时针	H	高	OFF	断开
D	延时、延迟	HH	最高（较高）	ON	闭合
D	差动	HH	手孔	OUT	输出
D	数字	HV	高压	O/E	光电转换器
D	降	IN	输入	P	压力
DC	直流	INC	增	P	保护

续表

文字符号	中文名称	文字符号	中文名称	文字符号	中文名称
PL	脉冲	RUN	运转	T	时间
PM	调相	S	信号	T	力矩
PO	并机	ST	启动	TM	发送
PR	参量	S、SET	置位、定位	U	升
R	记录	SAT	饱和	UPS	不间断电源
R	右	STE	步进	V	真空
R	反	STP	停止	V	速度
RD	红	SYN	同步	V	电压
RES	备用	SY	整步	VR	可变
R、RST	复位	SP	设定点	WH	白
RTD	热电阻	T	温度	YE	黄

（8）电气设备辅助文字符号见表 1-75 和表 1-76。

强电设备辅助文字符号 **表 1-75**

文字符号	中文名称	文字符号	中文名称
DB	配电屏（箱）	LB	照明配电箱
UPS	不间断电源装置（箱）	ELB	应急照明配电箱
EPS	应急电源装置（箱）	WB	电度表箱
MEB	总等电位端子箱	IB	仪表箱
LEB	局部等电位端子箱	MS	电动机启动器
SB	信号箱	SDS	星-三角启动器
TB	电源切换箱	SAT	自耦降压启动器
PB	动力配电箱	ST	软启动器
EPB	应急动力配电箱	HDR	烘手器
CB	控制箱、操作箱		

弱电设备辅助文字符号 **表 1-76**

文字符号	中文名称	文字符号	中文名称
DDC	直接数字控制器	KY	操作键盘
BAS	建筑设备监控系统设备箱	STB	机顶盒
BC	广播系统设备箱	VAD	音量调节器
CF	会议系统设备箱	DC	门禁控制器
SC	安防系统设备箱	VD	视频分配器
NT	网络系统设备箱	VS	视频顺序切换器
TP	电话系统设备箱	VA	视频补偿器
TV	电视系统设备箱	TG	时间信号发生器
HD	家居配线箱	CPU	计算机
HC	家居控制器	DVR	数字硬盘录像机
HE	家居配电箱	DEM	解调器
DEC	解码器	MO	调制器
VS	视频服务器	MOD	调制解调器

（9）信号灯和按钮的颜色标识见表 1-77 和表 1-78。

信号灯的颜色标识 **表 1-77**

名称/状态	颜色标识	说　明
危险指示	红色（RD）	—
事故跳闸		
重要的服务系统停机		
起重机停止位置超行程		
辅助系统的压力/温度超出安全极限		
警告指示	黄色（YE）	
高温报警		
过负荷		
异常指示		
安全指示	绿色（GN）	核准继续运行
正常指示		
正常分闸（停机）指示		设备在安全状态
弹簧储能完毕指示		
电动机降压启动过程指示	蓝色（BU）	
开关的合（分）或运行指示	白色（WH）	单灯指示开关运行状态；双灯指示开关合时运行状态

按钮的颜色标识 **表 1-78**

名　称	颜色标识	名　称	颜色标识
紧停按钮	红色（RD）	电动机降压启动结束按钮	白色（WH）
正常停和紧停合用按钮		复位按钮	
危险状态或紧急指令		弹簧储能按钮	蓝色（BU）
合闸（开机）（启动）按钮	绿色（GN）、白色（WH）	异常、故障状态	黄色（YE）
分闸（停机）按钮	红色（RD）、黑色（BK）	安全状态	绿色（GN）

（10）导体的颜色标识见表 1-79。

导体的颜色标识 **表 1-79**

导体名称	颜色标识
交流导体的第 1 线	黄色（YE）
交流导体的第 2 线	绿色（GN）
交流导体的第 3 线	红色（RD）
中性导体 N	淡蓝色（BU）
保护导体 PE	绿/黄双色（GN/YE）
PEN 导体	全长绿/双黄色（GNYE），终端另用淡蓝色（BU）标志或全长淡蓝色（BU），终端另用绿/黄双色（GN/YE）标志
直流导体的正极	棕色（BN）
直流导体的负极	蓝色（BU）
直流导体的中间点导体	淡蓝色（BU）

1.12 暖通空调工程图例

1.12.1 一般规定

1. 图线

（1）图线的基本宽度 b 和线宽组，应根据图样的比例、类别及使用方式确定。

（2）基本宽度 b 宜选用 0.18、0.35、0.5、0.7、1.0mm。

（3）图样中仅使用两种线宽时，线宽组宜为 b 和 $0.25b$。三种线宽的线宽组宜为 b、$0.5b$ 和 $0.25b$，并应符合表 1-80 的规定。

线宽　　表 1-80

线宽比	线宽组			
b	1.4	1.0	0.7	0.5
$0.7b$	1.0	0.7	0.5	0.35
$0.5b$	0.7	0.5	0.35	0.25
$0.25b$	0.35	0.25	0.18	(0.13)

注：需要缩微的图纸，不宜采用 0.18 及更线的线宽。

（4）在同一张图纸内，各不同线宽组的细线，可统一采用最小线宽组的细线。

（5）暖通空调专业制图采用的线型及其含义，宜符合表 1-81 的规定。

线型及其含义　　表 1-81

名　称		线　型	线　宽	一般用途
实线	粗		b	单线表示的供水管线
	中粗		$0.7b$	本专业设备轮廓、双线表示的管道轮廓
	中		$0.5b$	尺寸、标高、角度等标注线及引出线；建筑物轮廓
	细		$0.25b$	建筑布置的家具、绿化等；非本专业设备轮廓
虚线	粗		b	回水管线及单根表示的管道被遮挡的部分
	中粗		$0.7b$	本专业设备及双线表示的管道被遮挡的轮廓
	中		$0.5b$	地下管沟、改造前风管的轮廓线；示意性连线
	细		$0.25b$	非本专业虚线表示的设备轮廓等
波浪线	中		$0.5b$	单线表示的软管
	细		$0.25b$	断开界线
单点长画线			$0.25b$	轴线、中心线
双点长画线			$0.25b$	假想或工艺设备轮廓线
折断线			$0.25b$	断开界线

2. 比例

总平面图、平面图的比例，宜与工程项目设计的主导专业一致，其余可按表 1-82 选用。

比例　　表 1-82

图名	常用比例	可用比例
剖面图	1∶50、1∶100	1∶150、1∶200
局部放大图、管沟断面图	1∶20、1∶50、1∶100	1∶25、1∶30、1∶150、1∶200
索引图、详图	1∶1、1∶2、1∶5、1∶10、1∶20	1∶3、1∶4、1∶15

1.12.2 水、汽管道

（1）水、汽管道可用线型区分，也可用代号区分。水、汽管道代号宜按表 1-83 采用。

水、汽管道代号　　表 1-83

序 号	代 号	管道名称	备 注
1	RG	采暖热水供水管	可附加 1、2、3 等表示一个代号、不同参数的多种管道
2	RH	采暖热水回水管	可通过实践、虚线表示供、回关系省略字母 G、H
3	LG	空调冷水供水管	—
4	LH	空调冷水回水管	—
5	KRG	空调热水供水管	—
6	KRH	空调热水回水管	—
7	LRG	空调冷、热水供水管	—
8	LRH	空调冷、热水回水管	—
9	LQG	冷却水供水管	—
10	LQH	冷却水回水管	—
11	n	空调冷凝水管	—
12	PZ	膨胀水管	—
13	BS	补水管	—
14	X	循环管	—
15	LM	冷媒管	—
16	YG	乙二醇供水管	—
17	YH	乙二醇回水管	—
18	BG	冰水供水管	—
19	BH	冰水回水管	—
20	ZG	过热蒸汽管	—
21	ZB	饱和蒸汽管	可附加 1、2、3 等表示一个代号、不同参数的多种管道
22	Z2	二次蒸汽管	—
23	N	凝结水管	—
24	J	给水管	—
25	SR	软化水管	—
26	CY	除氧水管	—
27	GG	锅炉进水管	—
28	JY	加药管	—
29	YS	盐溶液管	—
30	XI	连续排污管	—
31	XD	定期排污管	—
32	XS	泄水管	—

续表

序号	代号	管道名称	备注
33	YS	溢水（油）管	—
34	R_1G	一次热水供水管	—
35	R_1H	一次热水回水管	—
36	F	放空管	—
37	FAQ	安全阀放空管	—
38	O1	柴油供油管	—
39	O2	柴油回油管	—
40	OZ1	重油供油管	—
41	OZ2	重油回油管	—
42	OP	排油管	—

（2）水、汽管道阀门和附件的图例宜按表 1-84 采用。

水、汽管道阀门和附件图例　　表 1-84

序号	名称	图例	备注
1	截止阀		—
2	闸阀		—
3	球阀		—
4	柱塞阀		—
5	快开阀		—
6	蝶阀		
7	旋塞阀		—
8	止回阀		
9	浮球阀		—
10	三通阀		—
11	平衡阀		—
12	定流量阀		—
13	定压差阀		—
14	自动排气阀		—
15	集气罐、放气阀		—
16	节流阀		—
17	调节止回关断阀		水泵出口用
18	膨胀阀		—
19	排入大气或室外		—

续表

序号	名称	图例	备注
20	安全阀		—
21	角阀		—
22	底阀		—
23	漏斗		—
24	地漏		—
25	明沟排水		—
26	向上弯头		—
27	向下弯头		—
28	法兰封头或管封		—
29	上出三通		—
30	下出三通		—
31	变径管		—
32	活接头或法兰连接		—
33	固定支架		—
34	导向支架		—
35	活动支架		—
36	金属软管		—
37	可屈挠橡胶软接头		—
38	Y形过滤器		—
39	疏水器		—
40	减压阀		左高右低
41	直通型（或反冲型）除污器		—
42	除垢仪	E	—
43	补偿器		—
44	矩形补偿器		—
45	套管补偿器		—
46	波纹管补偿器		—
47	弧形补偿器		—
48	球形补偿器		—

续表

序　号	名　称	图　例	备　注
49	伴热管		—
50	保护套管		—
51	爆破膜		—
52	阻火器	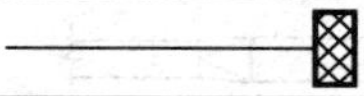	—
53	节流孔板、减压孔板	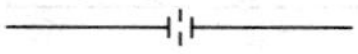	—
54	快速接头	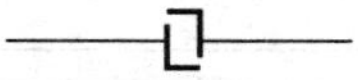	—
55	介质流向	→ 或 ⇨	在管道断开处时，流向符号宜标注在管道中心线上，其余可同管径标注位置
56	坡度及坡向	i=0.003 → 或 → i=0.003	坡度数值不宜与管道起、止点标高同时标注。标注位置同管径标注位置

1.12.3　风道

（1）风道代号宜按表 1-85 采用。

风道代号　　表 1-85

序　号	代　号	管道名称	备　注
1	SF	送风管	—
2	HF	回风管	一、二次回风可附加 1、2 区别
3	PF	排风管	—
4	XF	新风管	—
5	PY	消防排烟风管	—
6	ZY	加压送风管	—
7	PY	排风排烟兼用风管	—
8	XB	消防补风风管	—
9	S（B）	送风兼消防补风风管	—

（2）风道、阀门及附件的图例宜按表 1-86～表 1-88 采用。

风道、阀门及附件图例　　表 1-86

序号	名　称	图　例	备　注
1	矩形风管	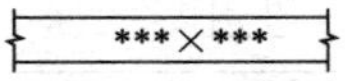 ***×***	宽×高（mm）
2	圆形风管	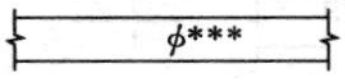 ϕ***	ϕ直径（mm）
3	风管向上		
4	风管向下		—

续表

序号	名 称	图 例	备 注
5	风管上升摇手弯		—
6	风管下降摇手弯		—
7	天圆地方		左接矩形风管，右接圆形风管
8	软风管		—
9	圆弧形弯头		—
10	带导流片的矩形弯头		—
11	消声器		—
12	消声弯头		—
13	消声静压箱		—
14	风管软接头		—
15	对开多叶调节风阀		—
16	蝶阀		—
17	插板阀		—
18	止回风阀		—
19	余压阀	DPV DPV	—
20	三通调节阀		—
21	防烟、防火阀	*** ***	***表示防烟、防火阀名称代号，代号说明另见表1-87
22	方形风口		—
23	条缝形风口		—

续表

序号	名　称	图　例	备　注
24	矩形风口		—
25	圆形风口		—
26	侧面风口		—
27	防雨百叶		—
28	检修门	J　J	—
29	气流方向		左为通用表示法，中表示送风，右表示回风
30	远程手控盒	B	防排烟用
31	防雨罩		—

防烟、防火阀功能　　**表 1-87**

符　号	说　明
	防烟、防火阀功能表

***　***　**防烟、防火阀功能代号**

阀体中文名称	阀体代号 \ 功能	1 防烟防火	2 风阀	3 风量调节	4 阀体手动	5 远程手动	6① 常闭	7② 电动控制一次动作	8② 电动控制反复动作	9 70℃自动关闭	10 280℃自动关闭	11③ 阀体动作反馈信号
70℃防烟防火阀	FD④	√	√		√					√		
	FVD④	√	√	√	√					√		
	FDS④	√	√							√		√
	FDVS④	√	√	√	√					√		√
	MED	√	√	√	√			√		√		√
	MEC	√	√		√		√	√		√		√
	MEE	√	√	√	√				√	√		√
	BED	√	√	√	√	√		√		√		√
	BEC	√	√		√	√	√	√		√		√
	BEE	√	√	√	√	√			√	√		√

符　号	说　明
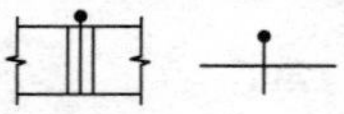	防烟、防火阀功能表

***　　　　　***　**防烟、防火阀功能代号**

阀体中文名称	功能 / 阀体代号	1	2	3	4	5	6①	7②	8②	9	10	11③
		防烟防火	风阀	风量调节	阀体手动	远程手动	常闭	电动控制一次动作	电动控制反复动作	70℃自动关闭	280℃自动关闭	阀体动作反馈信号
280℃防烟防火阀	FDH	√	√		√						√	
	FVDH	√	√	√	√						√	
	FDSH	√	√		√						√	√
	FVSH	√	√	√	√						√	√
	MECH	√	√		√		√	√			√	√
	MEEH	√	√	√	√				√		√	√
	BECH	√	√		√	√	√	√			√	√
	BEEH	√	√	√	√	√			√		√	√
板式排烟口	PS	√			√	√	√	√			√	√
多叶排烟口	GS	√			√	√	√	√			√	√
多叶送风口	GP	√			√	√	√	√		√		√
防火风口	GF	√			√					√		

① 除表中注明外，其余的均为常开型；且所用的阀体在动作后均可手动复位。
② 消防电源（24V DC），由消防中心控制。
③ 阀体需要符合信号反馈要求的接点。
④ 若仅用于厨房烧煮区平时排风系统，其动作装置的工作温度应当由 70℃改为 150℃。

风口和附件代号　　　　**表 1-88**

序　号	代　号	图　例	备　注
1	AV	单层格栅风口，叶片垂直	—
2	AH	单层格栅风口，叶片水平	—
3	BV	双层格栅风口，前组叶片垂直	—
4	BH	双层格栅风口，前组叶片水平	—
5	C*	矩形散流器，*为出风面数量	—
6	DF	圆形平面散流器	—
7	DS	圆形凸面散流器	—
8	DP	圆盘形散流器	—
9	DX*	圆形斜片散流器，*为出风面数量	—
10	DH	圆环形散流器	—
11	E*	条缝形风口，*为条缝数	—
12	F*	细叶形斜出风散流器，*为出风面数量	—
13	FH	门铰形细叶回风口	—

续表

序号	代号	图例	备注
14	G	扁叶形直出风散流器	—
15	H	百叶回风口	—
16	HH	门铰形百叶回风口	—
17	J	喷口	—
18	SD	旋流风口	—
19	K	蛋格形风口	—
20	KH	门铰形蛋格式回风口	—
21	L	花板回风口	—
22	CB	自垂百叶	—
23	N	防结露送风口	冠于所用类型风口代号前
24	T	低温送风口	冠于所用类型风口代号前
25	W	防雨百叶	—
26	B	带风口风箱	—
27	D	带风阀	—
28	F	带过滤网	—

1.12.4 暖通空调设备

暖通空调设备的图例宜按表 1-89 采用。

暖通空调设备图例 **表 1-89**

序号	名称	图例	备注
1	散热器及手动放气阀	 15 15 15	左为平面图画法，中为剖面图画法，右为系统图（Y 轴侧）画法
2	散热器及温控阀	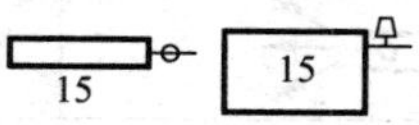 15 15	—
3	轴流风机	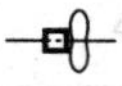	—
4	轴（混）流式管道风机	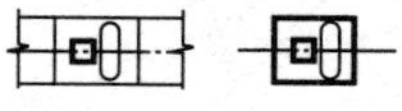	—
5	离心式管道风机	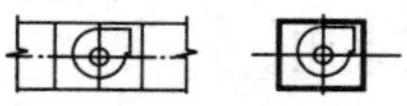	—
6	吊顶式排气扇		—
7	水泵		—
8	手摇泵		—
9	变风量末端	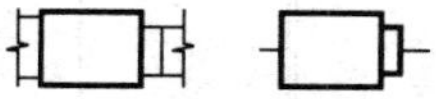	—

续表

序号	名　称	图　例	备　注
10	空调机组加热、冷却盘管		从左到右分别为加热、冷却及双功能盘管
11	空气过滤器		从左至右分别为粗效、中效及高效
12	挡水板		—
13	加湿器		—
14	电加热器		—
15	板式换热器		—
16	立式明装风机盘管		—
17	立式暗装风机盘管		—
18	卧式明装风机盘管		—
19	卧式暗装风机盘管		—
20	窗式空调器		—
21	分体空调器	室内机 室外机	—
22	射流诱导风机		—
23	减振器	⊙ △	左为平面图画法，右为剖面图画法

1.12.5　调控装置及仪表

调控装置及仪表的图例宜按表1-90采用。

调控装置及仪表图例　　表1-90

序　号	名　称	图　例	序　号	名　称	图　例
1	温度传感器	T	4	压差传感器	ΔP
2	湿度传感器	H	5	流量传感器	F
3	压力传感器	P	6	烟感器	S

续表

序　号	名　称	图　例	序　号	名　称	图　例
7	流量开关	FS	17	电磁（双位）执行机构	
8	控制器	C	18	电动（双位）执行机构	
9	吸顶式温度感应器	T	19	电动（调节）执行机构	
10	温度计		20	气动执行机构	
11	压力表		21	浮力执行机构	
12	流量计	F.M	22	数字输入量	DI
13	能量计	E.M	23	数字输出量	DO
14	弹簧执行机构		24	模拟输入量	AI
15	重力执行机构		25	模拟输出量	AO
16	记录仪				

注：各种执行机构可与风阀、水阀组合表示相应功能的控制阀门。

1.13　园林图文图例

1.13.1　景物图例

景物的图例宜按表 1-91 采用。

景物图例　　**表 1-91**

序　号	名　称	图　例	说　明
1	景点		各级景点依照圆的大小相区别 左图为现状景点 右图为规划景点
2	古建筑		2～29 所列图例宜供宏观规划时用，其不反映实际地形及形态。需区分现状与规划时，可用单线圆表示现状景点、景物，双线圆表示规划景点、景物
3	塔		

续表

序号	名称	图例	说明
4	宗教建筑（佛教、道教、基督教……）		2～29所列图例宜供宏观规划时用，其不反映实际地形及形态。需区分现状与规划时，可用单线圆表示现状景点、景物，双线圆表示规划景点、景物
5	牌坊、牌楼		
6	桥		—
7	城墙		—
8	墓、墓园		—
9	文化遗址		—
10	摩崖石刻		—
11	古井		—
12	山岳		—
13	孤峰		—
14	群峰		—
15	岩洞		也可表示地下人工景点
16	峡谷		—
17	奇石、礁石		—

续表

序号	名称	图例	说明
18	陡崖		—
19	瀑布		—
20	泉		—
21	温泉		—
22	湖泊		—
23	海滩		溪滩也可用此图例
24	古树名木		—
25	森林		—
26	公园		—
27	动物园		—
28	植物园		—
29	烈士陵园		—

1.13.2 服务设施图例

服务设施的图例宜按表 1-92 采用。

服务设施图例 表 1-92

序号	名称	图例	说明
1	服务设施点		各级服务设施可依方形大小相区别，左图为现状设施，右图为规划设施
2	公共汽车站		2～23 所列图例宜供宏观规划时用，其不反映实际地形及形态。需区分现状与规划时，可用单线方框表示现状设施，双线方框表示规划设施
3	火车站		
4	飞机场		
5	码头、港口		
6	缆车站		—
7	停车场	P P	室内停车场外框用虚线表示
8	加油站		—
9	医疗设施点		—
10	公共厕所	W.C.	—
11	文化娱乐点		—
12	旅游宾馆		—
13	度假村、休养所		—
14	疗养院		—

续表

序　号	名　称	图　例	说　明
15	银行		包括储蓄所、信用社、证券公司等金融机构
16	邮电所（局）		—
17	公用电话点		包括公用电话亭、所、局等
18	餐饮点		—
19	风景区管理站（处、局）		—
20	消防站、消防专用房间		—
21	公安、保卫站		包括各级派出所、处、局等
22	气象站		—
23	野营地		—

1.13.3　工程设施图例

工程设施的图例宜按表 1-93 采用。

工程设施图例　　**表 1-93**

序　号	名　称	图　例	说　明
1	电视差转台	TV	—
2	发电站		—
3	变电所		—

续表

序号	名称	图例	说明
4	给水厂		—
5	污水处理厂		—
6	垃圾处理站		—
7	公路、汽车游览路		上图以双线表示，用中实线 下图以单线表示，用粗实线
8	小路、步行游览路		上图以双线表示，用细实线 下图以单线表示，用中实线
9	山地步游小路		上图以双线加台阶表示，用细实线 下图以单线表示，用虚线
10	隧道		
11	架空索道线		
12	斜坡缆车线		
13	高架轻轨线		
14	水上游览线		细虚线
15	架空电力电讯线	代号	粗实线中插入管线代号，管线代号按现行国家有关标准的规定标注
16	管线	代号	

1.13.4 地点类图例

用地类型见表 1-94。

用地类型 **表 1-94**

序 号	名 称	图 例	说 明
1	村镇建设地		—
2	风景游览地		图中斜线与水平线成45°角
3	旅游度假地		—
4	服务设施地		—
5	市政设施地		—
6	农业用地		—
7	游憩、观赏绿地		—
8	防护绿地		—
9	文物保护地		包括地面和地下两大类，地下文物保护地外框用粗虚线表示

续表

序号	名称	图例	说明
10	苗圃花圃用地	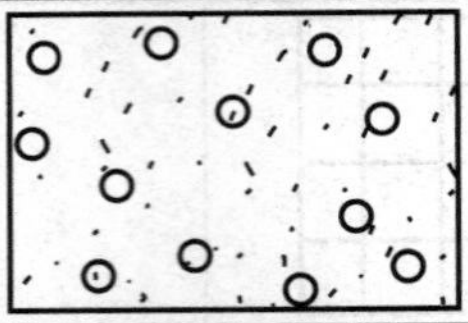	—
11	特殊用地		—
12	针叶林地	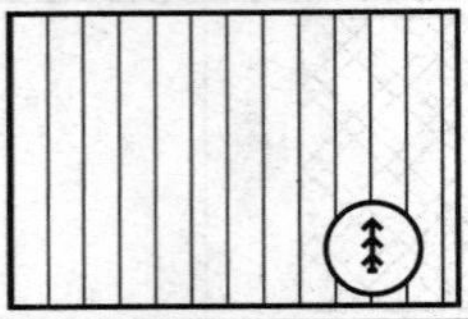	2～17 表示林地的线形图例中也可插入《国家基本比例尺地图图式　第1部分：1∶500，1∶1000，1∶2000 地形图图式》（GB/T 20257.1—2007）的相应符号。需区分天然林地、人工林地时，可用细线界框表示天然林地，粗线界框表示人工林地
13	阔叶林地		
14	针阔混交林地		—
15	灌木林地	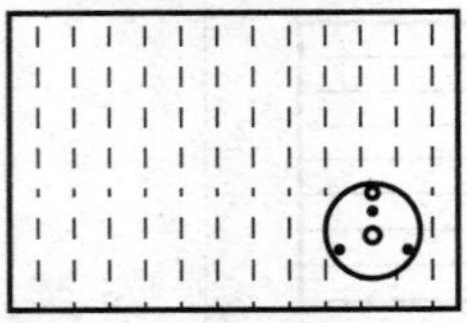	—
16	竹林地		—
17	经济林地	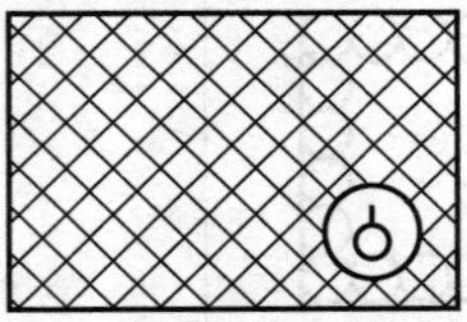	—
18	草原、草甸	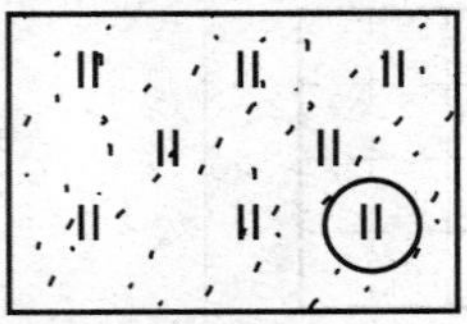	—

1.13.5 建筑图例

建筑图例宜按表 1-95 采用。

建筑 表 1-95

序号	名称	图例	说明
1	规划的建筑物		用粗实线表示
2	原有的建筑物		用细实线表示
3	规划扩建的预留地或建筑物		用中虚线表示
4	拆除的建筑物		用细实线表示
5	地下建筑物		用粗虚线表示
6	坡屋顶建筑		包括瓦顶、石片顶、饰面砖顶等
7	草顶建筑或简易建筑		
8	温室建筑		

1.13.6 山石图例

山石的图例宜按表 1-96 采用。

山石 表 1-96

序号	名称	图例	说明
1	自然山石假山		
2	人工塑石假山		

续表

序号	名称	图例	说明
3	土石假山		包括“土包石”、“石包石”及土假山
4	独立景石		

1.13.7 水体图例

水体的图例宜按表 1-97 采用。

水体　　表 1-97

序号	名称	图例	序号	名称	图例
1	自然形水体		4	旱涧	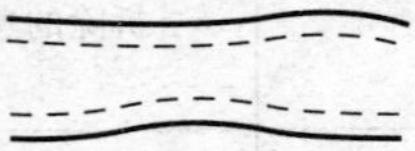
2	规则形水体	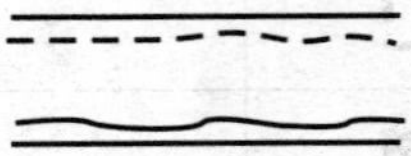	5	溪涧	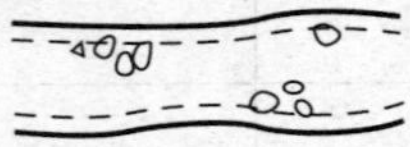
3	跌水、瀑布	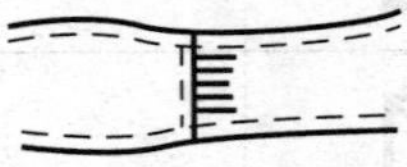			

1.13.8 绿化图例

绿化的图例宜按表 1-98 采用。

植物　　表 1-98

序号	名称	图例	说明
1	落叶阔叶乔木		1～14 中 落叶乔、灌灌均不填斜线 常绿乔、灌木加画 45 度细斜线 阔叶树的外围线用弧裂形或圆形线 针叶树的外围线用锯齿形或斜刺形线 乔木外形成圆形 灌木外形成不规则形乔木图例中粗线小圆表示现有乔木，细线小十字表示设计乔木 灌木图例中黑点表示种植位置 凡大片树林可省略图例中的小圆、小十字及黑点
2	常绿阔叶乔木		
3	落叶针叶乔木	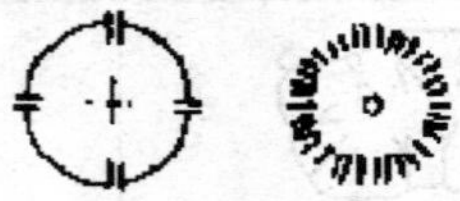	

续表

序号	名称	图例	说明
4	常绿针叶乔木	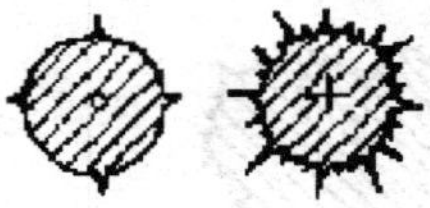	1～14 中 落叶乔、灌灌均不填斜线 常绿乔、灌木加画 45 度细斜线 阔叶树的外围线用弧裂形或圆形线 针叶树的外围线用锯齿形或斜刺形线 乔木外形成圆形 灌木外形成不规则形乔木图例中粗线小圆表示现有乔木，细线小十字表示设计乔木 灌木图例中黑点表示种植位置 凡大片树林可省略图例中的小圆、小十字及黑点
5	落叶灌木	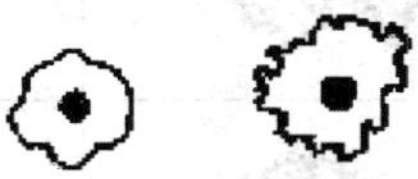	
6	常绿灌木		
7	阔叶乔木疏林		—
8	针叶乔木疏林	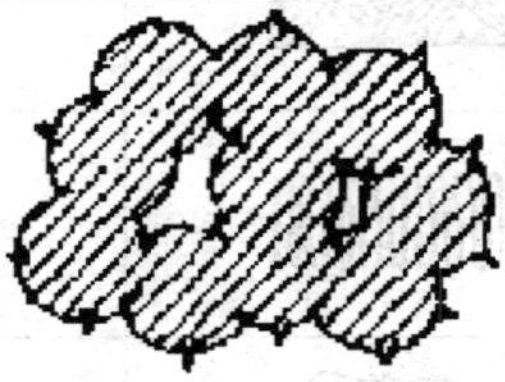	常绿林或落叶林根据图面表现的需要加或不加 45°细斜线
9	阔叶乔木密林		—
10	针叶乔木密林	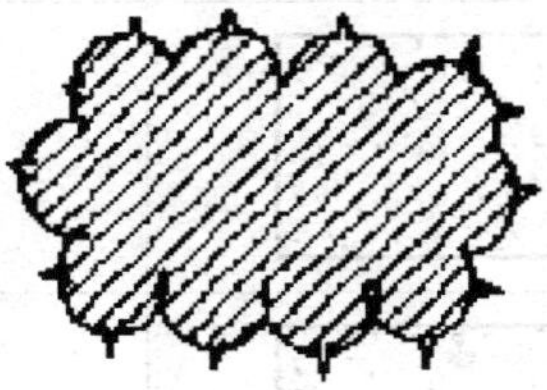	—
11	落叶灌木疏林	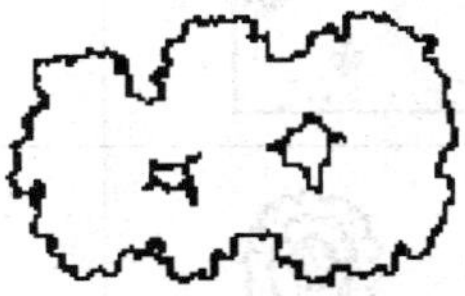	—
12	落叶花灌木疏林	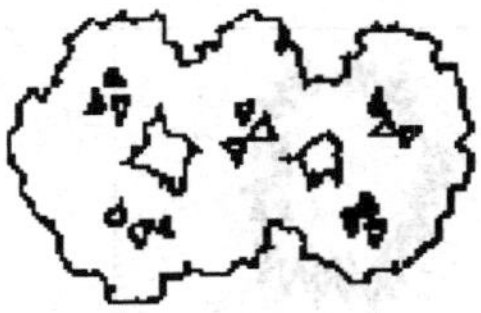	—

续表

序号	名称	图例	说明
13	常绿灌木密林	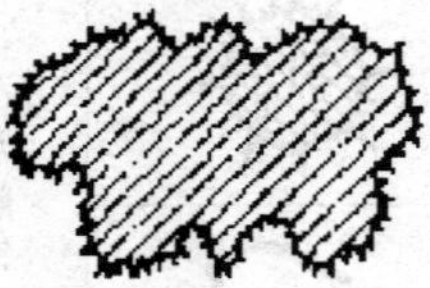	—
14	常绿花灌木密林	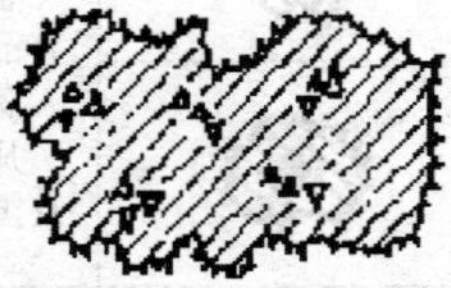	—
15	自然形绿篱		—
16	整形绿篱		—
17	镶边植物		—
18	一、二年生草本花卉		—
19	多年生及宿根草本花卉		—
20	一般草皮		—
21	缀花草皮	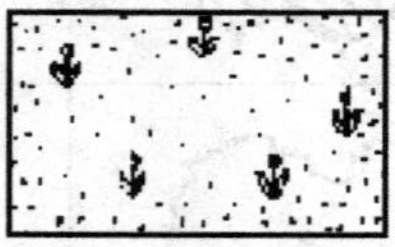	—
22	整形树木		—
23	竹丛		—

续表

序　号	名　称	图　例	说　明
24	棕榈植物	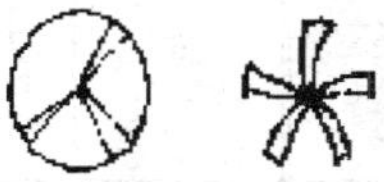	—
25	仙人掌植物	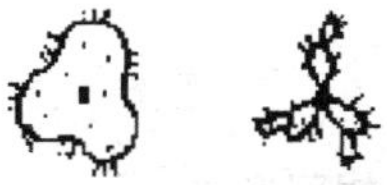	—
26	藤本植物		—
27	水生植物	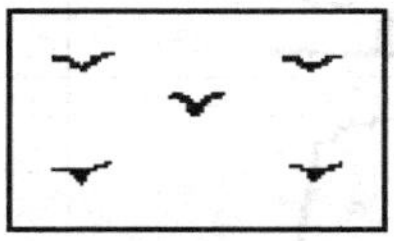	—

1.13.9　树干形态图例

枝干形态见表 1-99。

枝干形态　　表 1-99

序　号	名　称	图　例	序　号	名　称	图　例
1	主轴干侧分枝形	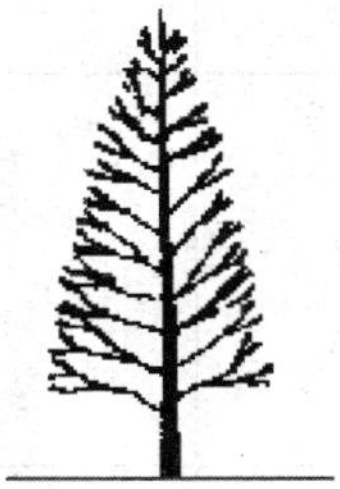	3	无主轴干多枝形	
2	主轴干无分枝形		4	无主轴干垂枝形	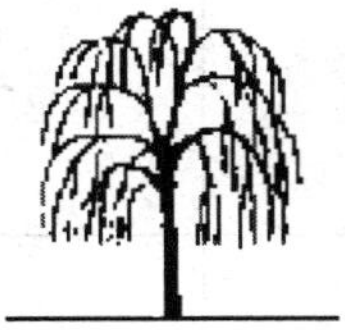

续表

序　号	名　称	图　例	序　号	名　称	图　例
5	无主轴干丛生形		6	无主轴干匍匐形	

1.13.10　树冠形态图例

树冠形态的图例宜按表 1-100 采用。

树冠形态　　表 1-100

序　号	名　称	图　例	说　明
1	圆锥形		树冠轮廓线，凡针叶树用锯齿形；凡阔叶树用弧裂形表示
2	椭圆形	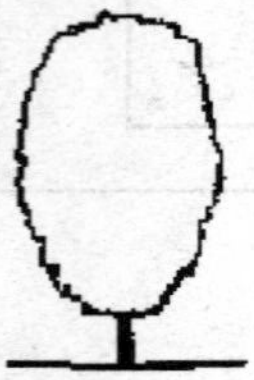	—
3	圆球形		—
4	垂枝形	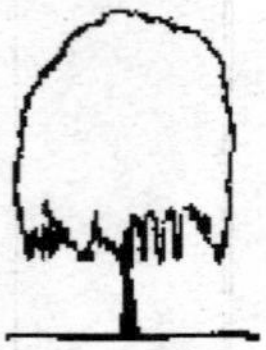	—
5	伞形		—
6	匍匐形		—

1.14 常用构件代号

常用构件代号见表1-101。

常用构件代号　　表1-101

序号	名称	代号	序号	名称	代号
1	板	B	28	屋架	WJ
2	屋面板	WB	29	托架	TJ
3	空心板	KB	30	天窗架	CJ
4	槽形板	CB	31	框架	KJ
5	折板	ZB	32	刚架	GJ
6	密肋板	MB	33	支架	ZJ
7	楼梯板	TB	34	柱	Z
8	盖板或沟盖板	GB	35	框架柱	KZ
9	挡雨板或檐口板	YB	36	构造柱	GZ
10	吊车安全走道板	DB	37	承台	CT
11	墙板	QB	38	设备基础	SJ
12	天沟板	TGB	39	桩	ZH
13	梁	L	40	挡土墙	DQ
14	屋面梁	WL	41	地沟	DG
15	吊车梁	DL	42	柱间支撑	ZC
16	单轨吊车梁	DDL	43	垂直支撑	CC
17	轨道连接	DGL	44	水平支撑	SC
18	车挡	CD	45	梯	T
19	圈梁	QL	46	雨篷	YP
20	过梁	GL	47	阳台	YT
21	连系梁	LL	48	梁垫	LD
22	基础梁	JL	49	预埋件	M—
23	楼梯梁	TL	50	天窗端壁	TD
24	框架梁	KL	51	钢筋网	W
25	框支梁	KZL	52	钢筋骨架	G
26	屋面框架梁	WKL	53	基础	J
27	檩条	LT	54	暗柱	AZ

注：1. 预制混凝土构件、现浇混凝土构件、钢构件和木构件，一般可以采用本表中的构件代号。在绘图中，除混凝土构件可以不注明材料代号外，其他材料的构件可在构件代号前加注材料代号，并在图纸中加以说明。
2. 预应力混凝土构件的代号，应在构件代号前加注“Y”，如Y-DL表示预应力混凝土吊车梁。

1.15 塑料、树脂名称缩写代号

塑料、树脂名称缩写代号见表1-102。

塑料、树脂名称缩写代号 表 1-102

序号	名 称	代 号	序号	名 称	代 号
1	丙烯腈—丁二烯—苯乙烯共聚物	ABS	24	聚乙烯醇	PVAL
2	丙烯腈—甲基丙烯酸甲酯共聚物	A/MMA	25	聚乙烯醇缩丁醛	PVB
3	丙烯腈—苯乙烯共聚物	A/S	26	聚氯乙烯	PVC
4	丙烯腈—苯乙烯—丙烯酸酯共聚物	A/S/A	27	聚氯乙烯—乙酸乙烯酯	PVCA
5	乙酸纤维素	CA	28	氯化聚氯乙烯	PVCC
6	乙酸—丁酸纤维素	CAB	29	聚偏二氯乙烯	PVDC
7	乙酸—丙酸纤维素	CAP	30	聚偏二氟乙烯	PVDF
8	甲酚—甲醛树脂	CF	31	聚氟乙烯	PVF
9	羧甲基纤维素	CMC	32	聚乙烯醇缩甲醛	PVFM
10	聚甲基丙烯酰亚胺	PMI	33	聚乙烯基咔唑	PVK
11	聚甲基丙烯酸甲酯	PMMA	34	聚乙烯基吡咯烷酮	PVP
12	聚甲醛	POM	35	间苯二酚—甲醛树脂	RF
13	聚丙烯	PP	36	增强塑料	RP
14	氯化聚丙烯	PPC	37	聚硅氧烷	SI
15	聚苯醚	PPO	38	脲甲醛树脂	UF
16	聚氧化丙烯	PPOX	39	不饱和聚酯	UP
17	聚苯硫醚	PPS	40	氯乙烯—乙烯共聚物	VC/E
18	聚苯砜	PPSU	41	氯乙烯—乙烯—丙烯酸甲酯共聚物	VC/E/MA
19	聚苯乙烯	PS	42	氯乙烯—乙烯—乙酸乙烯酯共聚物	VC/E/VCA
20	聚砜	PSU	43	氯乙烯—丙烯酸甲酯共聚物	VC/MA
21	聚四氟乙烯	PTFE	44	氯乙烯—甲基丙烯酸甲酯共聚物	VC/MMA
22	聚氨酯	PUR	45	氯乙烯—丙烯酸辛酯共聚物	VC/OA
23	聚乙酸乙烯酯	PVAC	46	氯乙烯—偏二氯乙烯共聚物	VC/VDC

1.16 彩板组角钢门窗类型代号

彩板组角钢门窗类型代号见表 1-103。

彩板组角钢门窗类型代号 表 1-103

门窗类型	代 号	门窗类型	代 号
平开门	SPM	平开窗	SPP
双面弹簧门	SPY	上悬窗	SPS
附纱推拉门	SGMT	中悬窗	SPZ
附纱推拉窗	SGCT	下悬窗	SPX
附纱平开窗	SPFS	立转窗	SPL
固定窗	SPG		

2 工程量计算常用公式

2.1 常用面积、体积计算公式

2.1.1 常用面积计算公式

平面图形面积见表 2-1。

平面图形面积 **表 2-1**

图　形	尺寸符号	面积 A	重心 G 位置
三角形	h——高 L——1/2 周长 a、b、c——对应角 A、B、C 的边长	$A=\frac{bh}{2}=\frac{1}{2}ab\sin c$ $L=\frac{a+b+c}{2}$	$\overline{GD}=\frac{1}{3}\overline{BD}$ $\overline{CD}=\overline{DA}$
正方形	a——边长 d——对角线	$A=a^2$ $a=\sqrt{A}=0.707d$ $d=1.414a=1.414\sqrt{A}$	在对角线交点上
长方形	a——短边 b——长边 d——对角线	$A=ab$ $d=\sqrt{a^2+b^2}$	在对角线交点上
平行四边形	a，b——邻边 h——对边间的距离	$A=bh=ab\sin\alpha$ $=\frac{\overline{AC}\cdot\overline{BD}}{2}\sin\beta$	在对角线交点上
梯形	$\overline{CE}=\overline{AB}$ $\overline{AF}=\overline{CD}$ $\overline{CD}=a$(上底边) $\overline{AB}=b$(下底边) h—— 高	$A=\frac{(a+b)h}{2}$	$\overline{HG}=\frac{h}{3}\cdot\frac{(a+2b)}{(a+b)}$ $\overline{KG}=\frac{h}{3}\cdot\frac{(2a+b)}{(a+b)}$

续表

图　形	尺寸符号	面积 A	重心 G 位置
圆形	r——半径 d——直径 L——圆周长	$A=\pi r^2=\frac{1}{4}\pi d^2$ $=0.785d^2=0.07958L^2$ $L=\pi d$	在圆心上
椭圆形	a、b——主轴	$A=\frac{\pi}{4}ab$	在主轴交点上
扇形	r——半径 S——弧长 α——弧 S 的对应中心角	$A=\frac{1}{2}rS=\frac{\alpha}{360}\pi r^2$ $S=\frac{\alpha\pi}{180}r$	重心位于与扇形弦长垂直的半径上，其与圆心的距离为： $\overline{GO}=\frac{2rb}{3S}$ 当 $\alpha=90°$ 时 $\overline{GO}=\frac{4\sqrt{2}}{3\pi}\approx 0.6r$
弓形	r——半径 S——弧长 α——中心角 b——弦长 h——高	$A=\frac{1}{2}r^2\left(\frac{\alpha\pi}{180}-\sin\alpha\right)$ $=\frac{1}{2}[r(S-b)+bh]$ $S=r\alpha\frac{\pi}{180}=0.0175r\alpha$ $h=r-\sqrt{r^2-\frac{1}{4}\alpha^2}$	重心位于与弓形弦长垂直的半径上，其与圆心的距离为： $GO=\frac{b^2}{12A}$ 当 $\alpha=180°$ 时 $GO=\frac{4r}{3\pi}=0.4244r$
圆环	R——外半径 r——内半径 D——外直径 d——内直径 t——环宽 D_{pj}——平均直径	$A=\pi(R^2-r^2)$ $=\frac{\pi}{4}(D^2-d^2)$ $=\pi D_{pj}t$	在圆心 O 上
部分圆环	R——外半径 r——内半径 R_{pj}——圆环平均直径 t——环宽 α——中心角	$A=\frac{\alpha\pi}{360}(R^2-r^2)$ $=\frac{\alpha\pi}{180}R_{pj}t$	重心位于圆环 1/2 中心角的半径上，其与圆心 O 的距离为 $GO=38.2\frac{R^3-r^3}{R^2-r^2}\times\frac{\sin\frac{\alpha}{2}}{\frac{\alpha}{2}}$

续表

图形	尺寸符号	面积 A	重心 G 位置
新月形	$OO_1=L$——圆心间的距离 d——直径	$A=r^2\left(\pi-\frac{\pi}{180}\alpha+\sin\alpha\right)=r^2P$ $P=\pi-\frac{\pi}{180}\alpha+\sin\alpha$ P 值见下表	重心位于 OO_1 上，其与 O_1 的距离为 $O_1G=\frac{(\pi-P)L}{2P}$
等边多边形	a——边长 K_i——系数，i 指多边形的边数 R——外接圆半径 P_i——系数，i 指正多边形的边数	$A_i=K_ia^2=P_iR^2$ 正三边形 $K_3=0.433$，$P_3=1.299$ 正四边形 $K_4=1.000$，$P_4=2.000$ 正五边形 $K_5=1.720$，$P_5=2.375$ 正六边形 $K_6=2.598$，$P_6=2.598$ 正七边形 $K_7=3.634$，$P_7=2.736$ 正八边形 $K_8=4.828$，$P_8=2.828$ 正九边形 $K_9=6.182$，$P_9=2.893$ 正十边形 $K_{10}=7.694$，$P_{10}=2.939$ 正十一边形 $K_{11}=9.364$，$P_{11}=2.973$ 正十二边形 $K_{12}=11.196$，$P_{12}=3.000$	在内接圆心或外接圆心
抛物线形	b——底边 h——高 l——曲线长 S——$\triangle ABC$ 的面积	$l=\sqrt{b^2+1.3333h^2}$ $A=\frac{2}{3}bh=\frac{4}{3}S$	—

p 值

L	P	L	P
$\frac{d}{10}$	0.40	$\frac{6d}{10}$	0.25
$\frac{2d}{10}$	0.79	$\frac{7d}{10}$	2.25
$\frac{3d}{10}$	1.18	$\frac{8d}{10}$	2.81
$\frac{4d}{10}$	1.56	$\frac{9d}{10}$	3.02
$\frac{5d}{10}$	1.91		

2.1.2 常用体积计算公式

（1）多面体的体积和表面积计算见表 2-2。

多面体的体积和表面积 表 2-2

图形	尺寸符号	体积 V 底面积 A 表面积 S 侧表面积 S_1	重心 G 位置
立方体	a——棱 d——对角线 S——表面积 S_1——侧表面积	$V=a^3$ $S=6a^2$ $S_1=4a^2$	在对角线交点上
长方体（棱柱）	a、b、h——边长 O——底面中线交点	$V=abh$ $S=2\ (ab+ah+bh)$ $S_1=2h\ (a+b)$ $d=\sqrt{a^2+b^2+h^2}$	重心在对角线交点上，与底面中线交点的距离为 $GO=\frac{h}{2}$
三棱柱	a、b、c——边长 h——高 A——底面积 O——底面中线交点	$V=Ah$ $S=(a+b+c)+2A$ $S_1=(a+b+c)h$	重心在两平行底面中线交点的连线上，与下底面中线交点的距离为 $GO=\frac{h}{2}$
棱锥	f——一个组合三角形的面积 n——组合三角形的个数 O——锥底各对角线交点	$V=\frac{1}{3}Ah$ $S=nf+A$ $S_1=nf$	重心在锥底各对角线交点与棱锥顶点的连线上，与锥底各对角线交点的距离为 $GO=\frac{h}{4}$
棱台	A_1、A_2——两平行底面的面积 h——底面间的距离 a——一个组合梯形的面积 n——组合梯形数	$V=\frac{1}{3}h(A_1+A_2+\sqrt{A_1A_2})$ $S=an+A_1+A_2$ $S_1=an$	重心在两平行底面各对角线交点的连线上，与下底面对角线交点的距离为 $GO=\frac{h}{4}\times\frac{A_1+2\sqrt{A_1A_2}+3A_2}{A_1+\sqrt{A_1A_2}+A_2}$

续表

图　形	尺寸符号	体积 V　底面积 A 表面积 S　侧表面积 S_1	重心 G 位置
圆柱和空心圆柱（管）	R——外半径 r——内半径 i——柱壁厚度 P——平均半径 S_1——内外侧面积	圆柱： $V=\pi R^2 h$ $S=2\pi Rh+2\pi R^2$ $S_1=2\pi Rh$ 空心直圆柱： $V=\pi h\ (R^2-r^2)$ $=2\pi RPth$ $S=2\pi\ (R+r)\ h$ $+2\pi\ (R^2-r^2)$ $S_1=2\pi\ (R+r)\ h$	重心在圆柱上下圆心的连线上 $GO=\frac{h}{2}$
斜截直圆柱	h_1——最小高度 h_2——最大高度 r——底面半径	$V=\pi r^2\frac{h_1+h_2}{2}$ $S=\pi r(h_1+h_2)+$ $\pi r^2\left(1+\frac{1}{\cos\alpha}\right)$ $S_1=\pi r(h_1+h_2)$	重心位于斜截直圆柱最大高度与最小高度所组成的平面上，其与下底面的距离为 $GO=\frac{h_1+h_2}{4}+\frac{r^2\tan^2\alpha}{4(h_1+h_2)}$ 与上下底面圆心连线的距离为 $GK=\frac{1}{2}\cdot\frac{r^2}{h_1+h_2}\tan\alpha$
直圆锥	r——底面半径 h——高 l——母线长	$V=\frac{1}{3}\pi r^2 h$ $S_1=\pi r\sqrt{r^2+h^2}=\pi rl$ $l=\sqrt{r^2+h^2}$ $S=S_1+\pi r^2$	重心位于底面圆心与顶点的连线上，其与底面的距离为 $GO=\frac{h}{4}$
圆台	R，r——底面半径 h——高 l——母线长	$V=\frac{\pi h}{3}(R^2+r^2+Rr)$ $S_1=\pi l(R+r)$ $l=\sqrt{(R-r)^2+h^2}$ $S=S_1+\pi(R^2+r^2)$	重心位于上下底面圆心的连线上，其与下底面圆心的距离为 $GO=\frac{h(R^2+2Rr+3r^2)}{4(R^2+Rr+r^2)}$
球	r——半径 d——直径	$V=\frac{4}{3}\pi r^3=\frac{\pi d^3}{6}$ $=0.5236d^3$ $S=4\pi r^2=\pi d^2$	在球心上

续表

图 形	尺寸符号	体积 V 底面积 A 表面积 S 侧表面积 S_1	重心 G 位置
球扇形（球楔）	r——球半径 d——弓形底圆直径 h——弓形高	$V=\frac{2}{3}\pi r^2 h=2.0944r^2h$ $S=\frac{\pi r}{2}(4h+d)$ $=1.57r(4h+d)$	重心位于方形底圆圆心与球心的连线上，其与球心的距离为 $GO=\frac{3}{4}\left(r-\frac{h}{2}\right)$
球缺	h——球缺的高 r——球缺半径 d——平切圆直径 $S_{曲}$——曲面面积 S——球缺表面积	$V=\pi h^2\left(r-\frac{h}{3}\right)$ $S_{曲}=2\pi rh$ $=\pi\left(\frac{d^2}{4}+h^2\right)$ $S=\pi h(4r-h)$ $d^2=4h(2r-h)$	重心位于平切圆圆心与球切所在球体球心的连线上，其与球体球心的距离为 $GO=\frac{3}{4}\cdot\frac{(2r-h)^2}{(3r-h)}$
圆环体	R——圆环体平均半径 D——圆环体平均直径 d——圆环体截面直径 r——圆环体截面半径	$V=2\pi^2Rr^2=\frac{1}{4}\pi^2Dd^2$ $S=4\pi^2Rr=\pi^2Dd$ $=39.478Rr$	在环中心上
球带体	R——球半径 r_1，r_2——底面半径 h——腰高 h_1——球心 O 至带底圆心 O_1 的距离	$V=\frac{\pi h}{b}(3r_1^2+3r_2^2+h^2)$ $S_1=2\pi Rh$ $S=2\pi Rh+\pi(r_1^2+r_2^2)$	重心位于上下底面圆心的连线上，其与球心的距离为 $GO=h_1+\frac{h}{2}$
桶形	D——中间断面直径 d——底直径 l——桶高	对于抛物线形桶板： $V=\frac{\pi l}{15}(2D^2+Dd+\frac{4}{3}d^2)$ 对于圆形桶板： $V=\frac{\pi l}{12}(2D^2+d^2)$	在轴交点上
椭球形	a、b、c——半轴	$V=\frac{4}{3}abc\pi$ $S=2\sqrt{2}b\ \sqrt{a^2+b^2}$	在轴交点上

续表

图　形	尺寸符号	体积V　底面积A 表面积S　侧表面积S_1	重心G位置
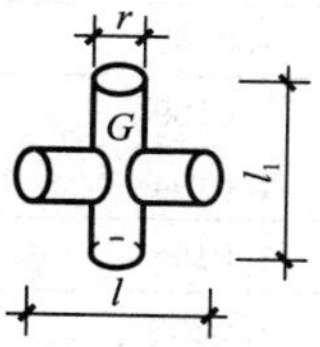 交叉圆柱体	r——圆柱半径 l_1、l——圆柱长	$V=\pi r^2\left(l+l_1-\frac{2r}{3}\right)$	在两轴线交点上
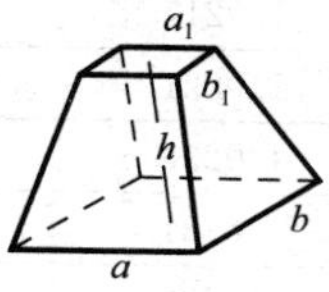 梯形体	a、b——下底边长 a_1、b_1——上底边长 h——上、下底边距离（高）	$V=\frac{h}{6}[(2a+a_1)b+(2a_1+b)b_1]$ $=\frac{h}{6}[ab+(a+a_1)\times(b+b_1)+a_1b_1]$	—

（2）物料堆体积计算公式见表 2-3。

物料堆体积计算　　**表 2-3**

图　形	计算公式
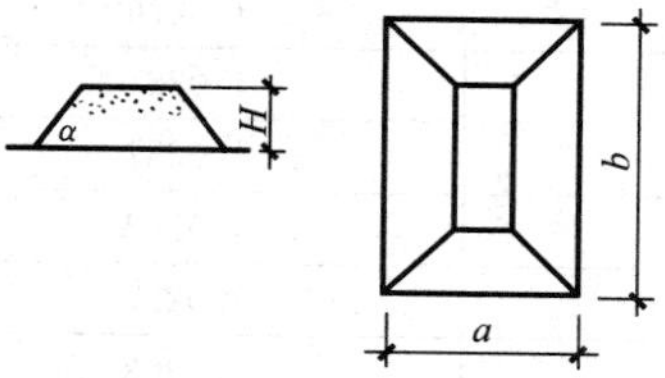	$V=H\left[ab-\frac{H}{\tan\alpha}\left(a+b-\frac{4H}{3\tan\alpha}\right)\right]$ 式中　α——物料自然堆积角
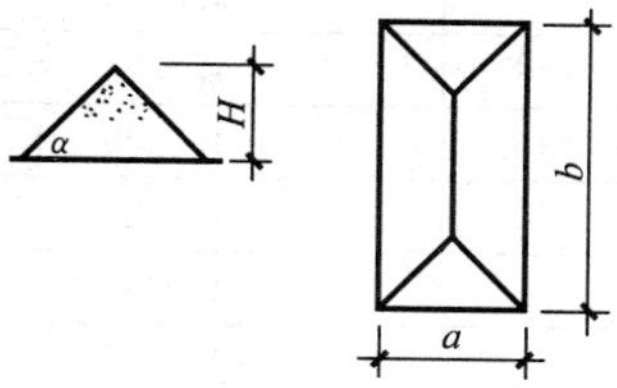	$\alpha=\frac{2H}{\tan\alpha}$ $V=\frac{aH}{6}(3b-a)$
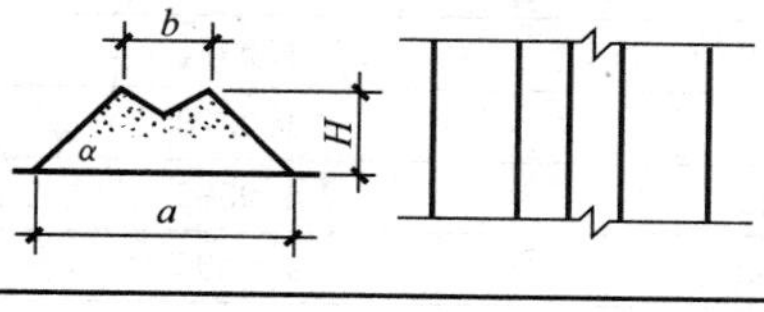	V_0（延米体积）$=\frac{H^2}{\tan\alpha}+bH-\frac{b^2}{4}\tan\alpha$

（3）壳表面积（A）计算公式：

$$A=S_x\cdot S_y=2a\times 系数K_a\times 2b\times 系数K_b$$

式中　K_a、K_b——椭圆抛物面扁壳系数，见表 2-4。

椭圆抛物面扁壳系列系数表 **表 2-4**

$\frac{h_x}{2a}$或$\frac{h_y}{2b}$	系数 K_a 或 K_b	$\frac{h_x}{2a}$或$\frac{h_y}{2b}$	系数 K_a 或 K_b
0.050	1.0066	0.083	1.0181
0.051	1.0069	0.084	1.0185
0.052	1.0072	0.085	1.0189
0.053	1.0074	0.086	1.0194
0.054	1.0077	0.087	1.0198
0.055	1.0080	0.088	1.0203
0.056	1.0083	0.089	1.0207
0.057	1.0086	0.090	1.0212
0.058	1.0089	0.091	1.0217
0.059	1.0092	0.092	1.0221
0.060	1.0095	0.093	1.0226
0.061	1.0098	0.094	1.0231
0.062	1.0102	0.095	1.0236
0.063	1.0105	0.096	1.0241
0.064	1.0108	0.097	1.0246
0.065	1.0112	0.098	1.0251
0.066	1.0115	0.099	1.0256
0.067	1.0118	0.100	1.0261
0.068	1.0122	0.101	1.0266
0.069	1.0126	0.102	1.0271
0.070	1.0129	0.103	1.0276
0.071	1.0133	0.104	1.0281
0.072	1.0137	0.105	1.0287
0.073	1.0140	0.106	1.0292
0.074	1.0144	0.107	1.0297
0.075	1.0148	0.108	1.0303
0.076	1.0152	0.109	1.0308
0.077	1.0156	0.110	1.0314
0.078	1.0160	0.111	1.0320
0.079	1.0164	0.112	1.0325
0.080	1.0168	0.113	1.0331
0.081	1.0172	0.114	1.0337
0.082	1.0177	0.115	1.0342
0.116	1.0348	0.150	1.0571
0.117	1.0354	0.151	1.0578
0.118	1.0360	0.152	1.0586
0.119	1.0366	0.153	1.0593
0.120	1.0372	0.154	1.0601
0.121	1.0378	0.155	1.0608
0.122	1.0384	0.156	1.0616
0.123	1.0390	0.157	1.0623

续表

$\frac{h_x}{2a}$或$\frac{h_y}{2b}$	系数 K_a 或 K_b	$\frac{h_x}{2a}$或$\frac{h_y}{2b}$	系数 K_a 或 K_b
0.124	1.0396	0.158	1.0631
0.125	1.0402	0.159	1.0638
0.126	1.0408	0.160	1.0646
0.127	1.0415	0.161	1.0654
0.128	1.0421	0.162	1.0661
0.129	1.0428	0.163	1.0669
0.130	1.0434	0.164	1.0677
0.131	1.0440	0.165	1.0685
0.132	1.0447	0.166	1.0693
0.133	1.0453	0.167	1.0700
0.134	1.0460	0.168	1.0708
0.135	1.0467	0.169	1.0716
0.136	1.0473	0.170	1.0724
0.137	1.0480	0.171	1.0733
0.138	1.0487	0.172	1.0741
0.139	1.0494	0.173	1.0749
0.140	1.0500	0.174	1.0757
0.141	1.0507	0.175	1.0765
0.142	1.0514	0.176	1.0773
0.143	1.0521	0.177	1.0782
0.144	1.0528	0.178	1.0790
0.145	1.0535	0.179	1.0798
0.146	1.0542	0.180	1.0807
0.147	1.0550	0.181	1.0815
0.148	1.0557	0.182	1.0824
0.149	1.0564	0.183	1.0832
0.184	1.0841	0.192	1.0910
0.185	1.0849	0.193	1.0919
0.186	1.0858	0.194	1.0928
0.187	1.0867	0.195	1.0937
0.188	1.0875	0.196	1.0946
0.189	1.0884	0.197	1.0955
0.190	1.0893	0.198	1.0946
0.191	1.0902	0.199	1.0973

2.2 土石方工程工程量计算

土石方工程工程量计算公式见表 2-5。

土石方工程工程量计算公式表 **表 2-5**

<table>
<tr><th>项 目</th><th>计算公式</th><th>计算规则</th></tr>
<tr><td>人工挖地槽
（放坡）</td><td>

$$V = L_{槽} \times (B + 2C) \times H + L_{槽} \times KH^2 = \mathrm{m}^3$$

式中 K——放坡系数，如下表所示

<table>
<tr><th colspan="2">土壤类别</th><th>普硬土</th><th>坚硬土</th></tr>
<tr><td colspan="2">放坡起点深/m</td><td>1.40</td><td>2.00</td></tr>
<tr><td colspan="2">人工挖土放坡系数</td><td>1∶0.37</td><td>1∶0.25</td></tr>
<tr><td rowspan="2">机械挖土
放坡系数</td><td>坑内作业</td><td>1∶0.27</td><td>1∶0.10</td></tr>
<tr><td>坑上作业</td><td>1∶0.69</td><td>1∶0.33</td></tr>
</table>

$L_{槽}$——地槽长（m）
B——基础垫层宽度（m）
C——工作面宽度（m）
H——挖土深度（m），从室外地坪至垫层底面的高度

</td><td>

地槽：凡槽底宽度在 3m 以内，且槽长大于槽宽 3 倍的为地槽

挖地槽、地坑、土方及挖流砂、淤泥项目中未包括地下水位以下施工的排水费，发生时另行计算

外墙地槽长度按图示尺寸的中心线计算；内墙地槽长度按图示尺寸的地槽净长线计算，其突出部分应并入地槽工程量内计算。各种检查井和排水管道接口处，因加宽而增加的土方工程量，应按相应管道沟槽全部土方工程量增加 2.5%计算

地下室墙基地槽深度，系从地下室挖土底面计算至槽底。管道沟的深度，按分段间的地面平均自然标高减去管道底皮的平均标高计算

</td></tr>
<tr><td>人工挖地槽
（不放坡）</td><td>

$$V = L_{槽} \times (B + 2C) \times H = \mathrm{m}^3$$

式中 $L_{槽}$——地槽长（m）
B——基础垫层宽度（m）
C——工作面宽度（m），如下表所示

<table>
<tr><th>基础材料</th><th>每边各增加工作面宽度/mm</th></tr>
<tr><td>砖基础</td><td>200</td></tr>
<tr><td>混凝土基础支模板</td><td>300</td></tr>
<tr><td>基础垂直面做防水层</td><td>800（防水层面）</td></tr>
<tr><td>浆砌毛石、条石基础</td><td>150</td></tr>
<tr><td>混凝土基础垫层支模板</td><td>300</td></tr>
</table>

H——挖土深度（m），从室外地坪至垫层底面的高度

</td><td>

地槽：凡槽底宽度在 3m 以内，且槽长大于槽宽 3 倍的为地槽

挖地槽、地坑、土方及挖流砂、淤泥项目中未包括地下水位以下施工的排水费，发生时另行计算

外墙地槽长度 $L_{槽}$ 按图示尺寸的中心线计算；内墙地槽长度按图示尺寸的地槽净长线计算。其突出部分应并入地槽工程量内计算

各种检查井和排水管道接口处，因加宽而增加的土方工程量，应按相应管道沟槽全部土方工程量增加 2.5%计算

地下室墙基地槽深度，系从地下室挖土底面计算至槽底。管道沟的深度，按分段间的地面平均自然标高减去管道底皮的平均标高计算

</td></tr>
</table>

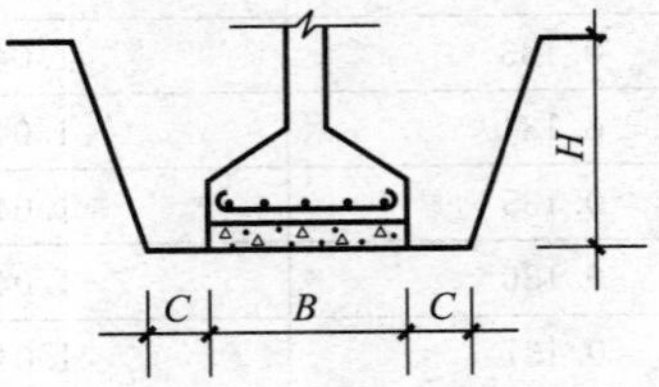

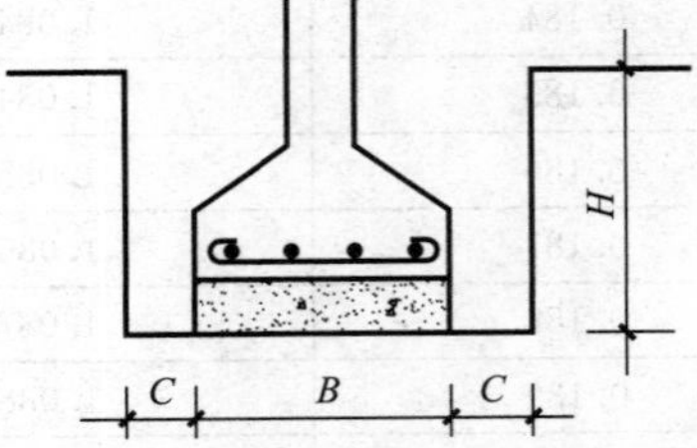

续表

项　目	计算公式	计算规则
平整场地	简单图形（矩形）： 长×宽＝　m^2 复杂图形： $S_1=\quad m^2$ 部分地区： $S_1+L_{外}\times 2+16=\quad m^2$ 式中　长、宽——底层平面图外边线的长与宽（m） S_1——一层（底层）建筑面积（基本数据）（m^2） $L_{外}$——一层外墙外边线长（基本数据）（m） 16——四个角的面积：2×2×4 个＝16（m^2）	平整场地系指厚度在±30cm以内的就地挖、填、找平 平整场地工程量按建筑物（或构筑物）的底面积计算，包括有基础的底层阳台面积 围墙按中心线每边各增加1m计算。道路及室外管道沟不计算平整场地 道路及室外管道沟不计算平整场地
圆形地坑（放坡）	$V=\frac{1}{3}\pi H\times(R_1^2+R_2^2+R_1R_2)$ $=\frac{1}{3}\pi H\times(3R_1^2+3R_1KH+K^2H^2)=\quad m^3$ 式中　R_1——坑下底半径（m），需工作面时工作面宽度 C 含在 R_1 内 R_2——坑上口半径（m），$R_2=R_1+KH$ H——坑深（m） K——放坡系数	凡图示底面积在 $20m^2$ 内的挖土为挖地坑 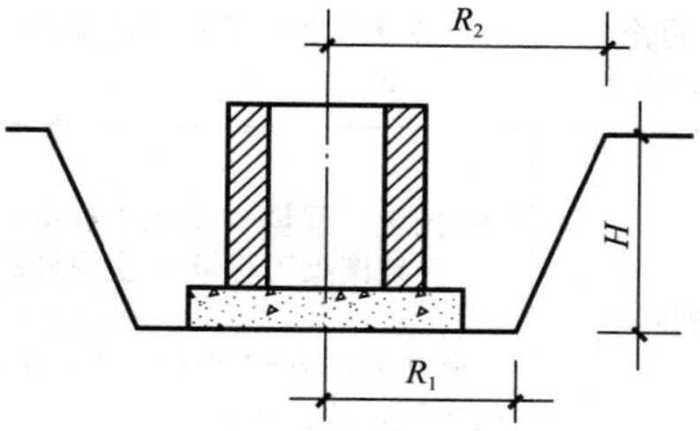 （图：R_2，H，R_1） 在挖土方、槽、坑时，如遇不同土壤类别，应根据地质勘测资料分别计算。边坡放坡系数可根据各土壤类别及深度加权取定 人工挖地坑深超过3m时应分层开挖，底分层按深2m、层间每侧留工作台0.8m计算
圆形地坑（不放坡）	$V=\pi R_1^2H=\quad m^3$ 式中　π——圆周率 R_1——坑半径（m） H——坑深（m）	计算时先计算圆形地坑的半径（包括工作面），再将算出的地坑的投影面积与其高度相乘得出体积值 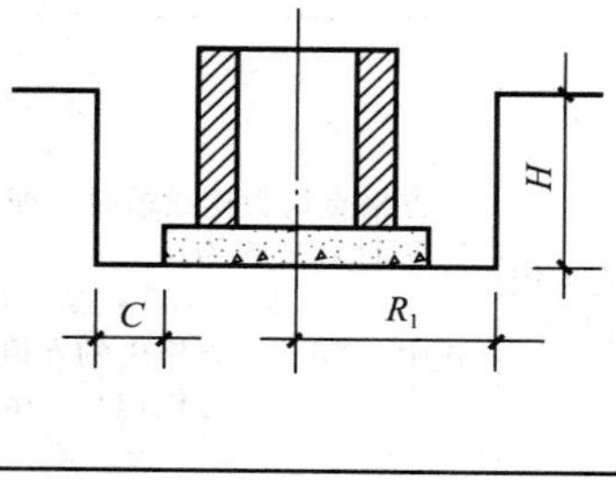 （图：H，C，R_1）

续表

项　目	计算公式	计算规则
复杂图形挖土体积	$V=F_{垫层}H+(L_{垫外}\times C+4C^2)\times H+\frac{1}{2}L_{C外}KH^2+\frac{4}{3}K^2H^3$ 式中　$F_{垫层}$——垫层面积（m^2） $F_{垫层}H$——垫层上的挖土体积（m^3） $L_{垫外}$——垫层外边线周长（m） C——工作面宽度（m） $(L_{垫外}\times C+4C^2)\times H$——工作面上的挖土体积（$m^3$） $L_{C外}$——工作面的外边线长（m） $\frac{1}{2}L_{C外}KH^2+\frac{4}{3}K^2H^3$——放坡的体积（$m^3$）	人工土方项目是按干土编制的，如挖湿土时，人工乘以系数 1.18。干湿的划分，应根据地质勘测资料按地下常水位划分，地下常水位以上为干土，以下为湿土 挖地槽、地坑、土方及挖流砂、淤泥项目中未包括地下水位以下施工的排水费，发生时另行计算。挖土方时如有地表水需要排除时，亦应另行计算
管沟挖土	不放坡： V=沟长×沟宽×沟深=　m^3 放坡： V=沟长×沟宽×沟深+沟长×K×沟深^2 =　m^3	计算时，管沟长按图示尺寸，沟深按分段的平均深度（自然地坪至管底或基础底），沟宽按设计规定 土方体积的计算，均以挖掘前的天然密实体积计算
管道沟槽回填土	V=挖土体积－管道所占体积 =　m^3	回填土按夯填或松填分别以立方米计算
基础回填土	V=挖土工程量－灰土工程量－砖基础工程量－地图梁工程量＋室内外高差×防潮层面积 =　m^3 因砖基础算到了±0.00，多减了室内外高差的体积，故再加上	回填土体积 V 按夯填或松填分别以立方米计算 地槽、地坑回填土体积等于挖土体积减去设计室外地坪以下埋设的砌筑物（包括基础、垫层等）的外形体积 房心回填土，按主墙间面积乘以回填土厚度以立方米计算
余土外运	V=挖土工程量－回填土工程量－房心填土工程量 =　m^3 即： V=挖土工程量－回填土工程量－室内净面积×(室内外高差－地面厚) =　m^3 式中“房心填土工程量”此处也可以先空着，待地面工程量计算中算出后将数值抄过来	余土（或取土）外运体积 V=挖土总体积－回填土总体积 计算结果为正值时为余土外运体积，负值时为取土体积。土、石方运输工程量按整个单位工程中外运和内运的土方量一并考虑 挖出的土如部分用于灰土垫层时，这部分土的体积在余土外运工程量中不予扣除 大孔性土壤应根据实验室的资料，确定余土和取土工程量 因场地狭小，无堆土地点，挖出的土方运输，应根据施工组织设计确定的数量和运距计算
方格点均为挖或填的土方	方格点均为挖或填时（即无零线），土方工程量 V 计算公式为： $V=(a^2\cdot\Sigma h)/4=$　m^3 式中　Σh——方格内的 h 值之和 a——方格边长（m）	各个角点的标高汇总再平均；方格一般划分成正方形 h_1　h_2　h_3　h_4　a　a

续表

项　目	计算公式	计算规则
三角形、五角形、梯形挖或填的土方	（1）三角形挖或填的土方工程量 $V=\frac{1}{2}cb\frac{\Sigma h}{3}$ $=\quad m^3$ 式中，Σh 为三角形范围内的 h 值之和，b、c 含义见右图（a） （2）五角形挖或填的土方工程量 $V=\left(a^2-\frac{cb}{2}\right)\frac{\Sigma h}{5}$ $=\quad m^3$ 式中，Σh 为五角形范围内的 h 值之和，a、b、c 含义见右图（b） （3）梯形挖或填的土方工程量 $V=\frac{b+c}{2}\cdot a\cdot\frac{\Sigma h}{4}$ $=\quad m^3$ 式中，Σh 为梯形范围内的 h 值之和，a、b、c 含义见右图（c）	土方体积的计算，均以挖掘前的天然密实体积计算 回填土按夯填或松填分别以立方米计算 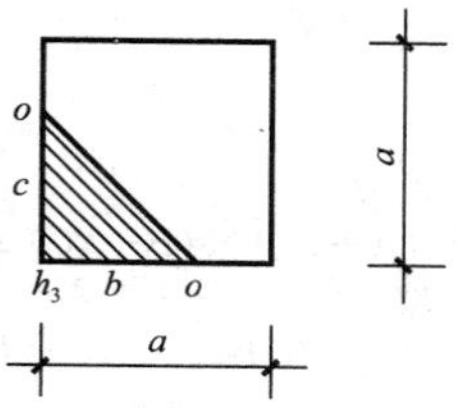 （a） 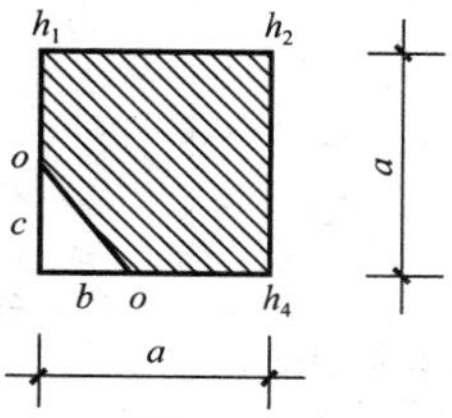　（b） 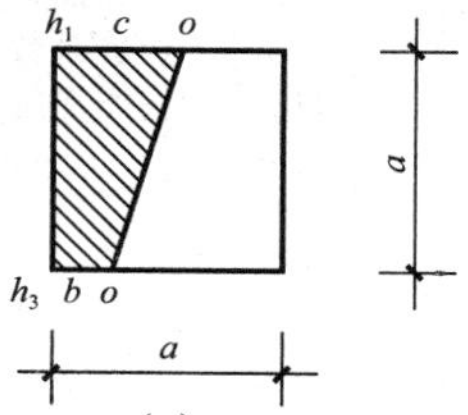 （c）
人工挖孔灌注桩	$V=V_1+V_2+V_3+V_4+\cdots=\quad m^3$	人工挖孔灌注桩成孔，如桩的设计长度超过20m时，桩长每增加5m（包括5m以内），基价增加20% 人工挖孔灌注桩成孔，如遇地下水时，其处理费用按实计取 人工挖孔灌注桩成孔，设计要求增设的安全防护措施所用材料、设备另行计算。若桩径小于1200mm（包括1200mm）时，人工、机械各增加20% 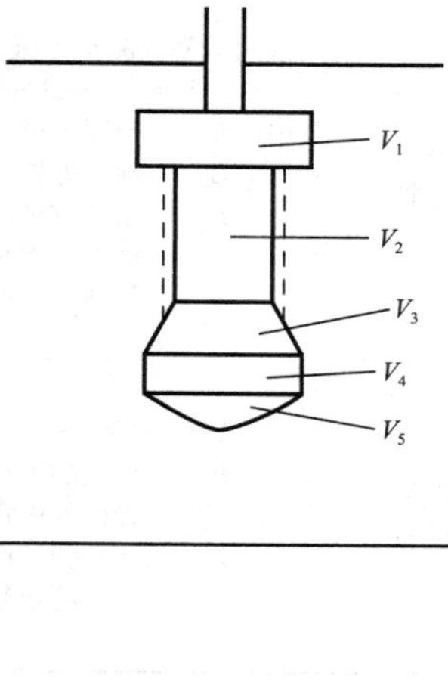

续表

项　目	计算公式	计算规则
钢筋混凝土矩形柱基础挖地坑	（1）不需放坡 $V=(A+2C)\times(B+2C)\times H_{挖}$ （2）需放坡 $V=(A+2C+KH_{挖})\times(B+2C+KH_{挖})\times H_{挖}+\frac{1}{3}K^2H_{挖}^3$ 式中　C——工作面宽度（m） K——放坡系数 $H_{挖}$——挖土深度（m）	在挖土方、槽、坑时，如遇不同土壤类别，应根据地质勘测资料分别计算。边坡放坡系数可根据各层土壤类别及深度加权取定 挖地槽、地坑需支挡土板时，其宽度按图示沟槽、地坑底宽，单面加 10cm，双面加 20cm 计算。挡土板面积，按槽、坑垂直支撑面积计算。支挡土板，不再计算放坡 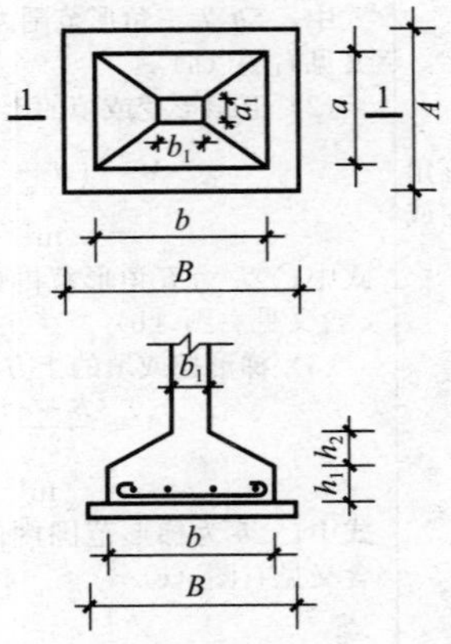 1—1 人工挖地槽、地坑深超过 3m 时应分层开挖，底分层按深 2m、层间每侧留工作台 0.8m 计算

2.3　桩基础工程工程量计算

桩基础工程工程量计算见表 2-6。

桩基础工程工程量计算表　　表 2-6

项　目	计算公式	计算规则
预制钢筋混凝土方桩	预制钢筋混凝土方桩的体积： $V=A\times B\times L\times N=$　m^3 式中　A——预制方桩的截面宽（m） B——预制方桩的截面高（m） L——预制方桩的设计长度（m）（包括桩尖，不扣除桩尖虚体积） N——预制方桩的根数	预制桩尖按虚体积，即以桩尖全长乘以最大截面面积计算 预制构件的制作工程量，应按图纸计算的实体积（即安装工程量）另加相应安装项目中规定的损耗量
预制钢筋混凝土管桩	$V=\pi(R^2-r^2)\times L\times N=$　m^3 式中　R——管桩的外径（m） r——管桩的内径（m） L——管桩的长度（m） N——管桩的根数（m）	预制桩尖按虚体积，即以桩尖全长乘以最大截面面积计算 预制构件的制作工程量，应按图纸计算的实体积（即安装工程量）另加相应安装项目中规定的损耗量

续表

<table>
<tr><th>项　目</th><th>计算公式</th><th>计算规则</th></tr>
<tr><td>送桩</td><td>V＝送桩深×桩截面面积×桩根数
＝(桩顶面标高－0.5－自然地坪标高)×桩截面面积×桩根数
＝　m^3</td><td>按各类预制桩截面面积乘以送桩长度（即打桩架底至桩顶面高度或自桩顶面至自然地坪面另加0.5m），以立方米计算。送桩后孔洞如需回填时，按土石方工程相应项目计算</td></tr>
<tr><td>现浇混凝土灌注桩</td><td>$V=\frac{1}{4}\pi D^2\times L=\pi r^2\times L=$　m^3
式中　D——桩外直径（m）
r——桩外半径（m）
L——桩长（含桩尖在内）（m）</td><td>灌注混凝土体积V按设计桩长（包括桩尖，不扣除桩尖虚体积）与超灌长度之和乘以设计桩断面面积，以立方米计算
超灌长度设计有规定的，按设计规定；设计无规定的，按0.25m计算
泥浆运输按成孔体积（m^3）计算</td></tr>
<tr><td>套管成孔灌注桩</td><td>$V=\frac{1}{4}\pi D^2\times L\times N=$　m^3
式中　D——按设计或套管箍外径（m）
L——桩长（m）（采用预制钢筋混凝土桩尖时，桩长不包括桩尖长度，当采用活瓣桩尖时，桩长应包括桩尖长度）
N——桩的根数</td><td>混凝土桩、砂桩、砂石桩、碎石桩的体积V，按设计的桩长（包括桩尖，不扣除桩尖虚体积）乘以设计规定桩径，如设计无规定时，桩径按钢管管箍外径截面面积计算
扩大桩的体积用复打法时按单桩体积乘以次数计算；用翻插法时按单桩体积乘以系数1.5</td></tr>
<tr><td>螺旋钻孔灌注桩</td><td>$V_{钻}=\frac{1}{4}\pi D^2\times L\times N$
$V_{混凝土}=\frac{1}{4}\pi D^2\times(L+0.25)\times N$
式中　D——按设计或钻孔外径（m）
L——桩长（m）
N——桩的根数</td><td>各类灌注桩分别按其成孔方式及填料相应项目计算
钻孔体积V钻按实钻孔长度乘以设计桩截面面积计算（单位为m^3），灌注混凝土体积V混凝土按设计桩长（包括桩尖，不扣除桩尖虚体积）与超灌长度之和乘以设计桩断面面积，以立方米计算</td></tr>
<tr><td>人工挖孔混凝土护壁和桩芯</td><td>—</td><td>人工成孔及钻孔成孔时，如遇岩石层，其入岩工程量单独计算。强风化岩不作入岩处理；中风化岩套用入岩增加费相应项目；微风化岩按入岩增加费相应项目乘以系数1.2。岩石风化程度见下表
<table>
<tr><th>风化程度</th><th>特征</th></tr>
<tr><td>微风化</td><td>岩石新鲜，表面稍有风化迹象</td></tr>
<tr><td>中等风化</td><td>（1）结构和构造层理清晰
（2）岩体被节理、裂隙分割成块状（20～50cm），裂隙中填充少量风化物，锤击声脆，且不易击碎
（3）用镐难挖掘，用岩心钻方可钻进</td></tr>
<tr><td>强风化</td><td>（1）结构和构造层理不甚清晰，矿物成分已显著变化
（2）岩体被节理、裂隙分割成块状（2～20cm），碎石用手可折断
（3）用镐可以挖掘，手摇钻不易钻进</td></tr>
</table></td></tr>
</table>

2.4 砌筑工程工程量计算

砌筑工程工程量计算见表 2-7。

砌筑工程工程量计算表　　　　表 2-7

<table>
<tr><th>项　目</th><th>计算公式</th><th>计算规则</th></tr>
<tr><td>砖墙体</td><td>墙长($L_{中}$)×墙高(H)＝　m^2(外墙毛面积)
扣门窗洞口面积：－　m^2
扣 0.3m^2 以上其他洞口面积：－　m^2
}＝　m^2（外墙净面积）
m^2（外墙净面积)×墙厚＝　m^3
扣除墙体内部：
柱体积（来自于钢筋混凝土柱的体积工程量)－　m^3
圈梁体积（来自于钢筋混凝土圈梁的体积工程量)－　m^3
过梁体积（来自于钢筋混凝土圈梁的体积工程量)－　m^3
增加下列体积：
女儿墙、垃圾道、砖垛、三皮以上砖挑檐、腰线体积＋　m^3
工程量合计：　m^3
式中　墙长（$L_{中}$）——外墙中心线的长度（m）
墙高（H）——按定额计算规则规定计算（m）</td><td>计算墙体时，应扣除门窗洞口、过人洞、空圈以及嵌入墙身的钢筋混凝土柱、梁、过梁、圈梁、板头、砖过梁和暖气包壁龛的体积，不扣除每个面积在 0.3m^2 以内的孔洞、梁头、梁垫、檩头、垫木、木楞头、沿椽木、木砖、门窗走头、墙内的加固钢筋、木筋、铁件、钢管等所占的体积，突出砖墙面的窗台虎头砖、压顶线、山墙泛水、烟囱根、门窗套、三皮砖以下腰线、挑檐等体积亦不增加</td></tr>
<tr><td>条形砖基础</td><td>$V_{砖基}$＝(基础高×基础墙厚＋大放脚增加断面积)×墙长
＝　m^3
若设：
折加高度＝大放脚增加断面积÷基础墙厚
则：
$V_{砖基}$＝(基础高＋折加高度)×基础墙厚×墙长
折加高度可预先算好，制成表格，用时查下表求得
<table>
<tr><th rowspan="3">基础类别</th><th rowspan="3">放脚层数</th><th colspan="4">砖墙厚度/mm</th></tr>
<tr><th>115</th><th>240</th><th>365</th><th>490</th></tr>
<tr><th colspan="4">折加高度/m</th></tr>
<tr><td rowspan="6">等高式</td><td>1</td><td>0.137</td><td>0.066</td><td>0.043</td><td>0.032</td></tr>
<tr><td>2</td><td>0.411</td><td>0.197</td><td>0.129</td><td>0.096</td></tr>
<tr><td>3</td><td>0.822</td><td>0.394</td><td>0.259</td><td>0.193</td></tr>
<tr><td>4</td><td>1.369</td><td>0.656</td><td>0.432</td><td>0.321</td></tr>
<tr><td>5</td><td>2.054</td><td>0.984</td><td>0.647</td><td>0.482</td></tr>
<tr><td>6</td><td>2.876</td><td>1.378</td><td>0.906</td><td>0.675</td></tr>
<tr><td rowspan="6">不等高式</td><td>1</td><td>0.137</td><td>0.066</td><td>0.043</td><td>0.032</td></tr>
<tr><td>2</td><td>0.274</td><td>0.131</td><td>0.086</td><td>0.064</td></tr>
<tr><td>3</td><td>0.685</td><td>0.328</td><td>0.216</td><td>0.161</td></tr>
<tr><td>4</td><td>0.959</td><td>0.459</td><td>0.302</td><td>0.225</td></tr>
<tr><td>5</td><td>1.643</td><td>0.788</td><td>0.518</td><td>0.386</td></tr>
<tr><td>6</td><td>2.055</td><td>0.984</td><td>0.647</td><td>0.707</td></tr>
</table></td><td>砌筑弧形砖墙、砖基础按相应项目每 10m^3 砌体增加人工 1.43 工日
基础与墙身的划分以设计室内地坪为界，设计室内地坪以下为基础，以上为墙身。基础与墙身使用不同材料时，位于设计室内地坪±300mm 以内时，以不同材料为分界线；超过±300mm 时，以设计室内地坪为分界线。砖、石围墙，以设计室外地坪为分界线，以下为基础，以上为墙身</td></tr>
</table>

续表

项　目	计算公式	计算规则
条形砖基础	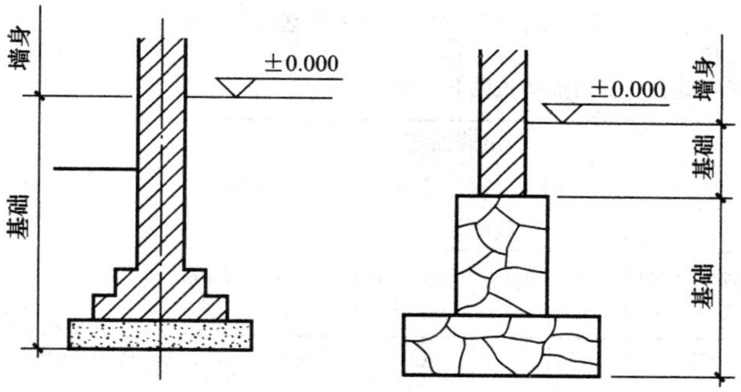 墙身　±0.000　基础 ±0.000　墙身　基础　基础	
砖基础大放脚	（1）等高式 $S_{增}=0.007875n\times(n+1)$ （2）不等高式（底层为126mm） 当n为奇数时， $S_{增}=0.001969\times(n+1)\times(3n+1)$ 当n为偶数时， $S_{增}=0.001969\times n\times(3n+4)$ （3）不等高式（底层为63mm） 当n为奇数时， $S_{增}=0.001969\times(n+1)\times(3n-1)$ 当n为偶数时， $S_{增}=0.001969\times n\times(3n+2)$ 式中　$S_{增}$——砖基础大放脚折加的截面增加面积 n——砖基础大放脚的层数	分等高式和不等高式计算，工程量合并到砖基础计算
砖柱	$V=A\times B\times H+V_{大放脚}=$　m^3 式中　A，B——砖柱的截面尺寸（m） H——砖柱的计算高度（m）	砖柱不分柱身和柱基，其工程量合并后，按砖柱项目计算
砖柱大放脚	（1）等高式柱基放脚（柱尺寸：$a\times b$） $V_{大放脚}=0.007875n(n+1)[a+b+(2n+1)^2/4]$ （2）不等高式（底层为126mm） n为奇数， $V_{大放脚}=0.007875(n+1)[(3n+1)(a+b)+n(n+1)/4]$ n为偶数， $V_{大放脚}=0.001969n[(3n+4)(a+b)+(n+1)^2/4]$ （3）不等高式（底层为63mm） n为奇数时， $V_{大放脚}=0.001969(n+1)[(3n-1)(a+b)+n^2/4]$ n为偶数时， $V_{大放脚}=0.001969n[(3n+2)(a+b)+n(n+1)/4]$ 式中　n——砖柱大放脚的层数	砖柱不分柱身和柱基，其工程量合并后，按砖柱项目计算 砖柱大放脚工程量应合并计算 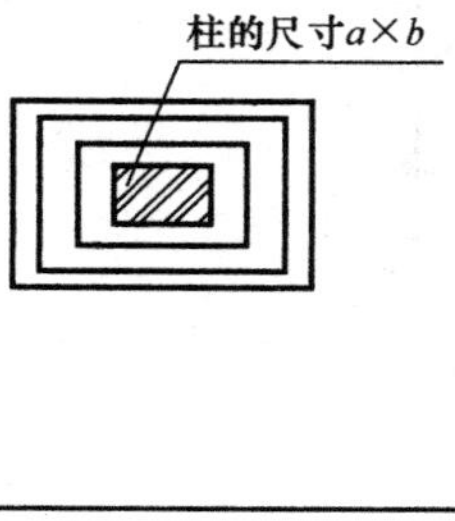 柱的尺寸$a\times b$

续表

<table>
<tr><th>项 目</th><th>计算公式</th><th>计算规则</th></tr>
<tr><td>附墙砖垛基础大放脚</td><td>砖垛体积＝(砖垛横断面积×高度)＋砖垛基础大放脚增加体积
砖垛基础大放脚增加体积见下表所示
<table>
<tr><td rowspan="4">放脚层数</td><td colspan="8">凸出墙面宽</td></tr>
<tr><td colspan="2">1/2 砖</td><td colspan="2">1 砖</td><td colspan="2">1 砖半</td><td colspan="2">2 砖</td></tr>
<tr><td colspan="8">放脚形式</td></tr>
<tr><td>等高式</td><td>间隔式</td><td>等高式</td><td>间隔式</td><td>等高式</td><td>间隔式</td><td>等高式</td><td>间隔式</td></tr>
<tr><td>1</td><td>0.002</td><td>0.002</td><td>0.004</td><td>0.004</td><td>0.006</td><td>0.006</td><td>0.008</td><td>0.008</td></tr>
<tr><td>2</td><td>0.006</td><td>0.005</td><td>0.012</td><td>0.010</td><td>0.018</td><td>0.015</td><td>0.023</td><td>0.020</td></tr>
<tr><td>3</td><td>0.012</td><td>0.010</td><td>0.023</td><td>0.020</td><td>0.035</td><td>0.029</td><td>0.047</td><td>0.039</td></tr>
<tr><td>4</td><td>0.020</td><td>0.016</td><td>0.031</td><td>0.024</td><td>0.059</td><td>0.047</td><td>0.078</td><td>0.063</td></tr>
<tr><td>5</td><td>0.029</td><td>0.024</td><td>0.059</td><td>0.047</td><td>0.088</td><td>0.070</td><td>0.117</td><td>0.094</td></tr>
<tr><td>6</td><td>0.041</td><td>0.032</td><td>0.082</td><td>0.065</td><td>0.123</td><td>0.097</td><td>0.164</td><td>0.129</td></tr>
<tr><td>7</td><td>0.055</td><td>0.043</td><td>0.19</td><td>0.086</td><td>0.164</td><td>0.129</td><td>0.216</td><td>0.172</td></tr>
<tr><td>8</td><td>0.07</td><td>0.055</td><td>0.141</td><td>0.109</td><td>0.211</td><td>0.164</td><td>0.281</td><td>0.219</td></tr>
</table></td><td>附墙砖垛基础大放脚工程量合并计入砖垛基础工程量</td></tr>
<tr><td>墙面勾缝</td><td>$S = S_1 - S_2 - S_3 = \quad m^2$
式中 S_1——墙面垂直投影面积（m^2）
S_2——墙裙抹灰所占的面积（m^2）
S_3——墙面抹灰所占的面积（m^2）</td><td>墙面勾缝面积 S 按墙面垂直投影面积计算
应扣除墙裙和墙面抹灰所占的面积，不扣除门窗洞口及门窗套、腰线等零星抹灰所占的面积，但垛和门窗洞口侧壁的勾缝面积也不增加
独立柱、房上烟囱勾缝，按图示尺寸以平方米计算</td></tr>
<tr><td rowspan="2">钢筋砖过梁</td><td>$V = 0.44 \times$ 墙厚 $\times$ (洞口宽 $+ 0.5) = \quad m^3$
此公式是在设计没规定尺寸时的参考公式，若设计有规定则按设计尺寸计算工程量</td><td>钢筋砖过梁体积 V 按图示尺寸（设计长度和设计高度）以立方米计算，如设计无规定时按门窗洞口宽度两端共加 500mm，高度按 440mm 计算</td></tr>
<tr><td colspan="2">
</td></tr>
</table>

续表

项　目	计算公式	计算规则
砖平碹	(1) 当洞口宽小于1500mm时 $V=0.24\times$墙厚$\times$(洞口宽$+0.1$)$=$　m^3 (2) 当洞口宽大于1500mm时 $V=0.365\times$墙厚$\times$(洞口宽$+0.1$)$=$　m^3	砖平碹体积V设计长度和设计高度计算

2.5　混凝土工程工程量计算

混凝土及钢筋混凝土工程工程量计算见表2-8。

混凝土及钢筋混凝土工程工程量计算表　　**表2-8**

项　目	计算公式	计算规则
现浇钢筋混凝土条形基础T形接头重合体积	$V_d=V_1+V_2+2V_3$ $=L_d\times[b\times h_3+h_2\times(B+2b)/6]$ $h_3=0$时，即无梁式基础 $V_d=L_d\times h_2(B+2b)/6$ 式中各量标示于下图中 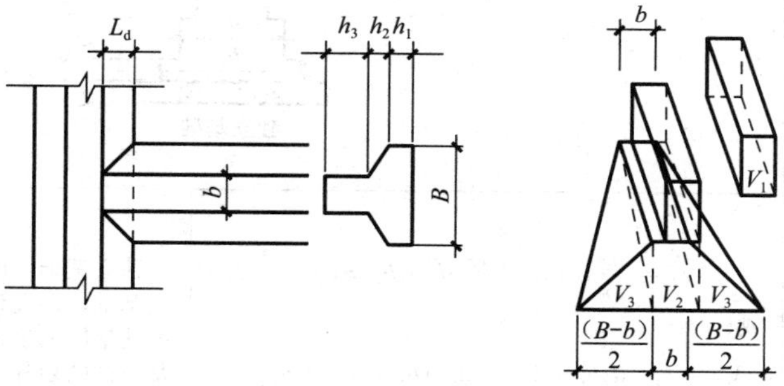	不分有梁式与无梁式，分别按毛石混凝土、混凝土、钢筋混凝土基础计算。凡有梁式条形基础，其梁高（指基础扩大顶面至梁项面的高）超过1.2m时，其基础底板按条形基础计算，扩大顶面以上部分按混凝土墙项目计算
	L_d　h_3 h_2 h_1　b　B　V_1　V_2　V_3　$\frac{(B-b)}{2}$　b　$\frac{(B-b)}{2}$	
现浇钢筋混凝土条形基础（有梁）	$V=[B\times h_1+(B+b)\times h_2/2+b\times h_3]$ $\times L_{1槽}=$　m^3 式中　h_1、h_2、h_3——见下图所注 B——基础底宽度（m） b——基础梁宽度（m） $L_{1槽}$——断面基础的槽长（m） $B\times h_1$——基础矩形截面面积 $(B+b)\times h_2/2$——基础梯形截面面积 $b\times h_3$——基础梁断面面积	条形基础：不分有梁式与无梁式，分别按毛石混凝土、混凝土、钢筋混凝土基础计算。凡有梁式条形基础，其梁高（指基础扩大顶面至梁顶面的高）超过1.2m时，其基础底板按条形基础计算，扩大顶面以上部分按混凝土墙项目计算

续表

<table>
<tr><th>项 目</th><th colspan="2">计算公式</th><th>计算规则</th></tr>
<tr><td>现浇钢筋混凝土条形基础（有梁）</td><td colspan="3">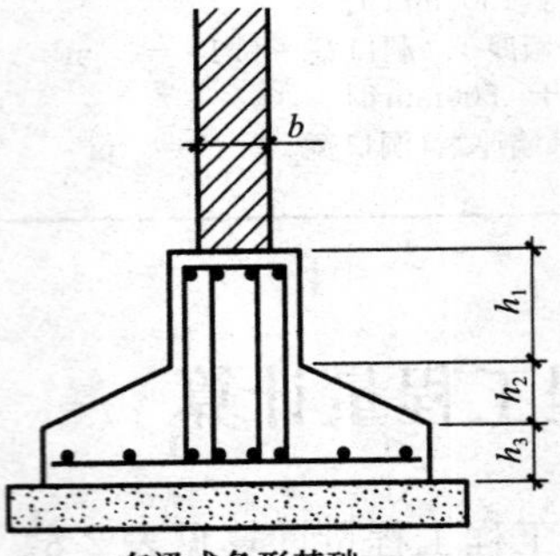
有梁式条形基础</td></tr>
<tr><td rowspan="2">现浇钢筋混凝土独立基础（阶梯形）</td><td colspan="2">$V=(a_1\times b_1\times H_1)+(a_2\times b_2\times H_2)+(a_3\times b_3\times H_3)=\quad m^3$</td><td>独立基础：应分别按毛石混凝土和混凝土独立基础，以设计图示尺寸的实体积计算，其高度从垫层上表面算至柱基上表面。现浇独立柱基与柱的划分（如下图所示）：高度 H 为相邻下一个高度 H_1 的 2 倍以内者为柱基，2 倍以上者为柱身，套用相应柱的项目</td></tr>
<tr><td colspan="3">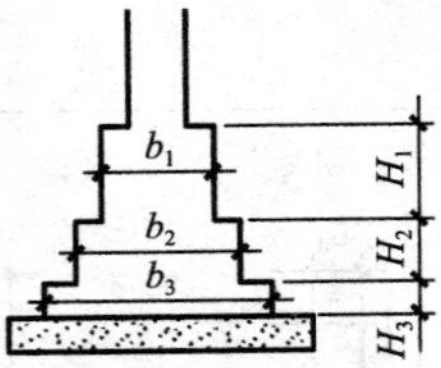
独立基础</td></tr>
<tr><td rowspan="2">现浇钢筋混凝土独立基础（截锥形）</td><td colspan="2">$V_z=\frac{h_2}{3}(a_1b_1+\sqrt{a_1b_1a_2b_2}+a_2b_2)$
或
$V_z=\frac{h_2}{6}[a_1b_1+(a_1+a_2)(b_1+b_2)+a_2b_2]$
$V_d=a_1\cdot b_1\cdot h_1+V_z$
式中 V_d——独立基础的体积
V_z——独立基础截锥部分的体积</td><td>独立基础：应分别按毛石混凝土和混凝土独立基础，以设计图示尺寸的实体积计算，其高度从垫层上表面算至柱基上表面。现浇独立柱基与柱的划分［如“现浇钢筋混凝土独立基础（阶梯形）”中图所示］：高度 H 为相邻下一个高度 H_1 的 2 倍以内者为柱基，2 倍以上者为柱身，套用相应柱的项目</td></tr>
<tr><td colspan="3">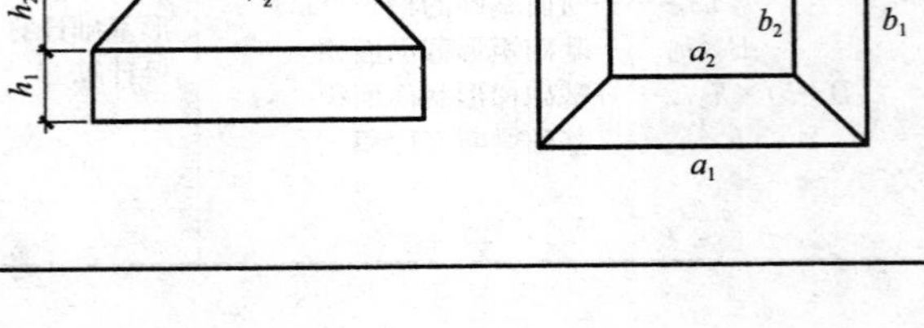</td></tr>
</table>

续表

项　目	计算公式	计算规则
现浇钢筋混凝土满堂基础（有梁）	$V = a \times b \times h + V_{基础梁} =$　　m³ 式中　a——满堂基础的长（m） b——满堂基础的宽（m） h——满堂基础的高（m） $V_{基础梁}$——基础梁的体积（m³）	满堂基础不分有梁式与无梁式，均按满堂基础项目计算。满堂基础有扩大或角锥形柱墩时，应并入满堂基础内计算。满堂基础梁高超过1.2m时，底板按满堂基础项目计算，梁按混凝土墙项目计算。箱式满堂基础应分别按满堂基础、柱、墙、梁、板的有关规定计算
现浇钢筋混凝土满堂基础（无梁）	$V = a \times b \times h =$　　m³ 式中　a——满堂基础的长（m） b——满堂基础的宽（m） h——满堂基础的高（m）	满堂基础不分有梁式与无梁式，均按满堂基础项目计算。满堂基础有扩大或角锥形柱墩时，应并入满堂基础内计算。满堂基础梁高超过1.2m时，底板按满堂基础项目计算，梁按混凝土墙项目计算。箱式满堂基础应分别按满堂基础、柱、墙、梁、板的有关规定计算
现浇钢筋混凝土锥形基础	圆柱部分 $V_1 = \pi r_1^2 h_1 =$　　m³ 圆台部分 $V_2 = \frac{1}{3}\pi h_2 (r_1^2 + r_2^2 + r_1 r_2)$ $=$　　m³ 式中符号含义参见下图	应分别按毛石混凝土和混凝土独立基础，以设计图示尺寸的实体积计算，其高度从垫层上表面算至柱基上表面。现浇独立柱基与柱的划分［如“现浇钢筋混凝土独立基础（阶梯形）”中图所示］：H 高度为相邻下一个高度 H_1 的2倍以内者为柱基，2倍以上者为柱身，套用相应柱的项目
现浇钢筋混凝土杯形基础	$V = V_1 - V_2 =$　　m³ 式中　V_1——不扣除杯口的杯形基础的体积（m³） V_2——杯口的体积（m³），推荐经验公式： $V_2 \approx h_b (a_d + 0.025)(b_d + 0.025)$ h_b——杯口高（m） a_d——杯口底长（m） b_d——杯口底宽（m）	杯形基础连接预制柱的杯口底面至基础扩大顶面（H）高度在0.50m以内的按杯形基础项目计算；在0.50m以上，H 部分按现浇柱项目计算，其余部分套用杯形基础项目 预制混凝土构件除另有规定外均按图示尺寸以实体积计算，不扣除构件内钢筋、铁件所占体积

续表

项　目	计算公式	计算规则
现浇钢筋混凝土杯形基础	（图：H_1、H）	
现浇钢筋混凝土箱形基础	$V=V_{底板}+V_{墙}+V_{顶板}+V_{梁}+V_{柱}=$　　m^3	箱形满堂基础应分别按满堂基础、柱、墙、梁、板的有关规定计算
现浇钢筋混凝土圈梁	圈梁 QL-1： 梁长×断面面积=　m^3 圈梁 QL-2： 梁长×断面面积=　m^3 圈梁 QL-3： 梁长×断面面积=　m^3 …… 扣圈梁兼过梁： Σ[(洞口宽+0.5)×断面面积×洞数]=　m^3 扣与柱重叠部分： −Σ(柱宽×圈梁断面面积×交点数)=　m^3 工程量总计：　m^3 式中　Σ——不同宽度洞口、不同断面圈梁算出的体积之和及不同宽度柱、不同断面圈梁计算的体积之和	圈梁通过门窗洞口时，可按门窗洞口宽度两端共加 50cm 并按过梁项目计算，其他按圈梁计算 圆形圈梁及地圈梁套用圈梁项目 柱与圈梁相交时，要从圈梁中扣除柱占的体积，但不要从圈梁长度中扣除柱占的长度，因为钢筋通过柱，计算钢筋要利用圈梁长度 圈梁与阳台挑梁伸入内墙的部分相连接时，及外墙上圈梁与阳台过梁相连接时，圈梁的长度应算至与阳台梁相交处，及内横墙圈梁长要扣除阳台挑梁长，外纵墙圈梁长要扣除阳台的过梁长
现浇钢筋混凝土基础梁	$V=\Sigma(S\times L)=$　　m^3 式中　S——基础梁的断面积（m^2） L——基础梁的长度（m）	梁按图示断面尺寸乘以梁长以立方米计算。各种梁的长度按下列规定计算：梁与柱交接时，梁长算至柱侧面；次梁与主梁交接时，次梁长度算至主梁侧面 伸入墙内的梁头或梁垫体积并入梁的体积内计算
现浇钢筋混凝土单梁连续梁	$V=B\times H\times L=$　　m^3 式中　B——梁的宽度（m） H——梁的高度（m） L——梁的长度（m）	梁按图示断面尺寸乘以梁长，以立方米计算 梁与柱交接时，梁长算至柱侧面。次梁与主梁交接时，次梁长度算至主梁侧面，伸入墙内的梁头或梁垫体积应并入梁的体积内计算
现浇钢筋混凝土楼板（有梁）	$V=a\times b\times h=$　　m^3	凡带有梁（包括主、次梁）的楼板，梁和板的工程量分别计算，梁的高度算至板的底面，梁、板分别套用相应项目。无梁板是指不带梁，直接由柱支撑的板，无梁板体积按板与柱头（帽）的和计算。钢筋混凝土板伸入墙砌体内的板头应并入板体积内计算。钢筋混凝土板与钢筋混凝土墙交接时，板的工程量算至墙内侧，板中的预留孔洞在 0.3m^2 以内者不扣除

续表

项　目	计算公式	计算规则
现浇钢筋混凝土楼板（无梁）	B_1 板：长×宽×厚=　　m^3 柱帽的体积：=　　m^3 B_2 板：长×宽×厚=　　m^3 柱帽的体积：=　　m^3 …… 扣除板下的洞：−Σ（洞面积×板厚）=−m^3 （以上合计）=　　m^3	板上开洞超过 0.05m^2 时应扣除，但留洞口的工料应另列项目计算 板深入墙内部分的板头在墙体工程量计算时应扣除 板的净空面积可作为楼地面、天棚装饰工程的参考数据 无梁板的工程量应包括柱帽的体积
现浇钢筋混凝土柱（圆形）	$V=\pi r^2\times H=$　　m^3 式中　πr^2——柱的断面积（m^2） H——柱高（m） r——柱的半径（m）	圆形及正多边形柱按图示尺寸以实体积计算工程量。柱高按柱基上表面或楼板上表面至柱顶上表面的高度计算。无梁楼板的柱高，应按自柱基上表面或楼板上表面至柱头（帽）下表面的高度计算。依附于柱上的牛腿应并入柱身体积内计算 图示见“现浇钢筋混凝土柱（矩形）”中图
现浇钢筋混凝土柱（矩形）	$V=S\times H=$　　m^3 式中　S——柱的断面积（m^2） H——柱高（m）	按图示尺寸以实体积计算工程量。柱高按柱基上表面或楼板上表面至柱顶上表面的高度计算。无梁楼板的柱高，应按自柱基上表面或楼板上表面至柱头（帽）下表面的高度计算。依附于柱上的牛腿应并入柱身体积内计算
	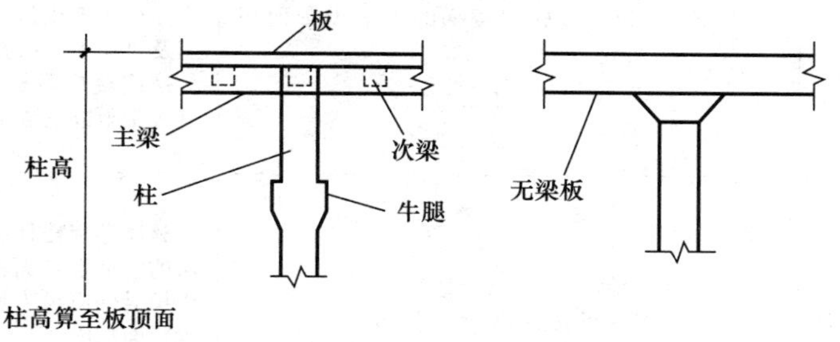 板 主梁 次梁 柱高 柱 牛腿 柱高算至板顶面 无梁板	
现浇钢筋混凝土构造柱	$V=S'\times H=$　　m^3 式中　S'——构造柱的平均断面积（m^2） H——构造柱的高（m）	构造柱按图示尺寸计算实体积，包括与砖墙咬接部分的体积，其高度应按自柱基上表面至柱顶面的高度计算 现浇女儿墙柱，套用构造柱项目
现浇钢筋混凝土墙	$V=B\times H\times L=$　　m^3 式中　B——混凝土墙的厚度（m） H——混凝土墙的高度（m） L——混凝土墙的长度（m）	按图示墙长度乘以墙高度及厚度，以立方米计算 计算各种墙体积时，应扣除门窗洞口及 0.3m^2 以上的孔洞体积 墙垛及突出部分并入墙体积内计算

续表

项　目	计算公式	计算规则
现浇钢筋混凝土整体楼梯	$S_{楼梯}=\Sigma(a\times b)=$　　m^2 式中　Σ——各层投影面积之和 a——楼梯间净宽度（m） b——外墙里边线至楼梯梁（TL-2）的外边缘的长度（m）	整体楼梯（包括板式、单梁式或双梁式楼梯）应按楼梯和楼梯平台的水平投影面积计算 楼梯与楼板的划分以楼梯梁的外边缘为界，该楼梯梁已包括在楼梯水平投影面积内 楼梯段间（楼梯井）空隙宽度在 50cm 以外者，应扣除其面积
	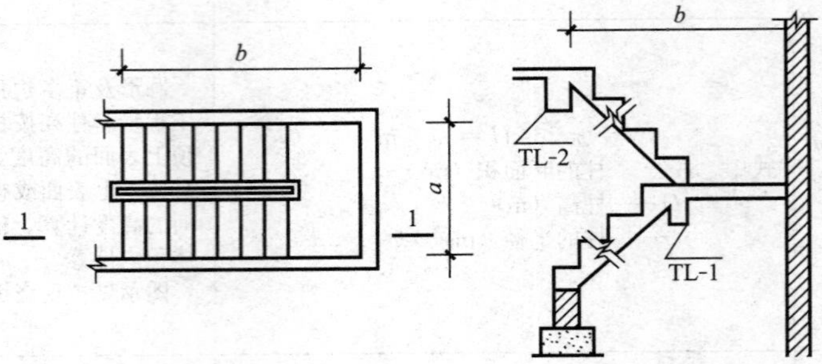 b　1　1　a　b　TL-2　TL-1　1—1	
现浇钢筋混凝土螺旋楼梯（柱式）	$S=\pi(R^2-r^2)=$　　m^2 式中　r——圆柱半径（m） R——螺旋楼梯半径（m） S——每一旋转层楼梯的水平投影面积（m^2）	整体螺旋楼梯、柱式螺旋楼梯，按每一旋转层的水平投影面积计算，楼梯与走道板分界以楼梯梁外边缘为界，该楼梯梁包括在楼梯水平投影面积内 柱式螺旋楼梯扣除中心混凝土柱所占的面积。中间柱的工程量另按相应柱的项目计算，其人工及机械乘以系数 1.5 螺旋楼梯栏板、栏杆、扶手套用相应项目，其人工乘以系数 1.3，材料、机械乘以系数 1.1
现浇钢筋混凝土螺旋楼梯（整体）	$S=S_{投影}\times N=$　　m^2 式中　$S_{投影}$——楼梯的投影面积（m^2） N——楼梯的层数	整体螺旋楼梯、柱式螺旋楼梯，按每一旋转层的水平投影面积计算，楼梯与走道板分界以楼梯梁外边缘为界，该楼梯梁包括在楼梯水平投影面积内 螺旋楼梯栏板、栏杆、扶手套用相应项目，其人工乘以系数 1.3，材料、机械乘以系数 1.1 由楼梯的投影面积与楼梯的分层层数得出楼梯的面积
现浇钢筋混凝土阳台（弧形）	$V=A\times B\times H+S_{弧}\times H=$　　m^3 式中　A——阳台的长度（m） B——阳台的宽度（m） H——阳台的厚度（m） $S_{弧}$——弧形部分的阳台的面积（根据实际尺寸计算）	弧形阳台按图示尺寸以实体积计算。伸入墙内部分的梁及通过门窗口的过梁应合并按过梁项目另行计算。阳台如伸出墙外超过 1.50m 时，梁、板分别计算，套用相应项目 阳台四周外边沿的弯起，如其高度（指板上表面至弯起顶面）超过 6cm 时，按全高计算，套用栏板项目 凹进墙内的阳台按现浇平板计算

续表

<table>
<tr><th>项　目</th><th>计算公式</th><th>计算规则</th></tr>
<tr><td rowspan="2">现浇钢筋混凝土阳台（直形）</td><td>现浇钢筋混凝土阳台工程量：
$L \times b =$ 　　m^2
式中　L——阳台长度（m）
b——阳台宽度（m）</td><td>直形阳台按图示尺寸以实体积计算
伸入墙内部分的梁及通过门窗口的过梁应合并后按过梁项目另行计算
阳台如伸出墙外超过 1.5m 时，梁、板分别计算，套用相应项目
阳台四周外边沿的弯起，如其高度（指板上表面至弯起顶面）超过 6cm 时，按全高计算，套用栏板项目</td></tr>
<tr><td colspan="2">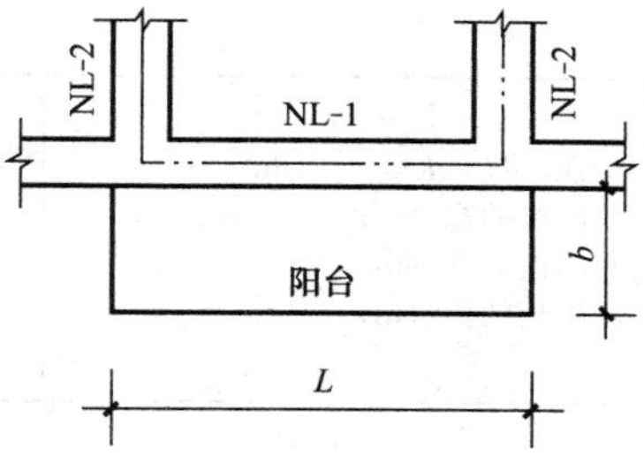
</td></tr>
<tr><td>现浇钢筋混凝土雨篷（弧形）</td><td>$V = A \times B \times H + S_{弧} \times H =$ 　　m^3
式中　A——雨篷的长度（m）
B——雨篷的宽度（m）
H——雨篷的厚度（m）
$S_{弧}$——弧形部分的雨篷的面积（根据实际尺寸计算）</td><td>弧形雨篷按图示尺寸以实体积计算。伸入墙内部分的梁及通过门窗口的过梁应合并按过梁项目另行计算。雨篷如伸出墙外超过 1.50m 时，梁、板分别计算，套用相应项目
雨篷四周外边沿的弯起，如其高度（指板上表面至弯起顶面）超过 6cm 时，按全高计算，套用栏板项目
水平遮阳板按雨篷项目计算</td></tr>
<tr><td>现浇钢筋混凝土雨篷（直形）</td><td>$V = A \times B \times H =$ 　　m^3
式中　A——雨篷的长度（m）
B——雨篷的宽度（m）
H——雨篷的厚度（m）</td><td>直形雨篷按图示尺寸以实体积计算。伸入墙内部分的梁及通过门窗口的过梁应合并按过梁项目另行计算。雨篷如伸出墙外超过 1.50m 时，梁、板分别计算，套用相应项目
雨篷四周外边沿的弯起，如其高度（指板上表面至弯起顶面）超过 6cm 时，按全高计算，套用栏板项目
水平遮阳板按雨篷项目计算</td></tr>
<tr><td>现浇钢筋混凝土挑檐</td><td>$V = (B + H) \times h \times L =$ 　　m^3
式中　B——挑檐的宽度（m）
H——挑檐的高度（m）
h——挑檐的厚度（m）
L——挑檐的长度（m）</td><td>挑檐天沟按实体积计算
当与板（包括屋面板、楼板）连接时，以外墙身外边缘为分界线；当与圈梁（包括其他梁）连接时，以梁外边线为分界线
外墙外边缘以外或梁外边线以外为挑檐天沟
挑檐天沟壁高度在 40cm 以内时，套用挑檐项目；挑檐天沟壁高度超过 40cm 时，按全高计算，套用栏板项目</td></tr>
<tr><td>现浇钢筋混凝土栏板</td><td>$V = b \times H \times L =$ 　　m^3
式中　b——栏板的宽（m）
H——栏板的高（m）
L——栏板的长（m）</td><td>栏板按实体积计算</td></tr>
</table>

续表

项　目	计算公式	计算规则
现浇钢筋混凝土栏板	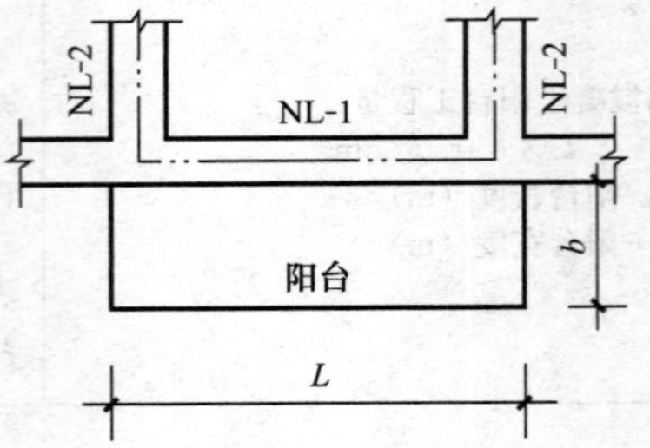 NL-2　NL-1　NL-2　阳台　b　L	
现浇钢筋混凝土遮阳板	$V=B\times H\times L=$　　m^3 式中　B——遮阳板的宽（m） H——遮阳板的高（m） L——遮阳板的长（m）	水平遮阳板按雨篷项目计算 水平遮阳板按图示尺寸以实体积计算
现浇钢筋混凝土板缝（后浇带）	$V=B\times H\times L=$　　m^3 式中　B——后浇带的宽（m） H——后浇带的高（m） L——后浇带的长（m）	混凝土后浇带按图示尺寸以实体积计算
预制过梁	$V=\Sigma V_i\times n=$　　m^3 式中　V_i——不同规格的预制混凝土过梁体积 n——不同规格的预制混凝土过梁的数量	预算定额中关于预制过梁的定额项目分别列有预制过梁的制作（包括其钢筋加工和绑扎）、预制过梁的安装。若在预制构件厂制作或购买时，尚需计算预制过梁的蒸汽养护费、从预制厂至工地的运输费。因此一般需要计算预制过梁的制作、蒸汽养护、运输、安装四项费用，也即计算四项工程量。按预制过梁的根数计算出的为安装工程量。安装工程量再增加1.5%的安装损耗为制作、养护、运输的工程量。钢筋数量也要计算出来
预制圆孔板	$V=\Sigma(V_1-V_2)\times N=$　　m^3 式中　V_1——不扣除圆孔的板的体积（m^3） V_2——圆孔的体积（m^3） Σ——不同规格的圆空板的汇总 N——圆空板的数量	预制钢筋混凝土圆孔板按图示尺寸以实体积计算，不扣除构件内钢筋、铁件所占体积 预制构件的制作工程量，应按图纸计算的实体积（即安装工程量）另加相应安装项目中规定的损耗量

2.6　钢筋工程工程量计算

钢筋的工程量计算见表2-9。

钢筋的工程量计算表 **表 2-9**

<table>
<tr><th>项　目</th><th>计算公式</th><th>计算规则</th></tr>
<tr><td>直线钢筋下料长度</td><td>（1）构件内布置的为两端无弯起直钢筋时：
$$设计长度=L-2b$$
（2）当构件内布置的为两端有弯钩的直钢筋时：
$$设计长度=L-2b+2\Delta L_g$$
式中　L——混凝土构件的长度（m）
b——保护层的厚度（m）
ΔL_g——弯钩增加长度（m），见下表
<table>
<tr><th rowspan="2">弯钩形式</th><th colspan="3">增加长度 ΔL_g</th></tr>
<tr><th>HPB300</th><th>HRB335</th><th>HRB400</th></tr>
<tr><td>90°</td><td>$3.5d$</td><td>$X+0.9d$</td><td>$X+1.2d$</td></tr>
<tr><td>135°</td><td>$4.9d$</td><td>$X+2.9d$</td><td>$X+3.6d$</td></tr>
<tr><td>180°</td><td>$6.25d$</td><td></td><td></td></tr>
</table></td><td>钢筋接头设计图纸已规定的按设计图纸计算；设计图纸未作规定的，现浇混凝土的水平通长钢筋搭接量，直径 25mm 以内者，按 8m 长一个接头，直径 25mm 以上者按 6m 长一个接头，搭接长度按规范及设计规定计算。现浇混凝土竖向通长钢筋（指墙、柱的竖向钢筋）亦按以上规定计算，但层高小于规定接头间距的竖向钢筋接头，按每自然层一个计算</td></tr>
<tr><td rowspan="2">弯起钢筋下料长度</td><td>$$设计长度=L-2b+2(s-l)+2\times 6.25d$$
$$=L-2b+2(H-2b)\mathrm{tg}(\alpha/2)+12.5d$$
式中　L——混凝土构件的长度（m）
b——保护层的厚度（m）
s——钢筋弯起部分斜边长度（m）
l——钢筋弯起部分底边长度（m）
H——构件截面的高度（m）
α——钢筋弯起角度（°）</td><td>钢筋接头设计图纸已规定的按设计图纸计算；设计图纸未作规定的，现浇混凝土的水平通长钢筋搭接量，直径 25mm 以内者，按 8m 长一个接头，直径 25mm 以上者按 6m 长一个接头，搭接长度按规范及设计规定计算</td></tr>
<tr><td colspan="2"> 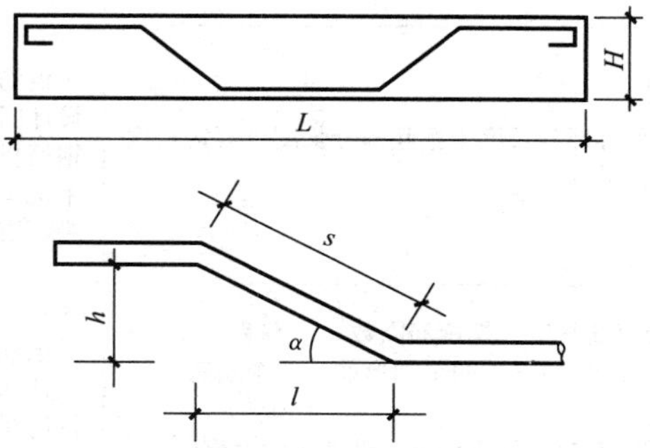</td></tr>
<tr><td>箍筋（双箍）下料长度</td><td>目前常用以下几种方法：
（1）箍筋长度＝箍筋矩（方）形长度＋$6.25d\times 2$（钩）（d 为箍筋直径，下同）
（2）箍筋长度＝箍筋矩（方）形长度＋$4.9d\times 2$（钩）
（3）箍筋长度＝箍筋矩（方）形长度＋不同直径的估计钩长
（4）箍筋长度＝构件横截面外形长度－5cm</td><td>很多实际工作者，在工作中为了简化计算，用构件的外围周长作为箍筋的计算长度，不再扣保护层厚度，也不再增加弯钩的长度
这种方法计算比较粗略，有可能会产生一定的误差</td></tr>
</table>

续表

项　目	计算公式	计算规则
箍筋（双箍）下料长度	B　O　90°　A　$\frac{d}{2}$　$\frac{d}{2}$　1.25d　1.75d	
内墙圈梁纵向钢筋长度	内墙圈梁纵向钢筋长度（每层） ＝（$L_{内}$＋L_d×2×内侧圈梁根数）×钢筋根数 ＝　m 式中　$L_{内}$——内墙净长线长度（m） L_d——钢筋锚固长度（m）	钢筋接头设计图纸已规定的按设计图纸计算；设计图纸未作规定的，现浇混凝土的水平通长钢筋搭接量，直径25mm以内者，按8m长一个接头，直径25mm以上者，按6m长一个接头，搭接长度按规范及设计规定计算
外墙圈梁纵向钢筋长度	外墙圈梁纵向钢筋长度（每层） ＝$L_{中}$×钢筋根数＋L_d×内侧钢筋根数×转角数 ＝　m 式中　$L_{中}$——外墙净长线长度（m） L_d——钢筋锚固长度（m）	钢筋接头设计图纸已规定的按设计图纸计算；设计图纸未作规定的，现浇混凝土的水平通长钢筋搭接量，直径25mm以内者，按8m长一个接头，直径25mm以上者，按6m长一个接头，搭接长度按规范及设计规定计算
板底圈梁抗震附加筋	L＝平直部分长度＋弯起部分长度＋弯钩长度－量度差	钢筋接头设计图纸已规定的按设计图纸计算；设计图纸未作规定的，现浇混凝土的水平通长钢筋搭接量，直径25mm以内者，按8m长一个接头，直径25mm以上者按6m长一个接头，搭接长度按规范及设计规定计算
屋盖板底圈梁抗震附加筋	L＝平直部分长度＋弯起部分长度＋弯钩长度－量度差	钢筋接头设计图纸已规定的按设计图纸计算；设计图纸未作规定的，现浇混凝土的水平通长钢筋搭接量，直径25mm以内者，按8m长一个接头，直径25mm以上者，按6m长一个接头，搭接长度按规范及设计规定计算
螺旋钢筋长度	螺旋钢筋长度＝螺旋筋圈数×[（螺距）^{2}＋（π×螺圈直径）^{2}]$^{1/2}$＋两个圆形筋＋两个端钩长 式中 螺旋筋圈数＝螺旋筋设计高度（h）÷螺距 螺圈直径＝圆形构件直径-保护层厚度×2 螺距——螺旋筋间距	钢筋接头设计图纸已规定的按设计图纸计算；设计图纸未作规定的，现浇混凝土的水平通长钢筋搭接量，直径25mm以内者，按8m长一个接头，直径25mm以上者，按6m长一个接头，搭接长度按规范及设计规定计算
变长度钢筋（梯形）长度	根据梯形中位线原理（以下图为例）： $L_1+L_6=L_2+L_5=L_3+L_4=2L_0$ 所以：$L_1+L_2+L_3+L_4+L_5+L_6=2L_0\times3$ 即： $\Sigma L_{1-6}=6L_0$ $\Sigma L_{1-n}=nL_0$ 式中n为钢筋总根数（不管与中位线是否重合）	钢筋接头设计图纸已规定的按设计图纸计算；设计图纸未作规定的，现浇混凝土的水平通长钢筋搭接量，直径25mm以内者，按8m长一个接头，直径25mm以上者，按6m长一个接头，搭接长度按规范及设计规定计算。现浇混凝土竖向通长钢筋（指墙、柱的竖向钢筋）亦按以上规定计算，但层高小于规定接头间距的竖向钢筋接头，按每自然层一个计算

续表

项　目	计算公式	计算规则
变长度钢筋（梯形）长度	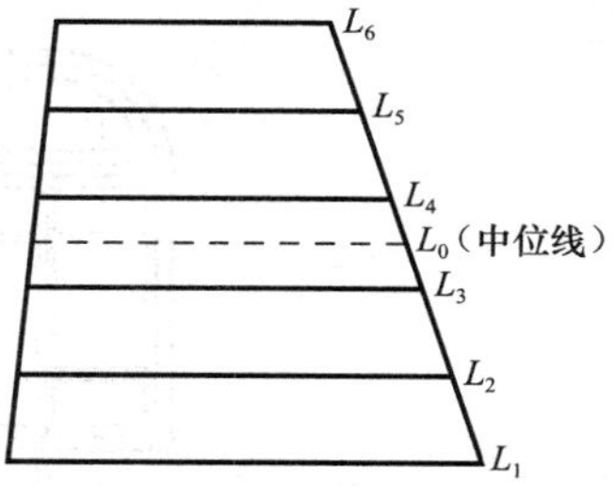 L_6 L_5 L_4 L_0（中位线） L_3 L_2 L_1	
变长度钢筋（三角形）长度	根据三角形中位线原理（以下图为例）： $L_1=L_2+L_5=L_3+L_4=2L_0$ 所以：$L_1+L_2+L_3+L_4+L_5+L_6=2L_0\times3$ 即： $\Sigma L_{1-5}=6L_0=(5+1)L_0$ $\Sigma L_{1-n}=(n+1)L_0$ 式中 n 为钢筋总根数（不管与中位线是否重合）	钢筋接头设计图纸已规定的按设计图纸计算；设计图纸未作规定的，现浇混凝土的水平通长钢筋搭接量，直径 25mm 以内者，按 8m 长一个接头，直径 25mm 以上者按 6m 长一个接头，搭接长度按规范及设计规定计算。现浇混凝土竖向通长钢筋（指墙、柱的竖向钢筋）亦按以上规定计算，但层高小于规定接头间距的竖向钢筋接头，按每自然层一个计算
	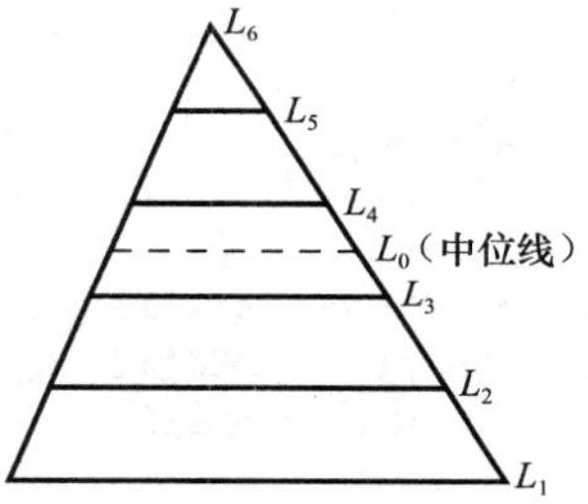 L_6 L_5 L_4 L_0（中位线） L_3 L_2 L_1	
圆形构件钢筋长度	$L=n$（外圆周长＋内圆周长）$\times1/2$ $=n(2\pi r+2\pi a)\times1/2$ $=n(r+a)\pi$ 式中　r——外圆钢筋半径 a——钢筋间距 n——钢筋根数	钢筋接头设计图纸已规定的按设计图纸计算：设计图纸未作规定的，现浇混凝土的水平通长钢筋搭接量，直径 25mm 以内者，按 8m 长一个接头，直径 25mm 以上者，按 6m 长一个接头，搭接长度按规范及设计规定计算

2.7　门窗及木结构工程工程量计算

门窗及木结构工程工程量计算见表 2-10。

门窗及木结构工程工程量计算　　　　**表 2-10**

项　目	计算公式	计算规则
半圆窗	$A=\frac{1}{2}\pi R^2=1.5708R^2=$　　m^2 简化公式为：$A=0.393\times B^2$ 式中　R——半圆窗的半径（m） A——窗框外围面积（m^2） B——窗框外围宽度（m）	普通窗上部带有半圆窗的工程量（按面积以平方米计算），应分别按半圆窗和普通窗的相应定额计算，半圆窗的工程量，以普通窗和半圆窗之间横框上面的裁口线为界

续表

项　目	计算公式	计算规则
半圆窗	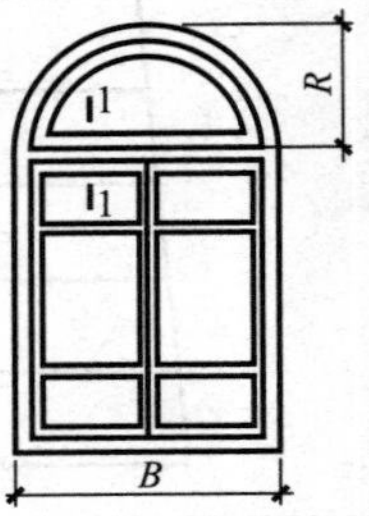 R B	
木檩条（方形）	$V_i = a_i b_i l_i (i=1,2,3,\cdots)$ $V = \Sigma V_i$ 式中　V_i——第 i 根檩木的体积 $a_i b_i$——第 i 根檩木的计算断面的双向尺寸 l_i——第 i 根檩木的计算长度，如无规定时，按轴线中距，每跨增加20cm	屋架按竣工木料以立方米（m^3）计算，其后备长度及配制损耗均已包括在项目内，不另计算。屋架需刨光者，按加刨光损耗后的毛料计算。附属于屋架的木夹板、垫木、风撑和屋架连接的挑檐木均按竣工木料计算后，并入相应的屋架内。与圆木屋架连接的挑檐木、风撑等如为方木时，可另列项目按方檩木计算。单独的挑檐木也按方檩木计算
木檩条（圆形）	$V_i = \frac{\pi(d_{1i}^2 + d_{2i}^2)}{8} l_i$ $V = \Sigma V_i$ 式中　l_i——第 i 根檩木的计算长度，如无规定时，按轴线中距，每跨增加20cm d_{1i}，d_{2i}——分别表示圆木大小头的直径	屋架按竣工木料以立方米（m^3）计算，其后备长度及配制损耗均已包括在项目内，不另计算。屋架需刨光者，按加刨光损耗后的毛料计算。附属于屋架的木夹板、垫木、风撑和屋架连接的挑檐木均按竣工木料计算后，并入相应的屋架内。与圆木屋架连接的挑檐木、风撑等如为方木时，可另列项目按方檩木计算。单独的挑檐木也按方檩木计算
窗框	框长＝Σ满外尺寸 断面面积＝(宽＋刨光损耗)×(高＋刨光损耗) ＝　m^2 将计算出的断面面积与定额中规定的断面面积相比较，判定是否需要换算	普通木门窗框及工业窗框分制作和安装项目，以设计框长每100m为计算单位，分别按单、双裁口项目计算。余长和伸入墙内部分及安装用木砖已包括在项目内，不另计算。若设计框料断面与附注规定不同时，项目中烘干木材含量，应按比例换算，其他不变。换算时以立边断面为准
门框	框长＝Σ满外尺寸 断面面积＝(料高＋0.5)×(料宽＋0.3) ＝　m^2 将计算出的断面面积与定额中规定的断面面积相比较，判定是否需要换算	普通木门窗框及工业窗框分制作和安装项目，以设计框长每100m为计算单位，分别按单、双裁口项目计算。余长和伸入墙内部分及安装用木砖已包括在项目内，不另计算。若设计框料断面与附注规定不同时，项目中烘干木材含量，应按比例换算，其他不变。换算时以立边断面为准
	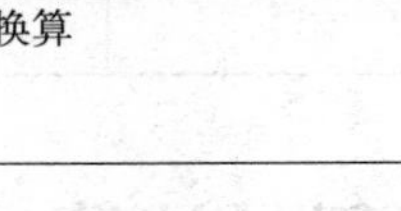 单裁口 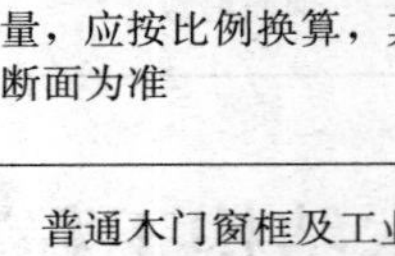　　双裁口	

续表

项　目	计算公式	计算规则
玻璃用量	玻璃面积按玻璃外形尺寸（不扣玻璃棂）计算 玻璃高＝门扇高－[门扇冒宽（不扣减玻璃棂）＋门扇玻璃裁口宽]×2 玻璃宽＝门扇宽－[门扇梃宽（不扣减玻璃棂）＋门扇玻璃裁口宽]×2 玻璃用量＝玻璃高×玻璃宽×玻璃块数×含樘量/100m^2	普通木门窗、工业木窗，如设计规定为部分框上安装玻璃者，扇的制作、安装与框上安玻璃的工程量应分别列项计算，框上安玻璃的工程量应以安装玻璃部分的框外围面积计算
油灰用量	每100m^2洞口面积工程量油灰用量 ＝玻璃面积×1.36kg/m^2×1.02 ＝　kg 式中　1.36kg/m^2——安装面积 1.02——损耗系数	根据玻璃的安装面积计算，计取相应的损耗
纱扇	外围面积＝Σ（扇高×扇宽）＝　cm^2 纱扇料断面面积＝(料高＋0.5)×(料宽＋0.5) ＝　cm^2	根据满外尺寸汇总计算出框长 断面面积则根据纱扇的宽度和高度分别加刨光损耗计算出
门扇、窗扇	外围面积＝Σ（扇长×扇宽）＝　m^2 扇料断面面积＝(料高＋0.5)×(料宽＋0.5) ＝　m^2	普通木门窗扇、工业窗扇及厂库房大门扇等有关项目分制作及安装，以100m^2扇面积为计算单位。如设计扇料边梃断面与附注规定不同时，项目中烘干木材含量，应按比例换算，其他不变

2.8 楼地面工程工程量计算

楼地面工程工程量计算见表2-11。

楼地面工程工程量计算表　　**表2-11**

项　目	计算公式	计算规则
垫层体积	$V=S_{地}\times H=$　m^3 式中　$S_{地}$——Σ（室内净长×室内净宽） H——垫层厚度	垫层工程量按设计规定厚度乘以楼地面面积以立方米计算 垫层项目如用于基础垫层时，人工、机械乘以系数1.20（不含满堂基础）
楼面整体面层	$S_{楼}$＝各层外墙的外围面积之和－Σ（$L_{中}$×厚）－Σ（$L_{净}$×厚） ＝　m^2 式中　各层外墙的外围面积之和——从建筑面积中查得 Σ（$L_{中}$×厚）——各层外墙所占面积，$L_{中}$系各层外墙长度，可从外墙算式中查得 Σ（$L_{净}$×厚）——各层内墙所占面积，$L_{净}$系各层内墙长度，可从内墙算式中查得	楼地面面层工程量按主墙间净面积计算，应扣除凸出地面的构筑物、设备基础及室内管道等所占的面积（不需作面层的地沟盖板所占的面积亦应扣除），不扣除柱、垛、间壁墙、附墙烟囱及0.3m^2以内孔洞所占的面积，但门洞、空圈和暖气包槽、壁龛的开口部分亦不增加

续表

项　目	计算公式	计算规则
楼面块料面层	$S_{楼}$＝各层外墙的外围面积之和－Σ（$L_{中}$×厚） －Σ（$L_{净}$×厚） ＝　m^2 式中　各层外墙的外围面积之和——从建筑面积中查得 Σ（$L_{中}$×厚）——各层外墙所占面积，$L_{中}$系各层外墙长度，可从外墙算式中查得 Σ（$L_{净}$×厚）——各层内墙所占面积，$L_{净}$系各层内墙长度，可从内墙算式中查得	块料面层工程量按图示尺寸实铺面积以平方米计算，门洞、空圈、暖气包槽和壁龛的开口部分的工程量并入相应的面层计算
卷材防潮层	按实铺面积计算： $S=S_{底}$（或$S_{屋}$）＝　m^2 式中　$S_{底}$——基础底层面积（m^2） $S_{屋}$——屋面面积（m^2）	建筑物地面防潮层工程量，按主墙间净空面积计算，扣除凸出地面的构筑物、设备基础等所占的面积，不扣除柱、垛、间壁墙、烟囱及0.3m^{2}以内孔洞所占面积。与墙面连接处高度在500mm以内者按展开面积计算，并入平面工程量内，超过500mm时，按立面防水层计算
找平层	$S=\Sigma(a_i\times b_i)$ $V=S\times H=$　m^3 式中　H——找平层厚度 a_i，b_i——各找平层的尺寸	找平层面积按主墙间净面积计算。应扣除凸出地面的构筑物、设备基础及室内铁道等所占的面积（不需作面层的地沟盖板所占的面积亦应扣除），不扣除柱、垛、间壁墙、附墙烟囱及0.3m^{2}以内孔洞所占的面积，但门洞、空圈和暖气包槽、壁龛的开口部分亦不增加
踢脚线	$S=L\times H=$　m^2 式中　H——踢脚线的高度（m） L——踢脚线的长度（m）	踢脚板工程量按不同用料及做法以平方米计算。整体面层踢脚板不扣除门洞口及空圈处的长度，但侧壁部分亦不增加，垛柱的踢脚板工程量合并计算；块料面层踢脚板按实贴面积计算
楼梯面层	$S_{楼}$＝各层外墙的外围面积之和－Σ（$L_{中}$×厚） －Σ（$L_{净}$×厚） ＝　m^2 式中　各层外墙的外围面积之和——从建筑面积中查得 Σ（$L_{中}$×厚）——各层外墙所占面积，$L_{中}$系各层外墙长度，可从外墙算式中查得 Σ（$L_{净}$×厚）——各层内墙所占面积，$L_{净}$系各层内墙长度，可从内墙算式中查得	楼梯面层工程量均不包括侧面及板底抹灰，应按抹灰相应项目计算。楼梯（除水泥砂浆及水磨石楼梯外）不包括踢脚板
防水砂浆（平面）	$S=\Sigma(B_i\times L_i)=$　m^2 式中　B_i——各种有防水砂浆的墙体的宽度（m） L_i——各种有防水砂浆的墙体的长度（m）	建筑物地面防潮层工程量，按主墙间净空面积计算，扣除凸出地面的构筑物、设备基础等所占的面积，不扣除柱、垛、间壁墙、烟囱及0.3m^{2}以内孔洞所占面积。与墙面连接处高度在500mm以内者按展开面积计算，并入平面工程量内，超过500mm时，按立面防水层计算 建筑物墙基防水、防潮层，外墙按中心线长度、内墙按净长线长度乘以墙基的宽度以平方米计算

续表

项　目	计算公式	计算规则
防水砂浆（立面）	$S=L\times H=$　　m² 式中　H——防水砂浆的高度（m） L——防水砂浆的长度（m）	建筑物地面防潮层工程量，按主墙间净空面积计算，扣除凸出地面的构筑物、设备基础等所占的面积，不扣除柱、垛、间壁墙、烟囱及0.3m²以内孔洞所占面积。与墙面连接处高度在500mm以内者按展开面积计算，并入平面工程量内，超过500mm时，按立面防水层计算 建筑物墙基防水、防潮层，外墙按中心线长度，内墙按净长线乘以墙基的宽度以平方米计算
散水	$S_{散}=$（$L_{外}$－台阶长）×散水宽＋4×散水宽² ＝　　m² 式中　$L_{外}$——外墙外边线长（可从外墙数据中查得） 4×散水宽²——四个角的散水面积	散水工程量按设计图示尺寸以平方米计算，应扣除穿过散水的踏步、花台面积 散水的长度可按外墙外边线减去台阶的长度计算；将计算的台阶长度与散水的宽度相乘得出面积；注意加4个拐角的散水面积得出总值 散水项目为综合项目，包括挖土、填土、垫层、基层、沟壁及面层等全部工序 散水垫层为3∶7灰土，如设计垫层与项目不同时，可以换算
台阶	$S=L\times B=$　　m² 式中　B——台阶的宽度（m） L——台阶的长度（m）	台阶基层、面层（包括踏步及最上一层踏步沿300mm）工程量按水平投影面积计算 防滑坡道工程量按斜面积计算，坡道与台阶相连处，以台阶外围面积为界 与建筑物外门厅地面相连的混凝土斜坡道及块料面层按相应的地面项目人工乘以系数1.1计算
防滑条	$L=n\times l=$　　m 式中　n——楼梯踏步数 l——楼梯段的宽度－0.15（m）	楼梯防滑条工程量按设计规定长度计算，如设计无规定者，可按踏步长度两边共减15cm计算
保温层	$V=S\times H=$　　m³ 式中　S——所需铺保温层的楼地面面积（m²） H——所铺保温层的厚度（m）	保温隔热层应区别不同保温隔热材料，均按设计实铺厚度以立方米计算工程量，另有规定者除外 墙体隔热层，均按墙中心线长乘以图示尺寸高度及厚度，以立方米计算工程量。应扣除门窗洞口和0.3m²以上洞口所占体积 软木、泡沫塑料板铺贴在混凝土板下，按图示长、宽、厚的乘积，以立方米计算 聚苯乙烯泡沫板附墙铺贴（胶浆黏结）、混凝土板下粘贴（无龙骨胶浆黏结）项目，按图示尺寸以平方米计算，扣除门窗洞口和0.3m²以上孔洞所占面积
伸缩缝	—	伸缩缝工程量按缝的长度计算（见设计尺寸）

续表

项　目	计算公式	计算规则
伸缩缝	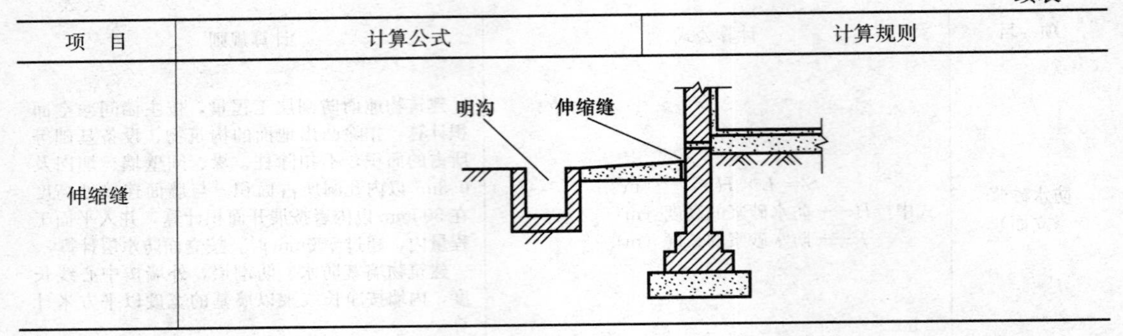	

2.9　屋面及防水工程工程量计算

屋面及防水工程工程量计算见表 2-12。

屋面及防水工程工程量计算表　　　　**表 2-12**

项　目	计算公式	计算规则
屋面保温层	$V=S\times H=\quad \text{m}^3$ 式中　S——所需铺保温层的屋面面积（m^2） H——所铺保温层的厚度（m）	保温隔热层应区别不同保温隔热材料，均按设计实铺厚度以立方米计算，另有规定者除外 墙体隔热层，均按墙中心线长乘以图示尺寸高度及厚度，以立方米计算。应扣除门窗洞口和 0.3m² 以上洞口所占体积 软木、泡沫塑料板铺贴在混凝土板下，按图示长、宽、厚的乘积，以立方米计算 聚苯乙烯泡沫板附墙铺贴（胶浆黏结）、混凝土板下粘贴（无龙骨胶浆黏结）项目，按图示尺寸以平方米计算，扣除门窗洞口和 0.3m² 以上孔洞所占面积
瓦屋面	延尺系数的含义：在计算工程量时，将屋面或木基层的水平面积换算为斜面积或把水平投影长度换算为斜长的系数 由下图可以看出，C、A 与 θ 有如下关系： $C=\dfrac{A}{\cos\theta}$ 当 $A=1$ 时，$C=\dfrac{1}{\cos\theta}$ C 为延尺系数，或叫坡水系数 D 为隅延尺系数，$D=\sqrt{A^2+C^2}$ 当 $A=1$ 时，$D=\sqrt{1+C^2}$	按图示尺寸的水平投影面积乘以屋面延尺系数，以平方米计算。不扣除房上烟囱、风帽底座、风道、屋面小气窗和斜沟等所占面积。而屋面小气窗出檐与屋面重叠部分的面积亦不增加。但天窗出檐部分重叠的面积应并入相应屋面工程量内计算。琉璃瓦檐口线及瓦脊以延长米计算

续表

<table>
<tr><th>项　目</th><th>计算公式</th><th>计算规则</th></tr>
<tr><td>卷材屋面</td><td>$S = S_{投} \times C + \sum(0.25L_1 + 0.5L_2)$
$= \quad m^2$
式中　$S_{投}$——屋面水平投影面积（m^2）
C——屋面延尺系数
L_1——女儿墙弯起部分长度（m）
L_2——天窗弯起部分长度（m）</td><td>按图示尺寸的水平投影面积乘以屋面延尺系数，以平方米计算。不扣除房上烟囱、风帽底座、风道、斜沟等所占面积。平屋面的女儿墙、天沟和天窗等处弯起部分和天窗出檐部分重叠的面积应按图示尺寸，并入相应屋面工程量内计算。如图纸无规定时，伸缩缝、女儿墙的弯起部分可按25cm计算，天窗弯起部分可按50cm计算，但各部分的附加层已包括在项目内，不再另计</td></tr>
<tr><td>屋面找平层</td><td>屋顶建筑面积：　m^2（不含挑檐面积）
挑檐面积：$L_{外}$×檐宽+4×檐宽=　m^2
栏板立面面积：（$L_{外}$+8×檐宽）×栏板高=　m^2
（以上三项合计）=　m^2
式中　$L_{外}$——外墙外边线长</td><td>找平层按主墙间净面积计算。应扣除凸出地面的构筑物、设备基础及室内铁道等所占的面积（不需作面层的地沟盖板所占的面积亦应扣除），不扣除柱、垛、间壁墙、附墙烟囱及$0.3m^2$以内孔洞所占的面积，但门洞、空圈和暖气包槽、壁龛的开口部分亦不增加</td></tr>
<tr><td>屋面找坡层</td><td>V=屋顶建筑面积×找平层平均厚度
=屋顶建筑面积×［最薄处厚度+$\frac{1}{2}$（找坡长度×坡度系数）］
=　m^3
式中　最薄处厚度——按施工图规定
找坡长度——两面找坡时即为铺宽的一半
坡度系数——按施工图规定</td><td>找坡层应区别不同保温隔热材料，均按设计实铺厚度以立方米计算，另有规定者除外</td></tr>
<tr><td>屋面排水水落管</td><td>[0.4×(H+$H_{差}$−0.2)+0.85]×道数=　m^2
式中　H——房屋檐高（m）
$H_{差}$——室内外高差（m）
0.2——出水口到室外地坪距离及水斗高度（m）
0.85——规定水斗和下水口的展开面积（m^2）</td><td>铁皮排水管按下表规定以展开面积计算
<table><tr><th>名称</th><th>单位</th><th>折算 m^2</th></tr><tr><td>圆形水落管</td><td>m</td><td>0.32</td></tr><tr><td>方形水落管</td><td>m</td><td>0.40</td></tr><tr><td>檐沟</td><td>m</td><td>0.30</td></tr><tr><td>水斗</td><td>个</td><td>0.40</td></tr><tr><td>漏斗</td><td>个</td><td>0.16</td></tr><tr><td>下水口</td><td>个</td><td>0.45</td></tr><tr><td>天沟</td><td>m</td><td>1.30</td></tr><tr><td>斜沟、天窗窗台泛水</td><td>m</td><td>0.50</td></tr><tr><td>天窗侧面泛水</td><td>m</td><td>0.70</td></tr><tr><td>烟囱泛水</td><td>m</td><td>0.80</td></tr><tr><td>通风管泛水</td><td>m</td><td>0.22</td></tr><tr><td>檐头泛水</td><td>m</td><td>0.24</td></tr><tr><td>滴水</td><td>m</td><td>0.11</td></tr></table></td></tr>
</table>

续表

项　目	计算公式	计算规则
平屋面面积	$S=S_{投影}\times C$ 式中　$S_{投影}$——图示尺寸的水平投影面积（m^2） C——延尺系数	按图示尺寸的水平投影面积乘以屋面延尺系数，以平方米计算，不扣除房上烟囱、风帽底座、风道斜沟等所占面积
坡屋面面积	两坡水屋面的实际面积＝屋面水平投影面积×两坡水斜长系数 四坡水屋面的实际面积＝水平投影宽度的一半×四坡水斜长系数	按图示尺寸的水平投影面积乘以屋面延尺系数，以平方米计算。不扣除房上烟囱、风帽底座、风道、屋面小气窗和斜沟等所占面积，而屋面小气窗出檐与屋面重叠部分的面积亦不增加，但天窗出檐部分重叠的面积应并入相应屋面工程量内计算。琉璃瓦檐口线及瓦脊以延长米计算
	二坡水斜长　投影长　投影宽 （*a*）	四坡水斜长　投影宽 （*b*）

2.10　装饰装修工程工程量计算

装修工程工程量计算见表 2-13。

装修工程工程量计算表　　　　**表 2-13**

项　目	计算公式	计算规则
内墙面抹灰	内墙抹灰面积＝主墙间的净长×高度	内墙抹灰面积，应扣除门窗洞口和空圈所占的面积，不扣除踢脚板、挂镜线，0.3m^2 以内的孔洞和墙与构件交接处的面积，洞口侧壁和顶面亦不增加。墙垛和附墙烟囱侧壁面积与内墙抹灰工程量合并计算 内墙面抹灰的长度，以主墙间的图示净长尺寸计算。其高度确定如下： （1）无墙裙的，其高度按室内地面或楼面至天棚底面之间距离计算 （2）有墙裙的，其高度按墙裙顶至天棚底面之间距离计算 （3）钉板条天棚的内墙面抹灰，其高度按室内地面或楼面至天棚底面另加 100mm 计算
外墙面抹灰	外墙抹灰面积＝长度×高度	外墙抹灰面积，按外墙面的垂直投影面积以平方米计算。应扣除门窗洞口，外墙裙和大于 0.3m^2 孔洞所占面积，洞口侧壁面积不另增加。附墙垛、梁、柱侧面抹灰面积并入外墙面抹灰工程量内计算。栏板、栏杆、窗台线、门窗套、扶手、压顶、挑脊、遮阳板、突出墙外的腰线等，另按相应规定计算

续表

项　目	计算公式	计算规则
内外墙裙抹灰	内墙裙抹灰面积＝内墙净长×高度 外墙裙抹灰面积＝长度×高度	内墙裙抹灰面积按内墙净长乘以高度计算。应扣除门窗洞口和空圈所占的面积，门窗洞口和空圈的侧壁面积不另增加，墙垛、附墙烟囱侧壁面积并入墙裙抹灰面积内计算 外墙裙抹灰面积按其长度乘高度计算，扣除门窗洞口和大于0.3m² 孔洞所占的面积，门窗洞口及孔洞的侧壁不增加
天棚抹灰	楼梯天棚抹灰面积： $S_{地}+S_{楼}+S_{阳}=$　m² $S_{梯}\times 0.3$（或0.8）＝　m² 梁侧面抹灰面积（近似值）： 梁体积×8＝　m² 挑檐、雨篷不平投影面积：m² （以上合计）＝　m² 式中　$S_{地}$——地面面积 $S_{楼}$——楼面面积 $S_{阳}$——阳台面积 $S_{梯}$——楼梯工程量	（1）天棚抹灰面积，按主墙间的净面积计算，不扣除间壁墙、垛、柱、附墙烟囱、检查口和管道所占的面积。带梁天棚，梁两侧抹灰面积。并入天棚抹灰工程量内计算 （2）密肋梁和井字梁天棚抹灰面积，按展开面积计算 （3）天棚抹灰如带有装饰线时，区别按三道线以内或五道线以内按延长米计算，线角的道数以一个突出的棱角为一道线 （4）檐口天棚的抹灰面积，并入相同的天棚抹灰工程量内计算 （5）天棚中的折线、灯槽线、圆弧形线、拱形线等艺术形式的抹灰，按展开面积计算
独立柱抹灰	$S=(a+b)\times 2\times h=$　m² 式中　a、b——独立柱的断面尺寸（m） h——独立柱的计算高度（m）	（1）一般抹灰、装饰抹灰、镶贴块料按结构断面周长乘以柱的高度以平方米计算 （2）柱面装饰按柱外围饰面尺寸乘以柱的高以平方米计算
外墙勾缝	$L_{外}\times(H_{差}+H+H_{女})-$外墙裙＝　m² 式中　$L_{外}$——外墙外围周长 $H_{差}$——室内外高差 H——房高（±0.00至房顶，计算书首页可查得） $H_{女}$——有女儿墙的为女儿墙高度	墙面勾缝面积按墙面垂直投影面积计算 应扣除墙裙和墙面抹灰所占的面积，不扣除门窗洞口及门窗套、腰线等零星抹灰所占的面积；但垛和门窗洞口侧壁的勾缝面积也不增加 独立柱、房上烟囱勾缝，按图示尺寸以平方米计算
窗台板抹灰	窗台单独抹灰工程量计算，其长度按窗宽另加0.2m，其展开宽度按0.36m计算，套普通腰线定额，计算公式为： Σ[（窗宽＋0.2）×0.36]＝　m² 窗高度相同、宽度不同时，可用简化计算式： （窗面积/窗高＋0.2）×窗数×0.36＝　m²	内外窗台板抹灰工程量，如设计图纸无规定时，可按窗外围宽度共加20cm乘以展开宽度计算，外窗台与腰线连接时并入相应腰线内计算
干挂石材钢骨架	$m=\rho V$ 式中　m——钢骨架质量，t ρ——钢骨架密度，m³/t V——钢骨架体积，m³	按设计图示以质量计算
零星项目	工程量＝图示面积（m²）	零星项目按设计图示尺寸以展开面积计算
柱面镶贴	工程量＝图示面积（m²）	柱面镶贴按设计图示尺寸以面积计算
装饰板墙面	工程量＝墙净长×墙净高－门窗洞口面积－单个大于0.3m² 的孔洞面积（m²）	按设计图示墙净长乘以净高以面积计算。扣除门窗洞口及单个0.3m² 以上的孔洞所占面积
柱（梁）面装饰	工程量＝饰面外围长×外围高＋柱帽柱墩面积（m²）	按设计图示饰面外围尺寸以面积计算。柱帽、柱墩并入相应柱饰面工程量内

续表

项　目	计算公式	计算规则
一般隔断	工程量＝隔断外围长度×高度－单个大于0.3m^2的孔洞面积（m^2）	清单工程量计算规则： 按设计图示框外围尺寸以面积计算。扣除单个0.3m^2以上的孔洞所占面积
	工程量＝隔断净长度×净高度－单个大于0.3m^2的孔洞面积	消耗量定额工程量计算规则： 隔断按墙的净长乘净高计算，扣除门窗洞口及0.3m^2以上的孔洞所占面积
浴室木隔断	工程量＝隔断外围长度×高度－单个大于0.3m^2的孔洞面积（＋木门面积）（m^2）	清单工程量计算规则： 按设计图示框外围尺寸以面积计算。扣除单个0.3m^2以上的孔洞所占面积；当浴厕门的材质与隔断相同时，门的面积并入隔断面积
	工程量＝隔断外围长度×高度－单个大于0.3m^2的孔洞面积＋木门面积（m^2）	基础定额工程量计算规则： 浴厕木隔断按下横挡底面至上横挡顶面高度乘图示长度以m^2计算，门扇面积并入隔断面积内计算
全玻隔断	工程量＝隔断外围长度×高度－单个大于0.3m^2的孔洞面积（m^2）	清单工程量计算规则： 按设计图示框外围尺寸以面积计算。扣除单个0.3m^2以上的孔洞所占面积
	工程量＝隔断外围长度×外围高度（m^2）	消耗量定额工程量计算规则： 全玻隔断工程量按其展开面积计算 全玻隔断的不锈钢边框工程量按边框展开面积计算
全玻幕墙	工程量＝幕墙外围长度×外围高度（m^2）	清单工程量计算规则： 按设计图示尺寸以面积计算。带肋全玻璃幕墙按展开面积计算
		消耗量定额工程量计算规则： 玻璃幕墙以框外围面积计算；全玻幕墙如有加强肋者，工程量按其展开面积计算
全骨架幕墙	工程量＝幕墙外围长度×外围高度＋窗面积（m^2）	按设计图示框外围尺寸以面积计算。与幕墙同种材质的窗所占面积不扣除
铝合金、轻钢隔墙、幕墙	工程量＝（隔墙）幕墙框外围长度×外围高度（m^2）	铝合金、轻钢隔墙、幕墙工程量按四周框外围面积计算
天棚吊顶	工程量＝图示天棚长度×高度－大于0.3m^2的孔洞、独立柱及窗帘盒面积（m^2）	清单工程量计算规则： 按设计图示尺寸以水平投影面积计算。天棚面中的灯槽及跌级、锯齿形、吊挂式、藻井式天棚面积不展开计算。不扣除间壁墙、检查口、附墙烟囱、柱垛和管道所占面积，扣除单个0.3m^2以外的孔洞、独立柱及与天棚相连的窗帘盒所占的面积
	工程量＝图示主墙净长度×净高度（m^2）	基础定额工程量计算规则： 按主墙间净空面积计算，不扣除间壁墙、检查口、附墙烟囱、柱、垛和管道所占面积。但天棚中的折线、跌落等圆弧形，高低吊灯槽等面积也不展开计算
		消耗量定额工程量计算规则： 各种吊顶顶棚龙骨按主墙间净空面积计算，不扣除间壁墙、检查洞、附墙烟囱、柱、垛和管道所占面积

续表

<table>
<tr><th>项　目</th><th>计算公式</th><th>计算规则</th></tr>
<tr><td rowspan="3">格栅吊顶/吊筒吊顶/藤条造型悬挂吊顶/织物软雕吊顶/网架（装饰）吊顶</td><td>工程量＝图示长度×高度　(m^2)</td><td>清单工程量计算规则：
按设计图示尺寸以水平投影面积计算</td></tr>
<tr><td rowspan="2">工程量＝图示主墙净长度×净高度　(m^2)</td><td>基础定额工程量计算规则：
按主墙间净空面积计算，不扣除间壁墙、检查口、附墙烟囱、柱、垛和管道所占面积。但天棚中的折线、跌落等圆弧形，高低吊灯槽等面积也不展开计算</td></tr>
<tr><td>消耗量定额工程量计算规则：
各种吊顶顶棚龙骨按主墙间净空面积计算，不扣除间壁墙、检查洞、附墙烟囱、柱、垛和管道所占面积</td></tr>
<tr><td>灯带</td><td>工程量＝灯带外围长度×宽度　(m^2)</td><td>灯带按设计图示尺寸以框外围面积计算</td></tr>
<tr><td>灯光槽</td><td>工程量＝图示长度　(m)</td><td>灯光槽按延长米计算</td></tr>
<tr><td>送风口、回风口</td><td>工程量＝图示数量　(个)</td><td>送风口、回风口按设计图示数量计算</td></tr>
<tr><td>保温层</td><td>工程量＝图示长度×宽度　(m^2)</td><td>保温层按实铺面积计算</td></tr>
<tr><td>网架</td><td>工程量＝图示长度×宽度　(m^2)</td><td>网架按水平投影面积计算</td></tr>
<tr><td>嵌缝</td><td>工程量＝图示长度　(m)</td><td>嵌缝按延长米计算</td></tr>
<tr><td rowspan="2">木门油漆</td><td>工程量＝图示数量　(樘)
或
工程量＝图示洞口长度×宽度　(m^2)</td><td>清单工程量计算规则：
按设计图示数量计算或设计图示洞口尺寸以面积计算</td></tr>
<tr><td>工程量＝图示洞口长度×宽度×相应系数　(m^2)</td><td>基础、消耗量定额工程量计算规则：
木门油漆工程量按表（1）规定计算，并乘以表列系数以 m^2 计算
表（1）
<table>
<tr><th>项目名称</th><th>系数</th><th>工程量计算方法</th></tr>
<tr><td>单层木门</td><td>1.00</td><td rowspan="5">按单面洞口面积计算</td></tr>
<tr><td>双层（一玻一纱）木门</td><td>1.36</td></tr>
<tr><td>双层（单裁口）木门</td><td>2.00</td></tr>
<tr><td>单层全玻门</td><td>0.83</td></tr>
<tr><td>木百叶门</td><td>1.25</td></tr>
</table>
注：本表为木材面油漆</td></tr>
<tr><td>木窗油漆</td><td>工程量＝图示数量　(樘)
或
工程量＝图示洞口长度×宽度　(m^2)</td><td>清单工程量计算规则：
按设计图示数量计算或设计图示洞口尺寸以面积计算</td></tr>
</table>

续表

<table>
<tr><th>项　目</th><th>计算公式</th><th>计算规则</th></tr>
<tr><td>木窗油漆</td><td>工程量＝图示洞口长度×宽度×相应系数（m^2）</td><td>
基础、消耗量定额工程量计算规则：
木窗油漆工程量按表（2）规定计算，并乘以表列系数以 m^2 计算
表（2）
<table>
<tr><th>项目名称</th><th>系数</th><th>工程量计算方法</th></tr>
<tr><td>单层玻璃窗</td><td>1.00</td><td rowspan="7">按单面洞口面积计算</td></tr>
<tr><td>双层（一玻一纱）木窗</td><td>1.36</td></tr>
<tr><td>双层框扇（单裁口）木窗</td><td>2.00</td></tr>
<tr><td>双层框三层（二玻一纱）木窗</td><td>2.60</td></tr>
<tr><td>单层组合窗</td><td>0.83</td></tr>
<tr><td>双层组合窗</td><td>1.13</td></tr>
<tr><td>木百叶窗</td><td>1.50</td></tr>
</table>
注：本表为木材面油漆
</td></tr>
<tr><td rowspan="2">木扶手/窗帘盒/封檐板/顺水板/挂衣板/黑板框/挂镜线/窗帘柜/单独木线油漆</td><td>工程量＝图示长度　（m）</td><td>清单工程量计算规则：
按设计图示尺寸以长度计算
楼梯木扶手工程量按中心线斜长计算，弯头长度应计算在扶手长度内</td></tr>
<tr><td>工程量＝图示长度×相应系数　（m）</td><td>
基础、消耗量定额工程量计算规则：
工程量按表（3）规定计算，并乘以表列系数以 m^2 计算
表（3）
<table>
<tr><th>项目名称</th><th>系数</th><th>工程量计算方法</th></tr>
<tr><td>木扶手（不带托板）</td><td>1.00</td><td rowspan="6">按延长米计算</td></tr>
<tr><td>木扶手（带托板）</td><td>2.60</td></tr>
<tr><td>窗帘盒</td><td>2.04</td></tr>
<tr><td>封檐板、顺水板</td><td>1.74</td></tr>
<tr><td>挂衣板、黑板框、单独木线条 100mm 以外</td><td>0.52</td></tr>
<tr><td>挂镜线、窗帘棍、单独木线条 100mm 以内</td><td>0.35</td></tr>
</table>
注：本表为木材面油漆
</td></tr>
</table>

续表

<table>
<tr><th>项目</th><th>计算公式</th><th>计算规则</th></tr>
<tr><td rowspan="2">木板/纤维板/胶合板/木护墙/木墙裙/窗台板/筒子板/盖板/门窗套/清水板条天棚/檐口油漆/木方格吊顶天棚/暖气罩油漆</td><td>工程量＝图示水平（垂直）投影面积 （m^2）</td><td>清单工程量计算规则：
按设计图示尺寸以面积计算
（1）木板、纤维板、胶合板油漆，单面油漆按单面面积计算，双面油漆按双面面积计算
（2）木护墙、木墙裙油漆按垂直投影面积计算
（3）窗台板、筒子板、盖板、门窗套油漆按水平或垂直投影面积（门窗套的贴脸板和筒子板垂直投影面积合并）计算
（4）清水板条天棚、檐口油漆、木方格吊顶天棚油漆以水平投影面积计算，不扣除空洞面积
（5）暖气罩油漆，垂直面按垂直投影面积计算，突出墙面的水平面按水平投影面积计算，不扣除空洞面积</td></tr>
<tr><td>工程量＝图示水平（垂直）投影面积×相应系数 （m^2）</td><td>基础定额工程量计算规则：
工程量按表（4）规定计算，并乘以表列系数以 m^2 计算
表（4）
<table>
<tr><th>项目名称</th><th>系数</th><th>工程量计算方法</th></tr>
<tr><td>木板、纤维板、胶合板天棚、檐口</td><td>1.00</td><td rowspan="7">长×宽</td></tr>
<tr><td>清水板条天棚、檐口</td><td>1.07</td></tr>
<tr><td>木方格吊顶天棚</td><td>1.20</td></tr>
<tr><td>吸声板墙面、天棚面</td><td>0.87</td></tr>
<tr><td>鱼鳞板墙</td><td>2.48</td></tr>
<tr><td>木护墙、墙裙</td><td>0.91</td></tr>
<tr><td>窗台板、筒子板、盖板</td><td>0.82</td></tr>
<tr><td>暖气罩</td><td>1.28</td><td>长×宽</td></tr>
<tr><td>屋面板（带檩条）</td><td>1.11</td><td>斜长×宽</td></tr>
<tr><td>木间壁、木隔断</td><td>1.90</td><td rowspan="3">单面外围面积</td></tr>
<tr><td>玻璃间壁露明墙筋</td><td>1.65</td></tr>
<tr><td>木栅栏、木栏杆（带扶手）</td><td>1.82</td></tr>
<tr><td>木屋架</td><td>1.79</td><td>跨度（长）×中高×1/2</td></tr>
<tr><td>衣柜、壁柜</td><td>0.91</td><td>投影面积（不展开）</td></tr>
<tr><td>零星木装修</td><td>0.87</td><td>展开面积</td></tr>
</table></td></tr>
</table>

续表

<table>
<tr><th>项　目</th><th>计算公式</th><th>计算规则</th></tr>
<tr><td>木板/纤维板/胶合板/木护墙/木墙裙/窗台板/筒子板/盖板/门窗套/清水板条天棚/檐口油漆/木方格吊顶天棚/暖气罩油漆</td><td>工程量＝图示水平（垂直）投影面积×相应系数（m^2）</td><td>消耗量定额工程量计算规则：
工程量按表（5）规定计算，并乘以表列系数以 m^2 计算
表（5）<table>
<tr><th>项目名称</th><th>系数</th><th>工程量计算方法</th></tr>
<tr><td>木板、纤维板、胶合板天棚</td><td>1.00</td><td rowspan="7">长×宽</td></tr>
<tr><td>木护墙、木墙裙</td><td>1.00</td></tr>
<tr><td>窗帘板、筒子板、盖板、门窗套、踢脚线</td><td>1.00</td></tr>
<tr><td>清水板条天棚、檐口</td><td>1.07</td></tr>
<tr><td>木方格吊顶天棚</td><td>1.20</td></tr>
<tr><td>吸声板墙面、天棚面</td><td>0.87</td></tr>
<tr><td>暖气罩</td><td>1.28</td></tr>
<tr><td>木间壁、木隔断</td><td>1.90</td><td rowspan="3">单面外圈面积</td></tr>
<tr><td>玻璃间壁露明墙筋</td><td>1.65</td></tr>
<tr><td>木栅栏、木栏杆（带扶手）</td><td>1.82</td></tr>
<tr><td>衣柜、壁柜</td><td>1.00</td><td>按实测展开面积</td></tr>
<tr><td>零星木装修</td><td>1.10</td><td>展开面积</td></tr>
<tr><td>梁柱饰面</td><td>1.00</td><td>展开面积</td></tr>
</table>注：本表为木材面油漆</td></tr>
<tr><td rowspan="3">木间隔/木隔断/玻璃间隔露明墙筋/木栏杆（带扶手）油漆</td><td>工程量＝图示单面外围面积（m^2）</td><td>清单工程量计算规则：
按设计图示尺寸以单面外围面积计算</td></tr>
<tr><td rowspan="2">工程量＝图示单面外围面积×相应系数（m^2）</td><td>基础定额工程量计算规则：
工程量按表（4）规定计算，并乘以表列系数以 m^2 计算</td></tr>
<tr><td>消耗量定额工程量计算规则：
工程量按表（5）规定计算，并乘以表列系数以 m^2 计算</td></tr>
<tr><td rowspan="3">衣柜/壁柜/梁柱饰面/零星木装饰油漆</td><td>工程量＝油漆部分展开面积（m^2）</td><td>清单工程量计算规则：
按设计图示尺寸以油漆部分展开面积计算</td></tr>
<tr><td rowspan="2">工程量＝油漆部分展开面积×相应系数（m^2）</td><td>基础定额工程量计算规则：
工程量按表（4）规定计算，并乘以表列系数以 m^2 计算</td></tr>
<tr><td>消耗量定额工程量计算规则：
工程量按表（5）规定计算，并乘以表列系数以 m^2 计算</td></tr>
</table>

续表

<table>
<tr><th>项　目</th><th>计算公式</th><th>计算规则</th></tr>
<tr><td rowspan="3">木地板油漆</td><td>工程量＝木地板实际面积＋空洞、空圈、暖气包槽、壁龛开口面积　(m^2)</td><td>清单工程量计算规则：
按设计图示尺寸以面积计算。空洞、空圈、暖气包槽、壁龛的开口部分并入相应的工程量内</td></tr>
<tr><td>工程量＝木地板长×宽×相应系数　(m^2)</td><td>基础定额工程量计算规则：
工程量按表（6）规定计算，并乘以表列系数以 m^2 计算
表（6）<table><tr><th>项目名称</th><th>系数</th><th>工程量计算方法</th></tr><tr><td>木地板、木踢脚线</td><td>1.00</td><td>长×宽</td></tr><tr><td>木楼梯（不包括底面）</td><td>2.30</td><td>水平投影面积</td></tr></table></td></tr>
<tr><td>工程量＝木地板实际面积　(m^2)</td><td>消耗量定额工程量计算规则：
木地板中木龙骨及木龙骨带毛地板按地板面积计算</td></tr>
<tr><td rowspan="2">木楼梯（不包括底面）</td><td rowspan="2">工程量＝木地板水平投影面积×相应系数　(m^2)</td><td>基础定额工程量计算规则：
工程量按表（6）规定计算，并乘以表列系数以 m^2 计算</td></tr>
<tr><td>消耗量定额工程量计算规则：
木楼梯（不包括底面）油漆，按水平投影面积乘以 2.3 系数</td></tr>
<tr><td rowspan="2">金属门油漆</td><td>工程量＝图示数量　(樘)
或
工程量＝图示洞口长度×宽度　(m^2)</td><td>清单工程量计算规则：
按设计图示数量计算或设计图示洞口尺寸以面积计算</td></tr>
<tr><td>工程量＝图示面积×相应系数　(m^2)</td><td>基础定额工程量计算规则：
木门油漆工程量按表（7）规定计算，并乘以表列系数以 m^2 计算
表（7）<table><tr><th>项目名称</th><th>系数</th><th>工程量计算方法</th></tr><tr><td>单层钢门窗</td><td>1.00</td><td rowspan="7">洞口面积</td></tr><tr><td>双层（一玻一纱）钢门窗</td><td>1.48</td></tr><tr><td>钢百叶钢门</td><td>2.74</td></tr><tr><td>半截百叶钢门</td><td>2.22</td></tr><tr><td>满钢门或包铁皮门</td><td>1.63</td></tr><tr><td>钢折叠门</td><td>2.30</td></tr><tr><td>射线防护门</td><td>2.96</td></tr><tr><td>厂库房平开、推拉门</td><td>1.70</td><td rowspan="2">框（扇）外围面积</td></tr><tr><td>钢丝网大门</td><td>0.81</td></tr><tr><td>间壁</td><td>1.85</td><td>长×宽</td></tr><tr><td>平板屋面</td><td>0.74</td><td rowspan="2">斜长×宽</td></tr><tr><td>瓦垄板屋面</td><td>0.89</td></tr><tr><td>排水、伸缩缝盖板</td><td>0.78</td><td>展开面积</td></tr><tr><td>吸气罩</td><td>1.63</td><td>水平投影面积</td></tr></table></td></tr>
</table>

续表

<table>
<tr><th>项 目</th><th>计算公式</th><th>计算规则</th></tr>
<tr><td rowspan="3">金属面油漆</td><td rowspan="2">工程量＝构件质量 （t）</td><td>清单工程量计算规则：
按设计图示尺寸以质量计算</td></tr>
<tr><td>消耗量定额工程量计算规则：
金属构件油漆的工程量按构件重量计算</td></tr>
<tr><td>工程量＝构件质量×相应系数 （t）</td><td>基础定额工程量计算规则：
木门油漆工程量按表（8）规定计算，并乘以表列系数以 m^2 计算
表（8）
<table>
<tr><th>项目名称</th><th>系数</th><th>工程量计算方法</th></tr>
<tr><td>钢屋架、天窗架、挡风架、屋架梁、支撑、檩条</td><td>1.00</td><td rowspan="10">重量（t）</td></tr>
<tr><td>墙架（空腹式）</td><td>0.50</td></tr>
<tr><td>墙架（格板式）</td><td>0.82</td></tr>
<tr><td>钢柱、吊车梁、花式梁柱、空花构件</td><td>0.63</td></tr>
<tr><td>操作台、走台、制动梁、钢梁车挡</td><td>0.71</td></tr>
<tr><td>钢栅栏门、栏杆、窗栅</td><td>1.71</td></tr>
<tr><td>钢爬梯</td><td>1.18</td></tr>
<tr><td>轻型屋架</td><td>1.42</td></tr>
<tr><td>踏步式钢扶梯</td><td>1.05</td></tr>
<tr><td>零星铁件</td><td>1.32</td></tr>
</table></td></tr>
<tr><td rowspan="2">抹灰面油漆</td><td>工程量＝图示面积 （m^2）</td><td>清单工程量计算规则：
抹灰面油漆工程量按图示尺寸以面积计算</td></tr>
<tr><td>工程量＝图示面积×相应系数 （m^2）</td><td>基础定额工程量计算规则：
抹灰面油漆工程量按表（9）规定计算，并乘以表列系数以 m^2 计算
表（9）
<table>
<tr><th>项目名称</th><th>系数</th><th>工程量计算方法</th></tr>
<tr><td>槽形底板、混凝土折板</td><td>1.30</td><td rowspan="3">长×宽</td></tr>
<tr><td>有梁底板</td><td>1.10</td></tr>
<tr><td>密肋、井字梁底板</td><td>1.50</td></tr>
<tr><td>混凝土平板式楼梯底板</td><td>1.30</td><td>水平投影面积</td></tr>
</table></td></tr>
</table>

续表

<table>
<tr><th>项　目</th><th>计算公式</th><th>计算规则</th></tr>
<tr><td>抹灰面油漆</td><td>工程量＝图示面积×相应系数（m²）</td><td>消耗量定额工程量计算规则：
抹灰面油漆工程量按表（10）规定计算，并乘以表列系数以 m² 计算
表（10）
<table>
<tr><th>项目名称</th><th>系数</th><th>工程量计算方法</th></tr>
<tr><td>混凝土楼梯底（板式）</td><td>1.15</td><td>水平投影面积</td></tr>
<tr><td>混凝土楼梯底（梁式）</td><td>1.00</td><td>展开面积</td></tr>
<tr><td>混凝土花格窗、栏杆花饰</td><td>1.82</td><td>单面外围面积</td></tr>
<tr><td>楼地面、天棚、墙、柱、梁面</td><td>1.00</td><td>展开面积</td></tr>
</table>
注：本表为抹灰面油漆、涂料、裱糊</td></tr>
<tr><td rowspan="2">空花格/栏杆刷涂料</td><td>工程量＝图示面积　（m²）</td><td>清单工程量计算规则：
空花格、栏杆刷涂料工程量按图示尺寸以面积计算</td></tr>
<tr><td>工程量＝图示面积×相应系数　（m²）</td><td>消耗量定额工程量计算规则：
空花格、栏杆刷涂料工程量按表（10）规定计算，并乘以表列系数以 m² 计算</td></tr>
<tr><td>抹灰线条油漆</td><td>工程量＝图示长度　（m）</td><td>清单工程量计算规则：
抹灰线条油漆工程量按图示尺寸以长度计算</td></tr>
<tr><td>墙纸/织锦缎裱糊</td><td>工程量＝图示面积　（m²）</td><td>清单工程量计算规则：
墙纸、织锦缎裱糊程量按图示尺寸以面积计算</td></tr>
</table>

2.11　金属结构制作工程工程量计算

金属结构包括钢柱、钢梁、钢屋架、钢檩条、钢支撑、钢栏杆、钢平台、钢梯子、钢板门等，其中楼梯钢栏杆应用较为普遍，其制作工程量计算见表 2-14。

楼板钢栏杆制工程量计算表　　表 2-14

项　目	计算公式	计算规则
楼梯钢栏杆制	栏杆长＝[Σ梯段长＋1.4×(n－1)]×1.15＋$\frac{1}{2}$楼梯间宽＝　　m 式中　Σ梯段长——各层楼梯段长之和（m） 1.4——栏杆拐弯处增加长度（m） n——楼层数（n－1 是楼梯层数） 1.15——坡度系数 $\frac{1}{2}$楼梯间宽——顶层封口栏杆长（m）	楼梯栏杆按设计规定计算，如设计无规定时，其长度可按全部投影长度乘以系数 1.15 计算 定额规定，栏杆以延长米（不包括伸入墙内部分的长度）计算 计算时先将各层楼梯段和拐弯处汇总；再将汇总值乘坡度系数；最后加顶层封口栏杆长度

3　工程造价常用名称术语速查表

工程造价常用名称术语见表 3-1。

工程造价常用名称术语　　　　**表 3-1**

名　词	解　释
埃特板	是一种不燃的纤维水泥产品，用于建筑内外墙、壁板、天花板等处，具有质轻，容易固定安装方便，强度高，耐久性好等特点。规格分：不燃墙板 2440mm×1220mm×（8～35）mm，不燃平板 2440mm×1220mm×（4.5～12）mm
安全防护措施	指爆破前设置的安全棚、阻挡爆破飞石的防护措施等
安全门	亦称太平门，指便于人们在紧急情况下，能及时疏散的门。一般门向外开启，并直接通向室外，见下图 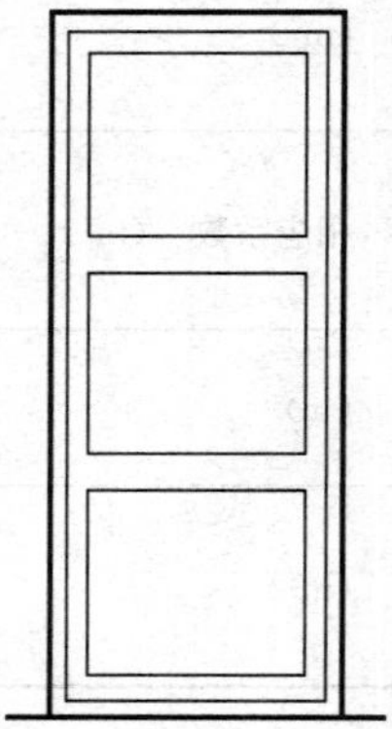
安全屏障	指在爆破岩石时，为安全起见搭设的防止爆炸碎石，砸坏周围的建筑物或行人的设施
安全网	指在高空进行建筑施工作业时，在其下面或侧面设置的以预防工人和杂物落下伤人而搭设的网。一般由尼龙绳编织而成，见下图 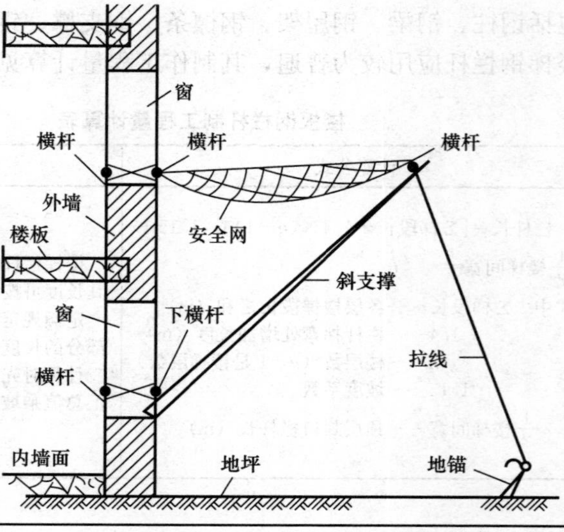

续表

名　词	解　释
安全文明施工费	在工程项目施工期间，施工单位为保证安全施工、文明施工和保护现场内外环境等所发生的措施项目费用
八字条	刨出斜面的木板条，多用于木装修的贴脸、盖缝
白灰炉渣保温层	用白灰渣拌和均匀做保温材料的构造层叫白灰炉渣保温层，见下图 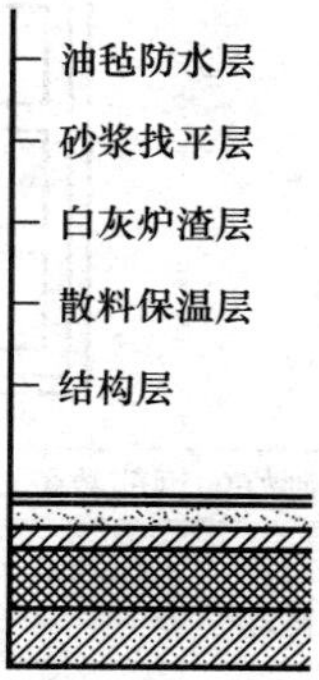 油毡防水层 砂浆找平层 白灰炉渣层 散料保温层 结构层
白石子	白石子由白色天然大理石及其他白色石料经破碎加工而成，粒径一般在2～20mm，用于建筑装饰抹灰和水刷石、水磨石、斩假石、干粘石等的骨料
白水泥	亦称白色硅酸盐水泥，是以氧化铁含量最低的石灰石、白泥、硅石为主要原料，经烧结得到的以硅酸钙为主要矿物组织的熟料，经过淬冷处理加入适量石膏，再放入石质衬板和石质研磨体的磨机内共同磨细而成。在白水泥中如掺有耐碱的颜料，可得到各种彩色水泥，在建筑中一般做装饰材料
白云石砂	是指碳酸钙与碳酸镁的复盐矿物质，经加工而成的砂
百叶门	指既能通风又能遮阳的门，用横薄板条片上、下重叠成鱼鳞状，分固定和可以转动两种，常用木片和金属片制作
板式踏步	是指用钢板做踏步板的踏步
板条天棚抹灰	在板条天棚基层上按设计要求的抹灰材料进行的施工叫板条天棚抹灰
半玻间壁	指上半部为玻璃，下半部是其他材料的间壁墙
半干硬混凝土	是指混凝土坍落度在10～30mm之间，适用于浇筑预制厂生产构件和基础工程
半截玻璃门	指镶嵌玻璃高度超过门扇高度的1/3以上的玻璃门。有带亮子和不带亮子之分，见下图 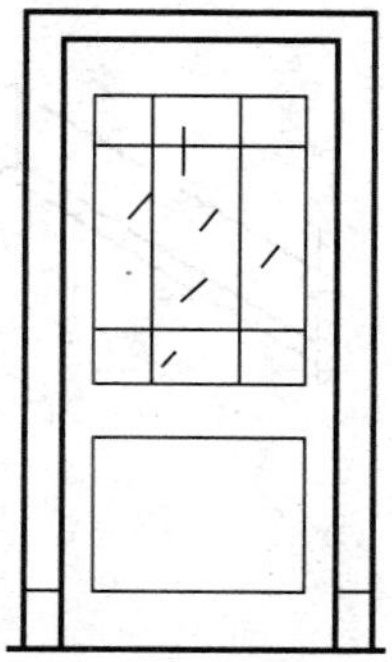

续表

名　词	解　释
半圆窗	指窗的形状呈半圆形的部分。半圆部分多为固定式，见下图 
绑扎	指用细铁丝按构件配制好的钢筋数量、规格、位置固定成形的工作
包和尚头	布瓦屋面檐头改作水泥瓦（或红陶瓦）檐头，需将与水泥瓦衔接部位的布瓦垄的盖瓦头用青麻刀灰裹抹，并刷青灰浆擀轧
包柁头	将大柁伸出柱外的柁头用木板包镶起来的做法
宝顶脚手架	在屋面上搭设的用于宝顶安装、拆卸或勾抹打点的脚手架
宝丽板	系胶合板基层，贴以特种花纹纸面涂覆不饱和树脂后表面再压合一层塑料薄膜保护层。保护层有白色，木黄色等各种彩色花纹色彩。常用规格有 1800mm×915mm；2440mm×1220mm；厚度 6mm、8mm、10mm、12mm 等。宝丽板分普通板和坑板两种；坑板是在宝丽板表面做一定距离坑条，条宽 3mm、深 1mm，以增加装饰性
保温层	为防止室内的热量散失太快和围护结构构件的内部及表面产生凝结水的可能（保温层受潮失去保温的作用）而增加的构造层，即保温层。保温层材料一般为空隙多、密度小的用料，见下图 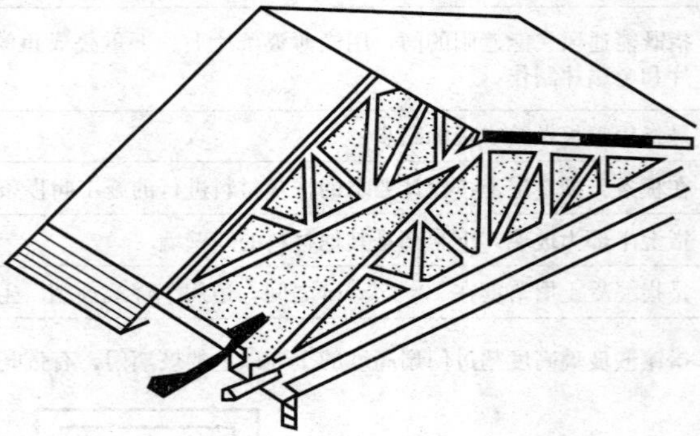 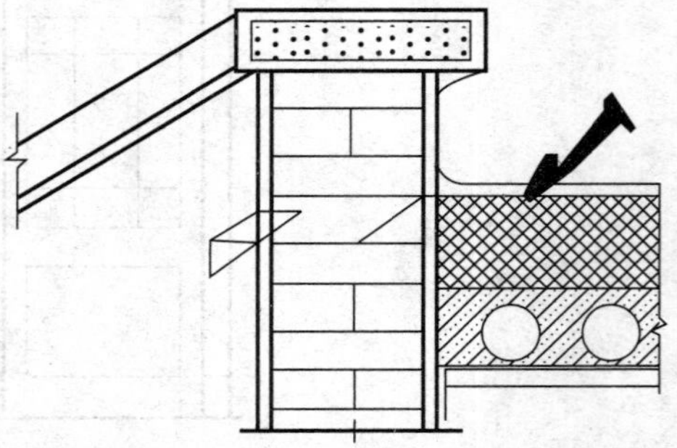

续表

名　词	解　释
保温隔热层	是指隔绝热的传播构造层
保温隔声门	指用保温材料和隔声材料制作的有一定密封程度的门
保温空心墙	指用轻混凝土（蛭石混凝土，膨胀珍珠岩混凝土）、炉渣混凝土或其他保温材料填充的墙叫保温空心墙。一般厚度 37cm，在水平砌缝中每隔 0.3～0.45m 用配筋砂浆隔层或将丁砖砌入到填充料里面去，另用 8 号铁丝使内外两个半砖连接成整体
爆破	指利用化学物品爆炸时产生的大量热能和高压气体，改变或破坏周围物质的现象。在建筑工程中，爆破主要用于开挖一般石方、沟槽、土方
苯乙烯涂料	是以苯乙烯焦油下脚料为基料，加入颜料、填充料和有机溶剂等配合而成。它具有良好的防水性和一定的恒温性，它对水泥砂浆和混凝土表面的粘附力很强，涂抹干燥较快，耐磨，可以清洗，并可用肥皂水冲洗
壁龛	指建筑物室内墙体一面有洞，另一面不出现沿的砌筑，一般做小门，存放杂物。这是充分利用墙体的空间处理
箅式踏步	是和钢板网或圆钢做成踏步板，故称箅式踏步
标底	招标人对招标项目所计算的一个期望交易价格
玻璃布	是指用普通玻璃塑料或其他人工合成物质制成的布。可制成玻璃丝和玻璃纤维。建筑用的防腐玻璃钢用玻璃布为无碱或低碱无捻、粗纱玻璃布
玻璃镶板门	指镶玻璃高度在门窗高度 1/3 以内的门。有带亮子和不带亮子之分
博风板	亦称拔风板，指山墙的封檐板
补衬泥背	瓦面拆除后，对泥背进行修补
不发火沥青砂浆	是以沥青为胶凝材料掺入耐火材料硅藻土、石棉及白云石砂，经加热拌和而成，多用于耐火面层
不发火砂浆	是指与坚硬的金属、石块冲击或摩擦时不产生火花的砂浆。由水泥、石灰石、白云石、大理石粉等材料加水搅拌而成
不平衡报价	在工程项目的投标总价确定后，通过对单价的调整获得最佳收益的一种投标报价方法
部分现浇	指框架结构柱、梁中有一项现浇即为“部分现浇”
擦坡拉杆	在瓦屋面上搭设脚手架时，为防止破坏瓦面，垂直于瓦垄横向摆放的借以分散瓦面局部受力的拉杆叫作擦坡拉杆，用于屋面支杆架、歇山排山脚手架等
材料采购及保管费	组织材料采购、检验、供应和保管过程中发生的费用
材料单价	建筑材料从其来源地运到施工工地仓库，直至出库形成的综合平均单价
材料费	工程施工过程中耗费的各种原材料、半成品、构配件、工程设备等的费用，以及周转材料等的摊销、租赁费用
材料消耗量	在正常施工生产条件下，完成定额规定计量单位的建筑安装产品所消耗的各类材料的净用量和不可避免的损耗量
材料原价	国内采购材料的出厂价格，国外采购材料抵达买方边境、港口或车站并交纳完各种手续费、税费后形成的价格
材料运杂费	国内采购材料自来源地、国外采购材料自到岸港运至工地仓库或指定堆放地点发生的费用
彩板组角钢门窗	指以彩色多板制成的钢门窗
草酸	草酸是一种有机化合物，无色有毒，常用洗刷水磨石面层
岔脊架子	在屋面上沿岔脊的走向搭设的脚手架
拆砌工程	将原有的砌体拆除后，尽量利用拆下的砖石料重新砌筑的修缮工程做法

续表

名　词	解　释
拆修柱门	墙内木柱需墩接或更换时，需将贴靠柱子的墙体局部拆除，待柱子修理好后再将墙体恢复原状的修缮工程做法。若是砖墙体又称“柱门拆砌”
长线台混凝土地模	利用露天场地，用混凝土做成大面积的生产场地做底模，并用长线法施工，设主台座，露天生产常用的预制构件
长线台混凝土拉模	利用露天场地，用混凝土做成大面积的生产场地做底模，并用长线拉模生产的方法，设主台座，露天生产预制空心板构件
常水位	一般指某地区常年地下水的位置
场地平整	指建筑物外墙外边线每边各加 2m 的场地内挖填土厚度在±30cm 以内的工作叫场地平整
场地原土碾压	指场地不经挖填而进行的压实
场外往返运输	指机械整体或分体自停放场地运至施工现场，施工结束后返回原地或运至另一个工地的运输及转移
沉降缝	指将建筑物和构筑物从基础到顶部完全分隔成两段的竖直缝，目的是避免各段不均匀下沉而产生裂缝。通常设置在荷载或地基承载力差别很大的各分段之间，见下图 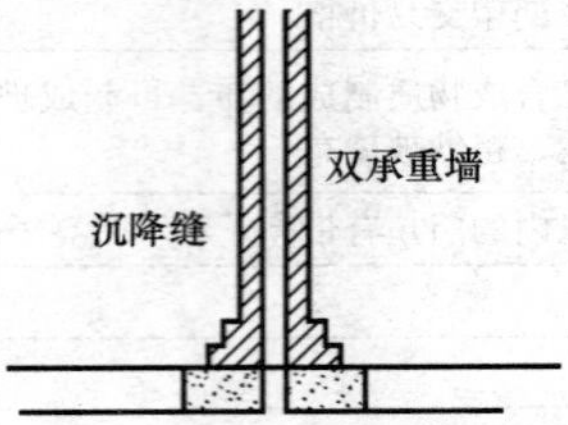 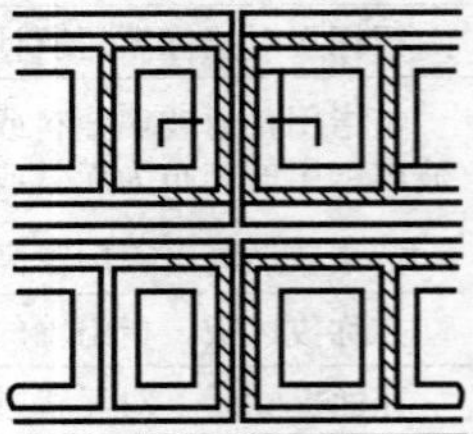
成本加酬金合同	发承包双方约定，以施工工程成本加合同约定酬金进行合同价款计算、调整和确认的建设工程施工合同
承重木过桥	可供载重汽车通过的跨越沟槽、台阶等处的桥式脚手架
承重砖墙	指除承受自重外，还承受梁、板和屋架的荷重的砖墙
出气孔	为预防卷材与屋面基层之间粘不实，或有水分、水汽存在，遇高温气体膨胀产生泡，成为渗水的隐患，而在保护层或找平层上设的排气道叫出气孔。一般设在房屋开间轴线上或屋脊高处，见下图 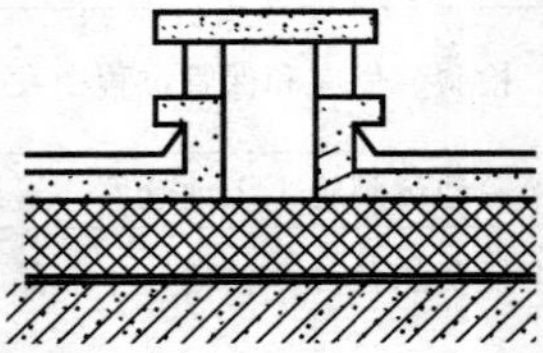
出墙百叶窗	在房屋尽端山墙的山尖部分或歇山屋顶的山尖处设置的防止雨水、昆虫入室的通风百叶窗叫山墙百叶窗
穿附木檩	在原檩的下方附加一檩以辅助原檩受力称附檩；在原檩一侧或两侧附加新檩以替代原檩受力称穿檩，亦写作串檩
椽子	亦称椽，指两端搁置在檩条上，承受屋面荷重的构件。与檩条成垂直方向
椽子附换	在损坏或单细的椽子侧旁附安一新椽，以代替原椽承受上部重量
窗	指在建筑物或构筑物的墙壁、屋顶上设置的通风、排气、采光的建筑构件
窗间墙抹灰	指高度相同的窗与窗之间的砖墙或混凝土墙的各种抹灰方法
窗口掏砌	为满足增设窗的需要，在旧有的墙体上掏拆出窗洞口，并将周边砌抹好的工程做法

续表

名　词	解　释
窗帘盒	指挂窗帘的木盒，除用于挂窗帘之外，还起室内装饰作用
窗扇小气窗	指为通风排气在窗上做的小活扇，见下图 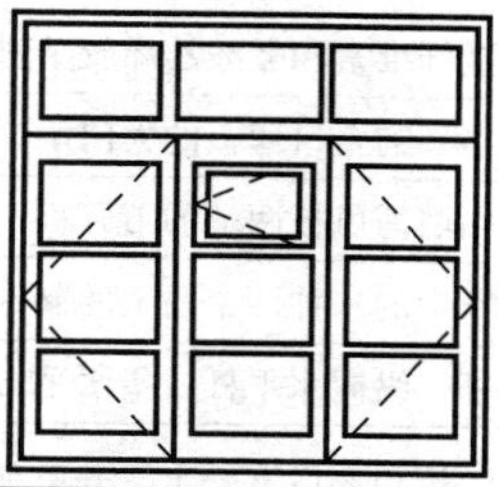
窗台	指外墙窗洞的下部设置的台，分内窗台和外窗台。外窗台凸出墙面，窗台面一般向外放坡，以免窗面流下的雨水渗入墙内或室内，因此经常设有滴水槽，将窗面流下的雨水排出墙外。窗台的材料品种很多，但常见的为砖砌外窗台，有砖清水（亦称虎头砖）及平砖混水窗台两种
垂直运输	是指建筑施工所需人工、材料和机具由地面（或堆放地、停置地）至工程操作地点的竖向提升
纯沉桩时间	指从打桩至设计深度的净时间
醇酸磁漆	以清漆为基料，加入颜料用机器研磨而成。涂刷干燥后，能形成光滑且坚硬的膜；醇酸磁漆是由醇酸与磁漆调制而成，以醇酸为成膜物质，具有较好的光泽和机械强度，能在常温下干燥，较酚醛漆好，适用于金属面涂刷
醇酸漆稀料	是一种能溶解其他物质的溶剂材料
措施项目	为完成工程项目施工，发生于施工准备和施工过程中的技术、生活、安全、环境保护等方面的项目
措施项目费	实施措施项目所发生的费用
错口	指木板与木板接缝处是二个高低缝相接
打拔井点	将井点管打下去、抽水、降水、拔井点管、填井点坑等
打钎	对基槽底的土层进行钎探的操作方法称作打钎，即将钢钎打入基槽底的土层中，根据每打入一定深度（一般定为300mm）的锤击次数，间接地判断地基的土质变化和分布情况，以及是否有空穴和软土层等。打钎用的钢钎直径22～25mm，长1.8～2.0m，钎尖呈60°尖椎状；锤重3.6～4.5kg，锤的落距500mm
打桩	指用机械桩锤打桩顶，用桩锤动量转换的功，除去各种损耗外，还足以克服桩身与土的摩擦阻力和桩尖阻力，使桩沉入土中，见下图 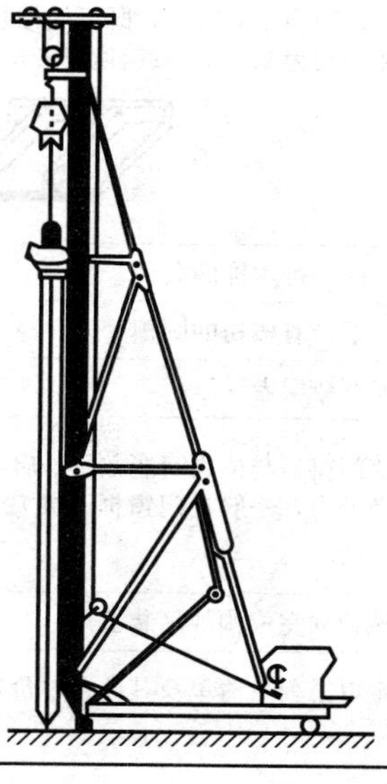

续表

名　词	解　释
大白	亦称白亚，是石灰岩的一种，白色，质地软，主要成分为碳酸钙，是由古生物的骨骼积聚形成，主要用于粉刷墙面材料
大白浆	是由大白粉加适量纤维素和醋酸乙烯胶结料及水调制而成的
大板门	四边用方木做框，满铺企口薄板的大门扇，称作大板门
大刀头	亦称勾头板，指山墙博风板两端的刀开板
大割角	指在木门窗框制作中的一种两个角上的制作线条
大横杆	亦称牵杆、顺水杆、纵向水平杆，指水平方向的脚手架
大口径井点	沿基坑外围每隔一定距离设置一个管井单独用一台水泵，尽可能设在最小吸程处，不断抽水来降低地下水位
大理石	大理石一般由石灰岩、白云岩、方解岩、蛇纹石变质或部分变质而重新结晶的石材。其主要矿物成分为方解石，具有等粒或不等粒变晶结构，颗粒粗细不等，颜色各异、美观，既是室内外的高级装饰材料，也是艺术雕刻之优材。建筑用大理石，多为荒料，经锯、磨、切抛光工序后才能使用，常作为地面、墙面、柱面、柜台、栏杆、踏步的饰面材料
大木安装围撑掏空架	指古建筑的大木立架安装时用作支撑固定大木构件的脚手架
大型多孔墙板	指预制多孔墙板，使用于内、外墙，一般规格为 1200mm×6000mm、900mm×6000mm、厚度在 140～240mm 之间其孔为圆心，见下图 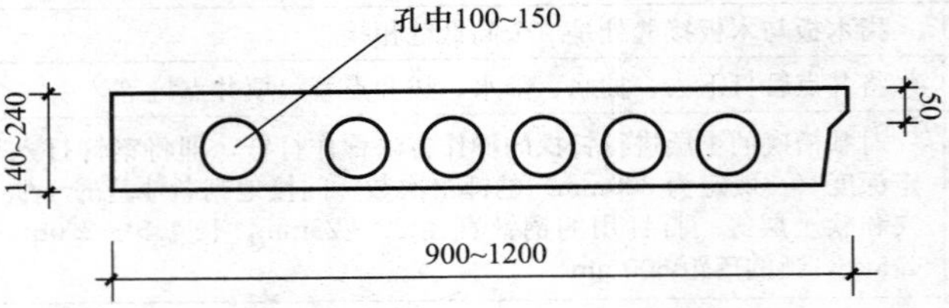
大型钢筋混凝土双 T 屋面板	指在一块板上利用长度方向一致的三根 T 形梁板承受板及板以上传来荷重的大型钢筋混凝土板构件，具有跨度大、功能多的特点，既可做楼板也可做墙板，体形简洁，受力明确，有比槽形板更大的尺度。板宽一般为 2.4m，其跨度有 6m、9m、12m 不等，见下图 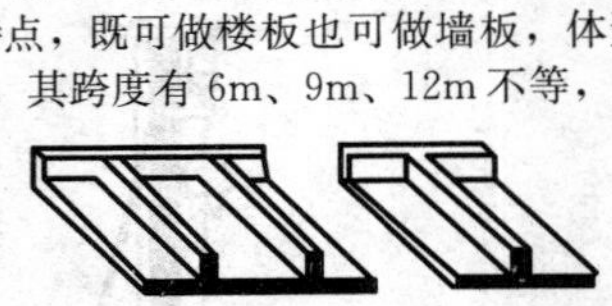
大硬肩	指木门窗制作中的一种木榫的名称
带枋子圆檩	中式木构架中其下带有檩枋的圆檩
带泥背屋面	屋面基层上有泥背垫层者
单裁口	亦称铲口，为使门窗扇与框之间能方便开启，在关闭时保持一定的密封性，并在合页处能传递门窗的自重和承受外力，一般在门窗框上要裁口深度 10～12mm。只在框的一边裁口者，为单裁口
单机作业	由一台起重机械独立完成构件吊装工作
单价合同	发承包双方约定以工程量清单及其综合单价进行合同价款计算、调整和确认的建设工程施工合同

续表

名　词	解　释
单排脚手架	指墙外边只有一排立杆，小横杆的一端与大横杆相连，另一端搁在墙上。一般单排脚手架高度在五步以下使用，见下图 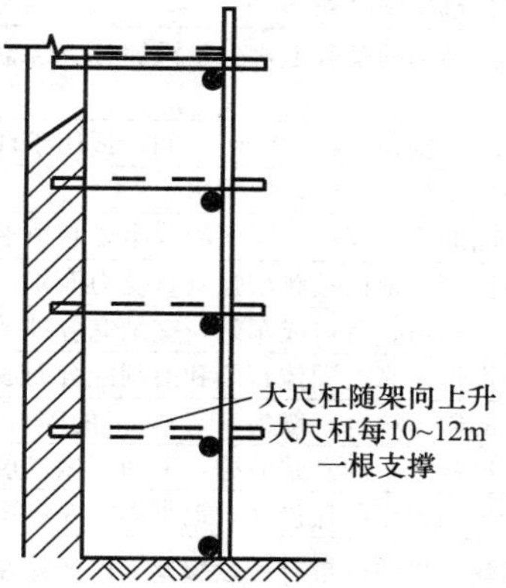 大尺杠随架向上升 大尺杠每10~12m 一根支撑
单扇玻璃窗	指两边窗框内只有一扇正玻璃窗，有无纱窗有无上亮和下亮窗都称作单扇玻璃窗
单位工程	具有独立的设计文件，能够独立组织施工，但不能独立发挥生产能力或使用功能的工程项目
单位工程概算	以初步设计文件为依据，按照规定的程序、方法和依据，计算单位工程费用的成果文件
单位工程估算指标	以单项工程中各个单位工程为对象编制的反映单位工程建设投资费用的计价依据
单项工程	具有独立的设计文件，建成后能够独立发挥生产能力或使用功能的工程项目
单项工程估算指标	以工程项目中单项工程为对象编制的反映单项工程建设投资费用的计价依据
单项工程综合概算	以初步设计文件为依据，在单位工程概算的基础上汇总单项工程费用的成果文件
弹涂	指利用弹涂器将不同色彩的聚合物、水泥浆，弹在已涂刷的水泥涂层上或水泥砂浆基层上，形成 3～5mm 扁花点的施工工艺
挡风板	是指不保温、不防寒蔽盖的板形材料，木板、铁皮、混凝土板皆可作挡风板
挡风架	指钉挡风板、挡雨板等的钢架
挡脚板	脚手架搭设时，在操作面的外立杆上绑设，防止操作人员的脚伸到脚手架外，称为挡脚板
导火线	又称导火索，是用来传递起爆火雷管和黑火药的起爆材料
导向夹具	打钢板桩时用于为钢板桩定位的一种周转使用的工具性的材料
倒锥壳	是指倒锥壳水塔、水箱，见下图。倒锥壳水塔、水箱在地面上预制施工，用提升的方法安装在水塔筒身顶部，一般水塔筒身多采用滑长模板方法施工。这种倒锥壳水箱也有使用到烟囱上的 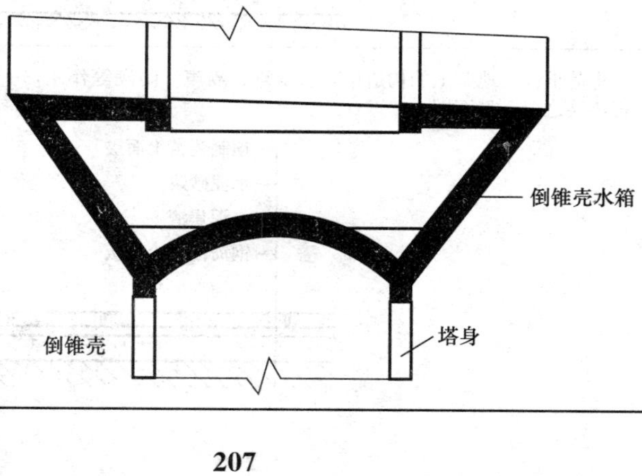 倒锥壳水箱 塔身 倒锥壳

续表

名　词	解　释
到岸价	设备抵达买方边境港口或边境车站所形成的价格
道路等级	道路按路面质量分为一类、二类等道路，全国统一基础定额编制是按一类道路考虑的，道路等级因素已考虑在机械幅度差内
低合金结构钢	指在普通碳素结构的基础上，少量添加若干合金元素而成。一般情况下，合金元素的总量不超过总量的5%
低流性混凝土	是指混凝土坍落度在30～50mm之间，适用于现浇梁、板、柱
滴水	屋面雨水脱离屋檐下落处，叫滴水
底漆	涂于物体表面的第一层涂料叫底漆。主要起填平、修补、封闭等作用
底座	指用于底层钢管与地面接触增强垂直受力面积，用钢板和套管焊接而成的构件
抵岸价	设备抵达买方边境、港口或车站，交纳完各种手续费、税费后形成的价格
地板蜡	是从石油内提炼出来的固体石蜡和溶剂配合而成的保护及装饰地板的蜡制品
地瓜石	大小如地瓜的岩石块（一般为8～10mm的碎石）叫地瓜石
地瓜石灌浆	指用地瓜石排铺加水泥砂浆灌缝，上面再做基层的方法
地脚	指连接铝合金门窗框的连接件，地脚固定在房屋结构体上
地脚螺栓	亦称地脚螺丝，指一端带有一段螺丝（以便旋在螺母），下端做成弯钩、鱼尾等形状或焊接在钢板上作为锚头埋在混凝土内。常埋于安装机械设备的混凝土基础中，见下图 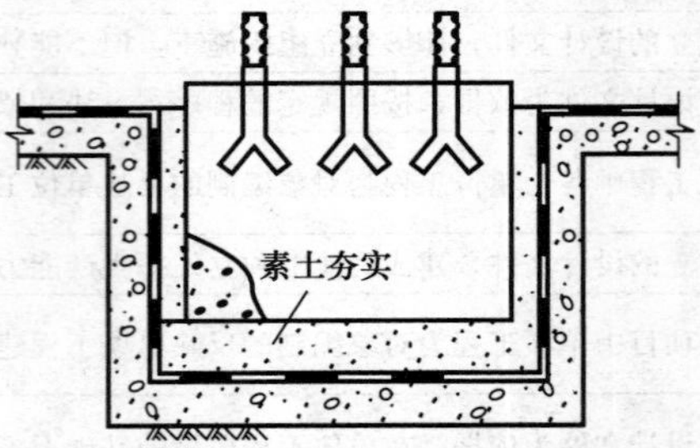 素土夯实
地坑	指柱基、坑底凡图示面积小于$20m^2$（包括$20m^2$）的挖土石方
地楞	承装木地板的骨架，又称龙骨或搁栅。其主龙骨称作大地楞，次龙骨称作小地楞。另见“木龙骨”
地面	亦称地坪，由热层、结构层及面层构成。面层是直接受各种荷载、摩擦、冲击的受力表面层，基层是承受并传递荷重的承重包括结构层和垫层，见下图 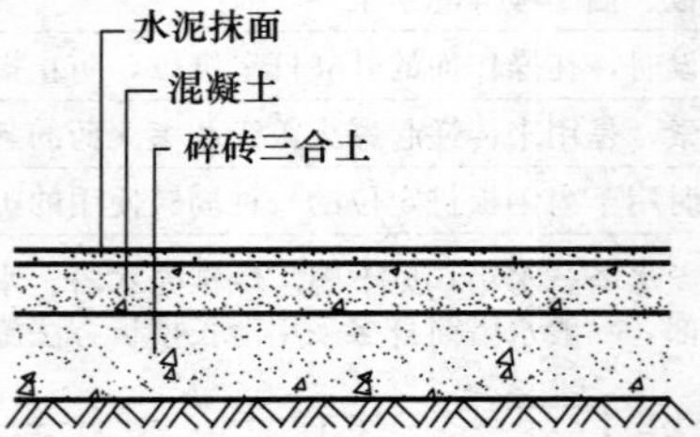 水泥抹面 混凝土 碎砖三合土
地面垫层	将荷重传至地基上的构造层，有承重、隔声、防潮等作用，一般有素混凝土、炉渣混凝土、毛石垫层之分，见下图 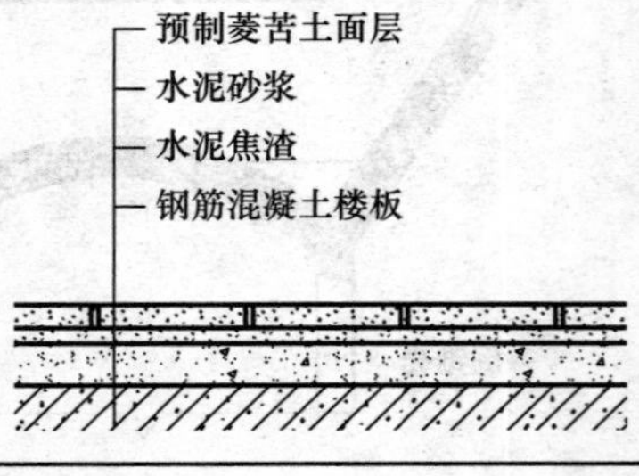 预制菱苦土面层 水泥砂浆 水泥焦渣 钢筋混凝土楼板

续表

名　词	解　释
地面伸缩缝	亦称温度缝，指用刚性材料做面层和垫层时，为防止因温差或荷重不均匀而使地面变形、破裂设置的构造缝，见下图 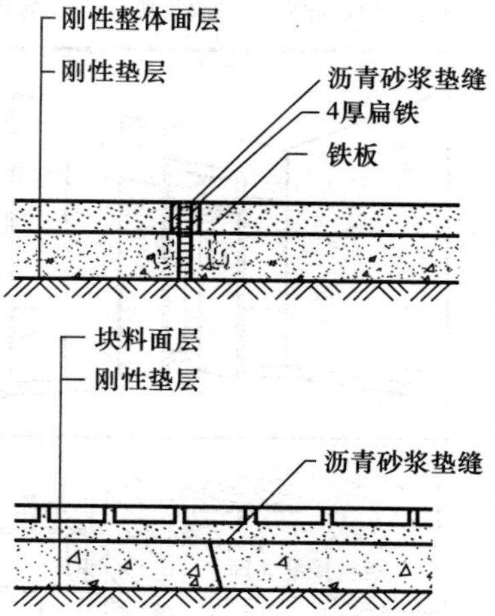
地下水位	根据地质勘察勘测确定的地下水的上表面位置
地质勘查	指用钻孔或钻孔爆破照相的方法探明建筑物地基的地下情况的方法
点焊	指强大的电流通过钢筋接触处产生电阻热，使其迅速加热到塑性或熔化状态，并加一定压力而成的焊接。这种方法多用于钢丝网。是提高工效，降低成本，减轻劳动强度，代替人工绑扎，实现机械化的好方法
点铺	铺贴防水卷材时，卷材与基层采用点状粘结的施工方法。每平方米粘结不少于5个点，每个点面积为100mm×100mm
电雷管	指通电后，脚线端电阻丝发热产生火花引爆的材料
垫木	垫梁头、檩头、楞木的木块或木方
垫铁	亦称铁楔，指形状一头厚一头薄，宽度一样，为吊装构件找平稳固之用的铁件
吊车梁	亦称行车梁，指支承桥式起重机或电动单梁起重机的梁，钢吊车梁一般采用工字钢
吊木附檩	将一长度为原檩1/2、截面不小于原檩的方木或圆木附在原檩下面，并用铁件将其与原檩吊绑在一起，以提高檩木的荷载能力
吊装	指将金属或钢筋混凝土构件用起重设备吊起，放到设计规定的高度和位置的施工过程，见下图 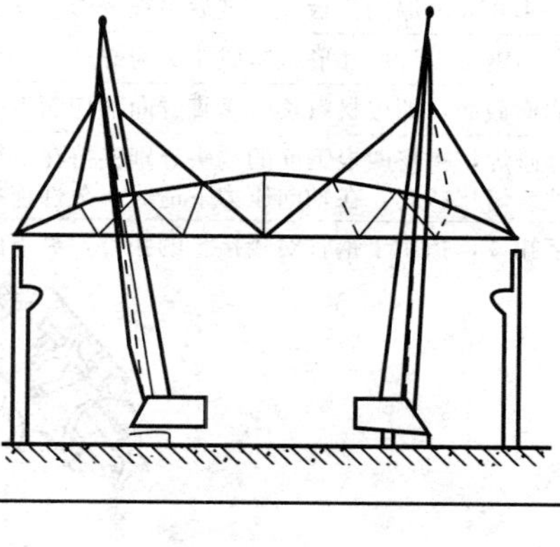

续表

名 词	解 释
调和漆	亦称调合漆，是人造漆的一种。由干性漆和颜料组成，也称为“油性调和漆”。由清漆和颜料组成，称为磁性“调和漆”。用多于木材面和金属面涂刷
丁砖	指垂直于墙的砌砖
钉板间壁墙	指在骨架上钉纤维板、胶合板、胶压刨花板、薄板的隔墙，见下图 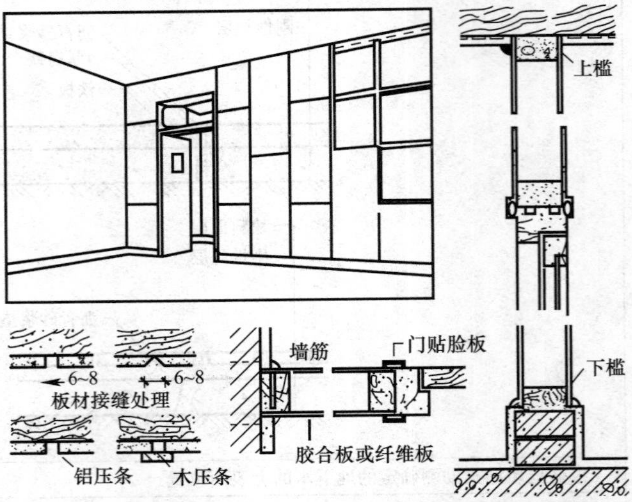
顶棚开检查口	在原有的顶棚上增开一供人进出的洞口，并作一盖板，平时将其盖起，需要时将其打开，以便于有关人员进入顶棚内对屋顶承重构件进行安全检查
定额基价	反映完成定额项目规定的单位建筑安装产品，在定额编制基期所需的人工费、材料费、施工机械使用费或其总和
定型钢模	根据定型构件的形状，用钢材制成的模具。一般依据国家、省、市用的标准构件图，在预制厂成批生产的特制模板，大部分都是由加工厂加工
冬雨期施工增加费	因冬雨期天气原因导致施工效率降低加大投入而增加的费用，以及为确保冬雨期施工质量和安全而采取的保温、防雨等措施所需的费用
动态投资	工程项目在考虑物价上涨、建设期利息等动态因素影响下形成的固定资产投资
冻土	温度在摄氏零度以下且含有冰的土称冻土
斗砖	指空斗墙的侧砌砖，也就是平行于墙的砖
独立柱和单梁抹灰	指在独立支承建筑物构件的梁、柱上按设计规定涂抹各种材料的抹灰方法
堵抹山花	将室内梁架上的空当用砌砖或钉板条抹灰的方式封堵起来
堵抹燕窝椽档	将檐檩上椽子之间的空档用砖和麻刀灰堵起来
镀锌铁皮	用0.25～4.00mm厚的铁板经酸洗后再镀锌形成锌表面的铁皮叫镀锌铁皮
镀锌瓦钩	指用偏、圆钢按设计尺寸形状制成一头为螺丝，一头为弯钩，经酸洗后再镀锌的瓦钩
断面	指材料的横截面，即按材料长度垂直方向剖切而得的截面
对焊	对焊亦称碰焊，指将两根钢筋的端头分别夹持在对焊机的两夹头，电流通过两金属件的连接端，加热至塑性或熔化状态，在轴向压力下造成永久性连接的方法
对接扣件	亦称一字扣件，指用于钢管对接接长的扣件，见下图 

续表

名　词	解　释
对位与临时固定	指柱脚插入杯口后，停在离杯底 30～50mm 处进行对位，一般八块铁楔四边同时入杯口，用撬棍移动柱脚使柱对准吊装准线并使柱基本垂直。将八块楔销打紧。放松吊钩，让柱靠自重落至杯底，如无偏差，即大锤打紧八块铁楔将柱临时固定
墩接柱	构架加固中木柱整修的一种方法，将糟朽的柱根锯掉后接上一矮木柱，也可砌一矮砖柱或浇筑一混凝土矮柱代替
多斗一眠空斗墙	多层侧砖一层平砖砌成的空斗墙叫多斗一眠空斗墙，见下图 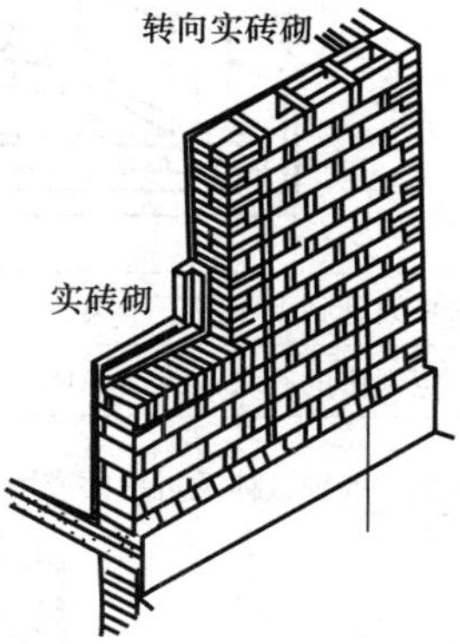 转向实砖砌 实砖砌
多孔砖	指孔洞率≥15%，孔的尺寸小而数量多的砖，常用于承重部位其常用规格有：190mm×190mm×90mm、240mm×115mm×90mm、240mm×180mm×115mm，见下图 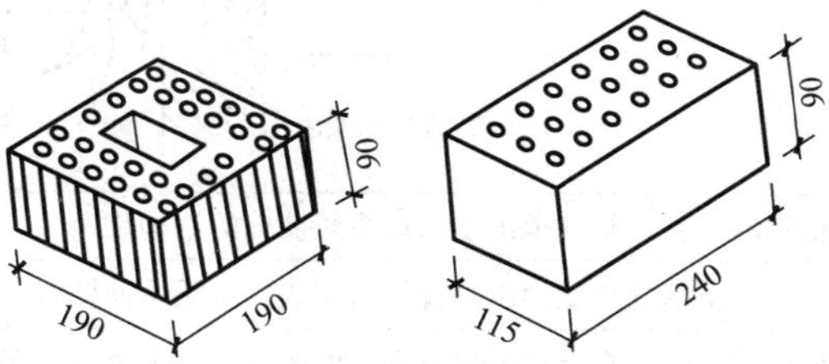 90 190 190 90 240 115
多种结构	一个单位工程兼有两种或两种以上结构的建筑为多种结构的建筑
垛尾	裱糊工程术语，指一平两切顶棚“切”的部分与梁架形成的三角形立面（象眼）处的裱糊
剁假石	亦称斩假石、剁斧石，指将掺有小石子及颜料的水泥砂浆涂抹在混凝土或砖墙、柱面上，经抹压达到表面平整，待硬化后再凿，使之成为石料表面式样的方法。常用来做外墙或勒脚、阳台、台阶挡墙的面饰
二次搬运费	因施工管理需要或因场地狭小等原因，导致建筑材料、设备等不能一次搬运到位必须发生的二次或以上搬运所需的费用
二点抬吊	指用两台起重机吊构件，有两个吊点的施工方法
二毡三油	刷三道沥青玛瑞脂，铺贴二层油毡而成的防水屋面卷材。有撒砂和不撒砂之分，见下图 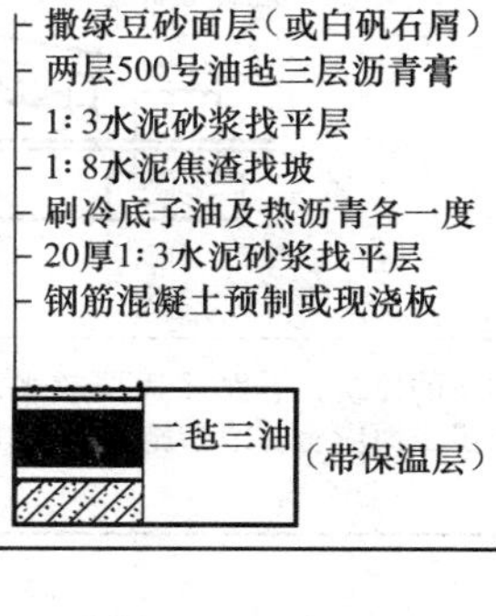 撒绿豆砂面层（或白矾石屑） 两层500号油毡三层沥青膏 1:3水泥砂浆找平层 1:8水泥焦渣找坡 刷冷底子油及热沥青各一度 20厚1:3水泥砂浆找平层 钢筋混凝土预制或现浇板 二毡三油 （带保温层）

续表

名　词	解　释
筏形基础	指埋在地下的连片基础，其结构形式分有梁式和无梁式两种。多用于荷载集中和地耐力较差的建筑物，见下图 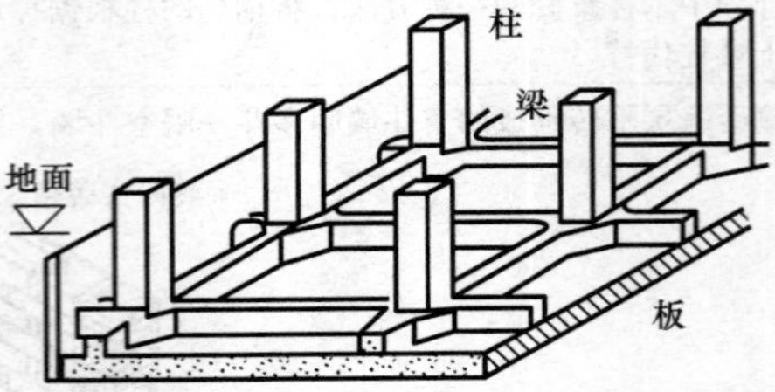
翻脚手板	指把脚手板由本步架翻到上步或下步架
方整石墙	指用经加工成一定规格的石块砌筑的墙体
防潮层	为防止地下水和地面各种液体透过地面或墙体的隔离层叫防潮层，见下图 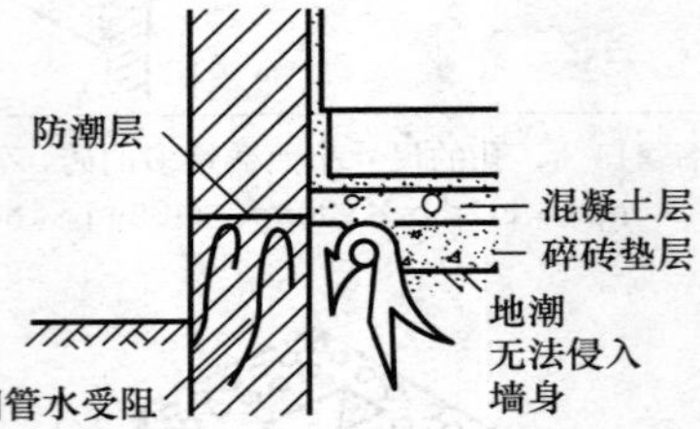
防风桁架	是桁架的一种，是支承山墙以承受风荷载的钢构件
防腐油	指一种有防腐蚀功能的由沥青材料制成的水质量油性材料
防护栏杆	脚手架搭设时，在上料平台或操作面的外立杆上绑设水平栏杆，用作安全防护，称为防护栏杆
防滑坡	由于室内外有高度差，为方便车辆等出人做成的向外倾斜 1%～4%的斜道，或为防下滑做成锯齿形或加防滑条的坡道叫防滑坡，见下图  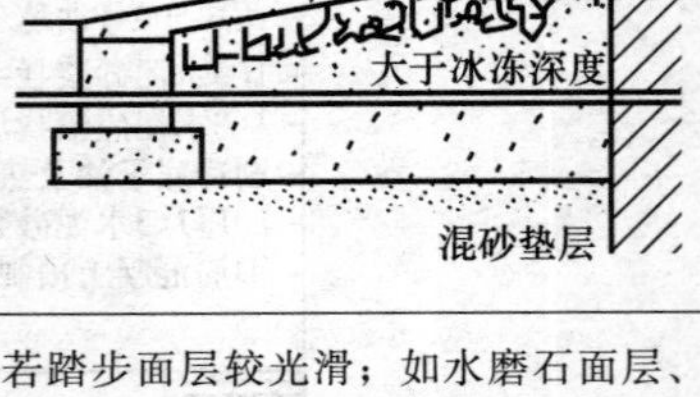
防滑条	人流较集中、拥挤的建筑，若踏步面层较光滑；如水磨石面层、大理石面层、花岗岩面层等，为防止滑跌，在踏步表面应有防滑措施。一般建筑常在踏步面层上近踏步口处嵌入铜条或填嵌其他材料做防滑条

续表

名　词	解　释
防火门	指设置在容易发生火灾的厂房、实验室、仓库等房屋的门，多用不易燃材料制作，见下图 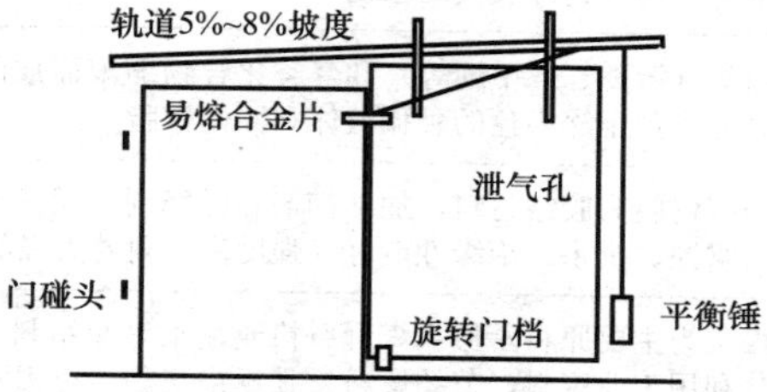
防火墙	用非燃烧材料砌筑的墙叫防火墙。设在建筑的两端或建筑物内，将建筑物分割成区段以防止火焰蔓延。墙身上一般不设门窗，如需要时须以非燃烧材料制成。高出屋面的防火墙又称封火墙或风火墙
防静电地板	防静电地板是由活动地板，配以横梁、橡胶垫条和可供调节高度的金属支架组装在水泥类基层上铺设而成。它不但具有便于通风、便于走管线，抗静电、防触电等功能，还有一定的装饰功能。通常可用于计算机房、通信房控制室、电化教室、精密仪器室及其他电子设备机房。其活动面板有铝合金复合石棉塑料贴面板、木质地板、木质复合板等
防水粉	由氯化钙、硬脂酸铝组成，用以防止混凝土和砂浆渗水的物质
防锈漆	指能保护金属面免受大气、海水等侵蚀的涂料叫防锈漆。主要原料有防锈颜料、干性油、树脂和沥青等经调制研磨而成
防震缝	地震区设计高层砖混结构房屋，为防止地震使房屋破坏，应用防震缝将房屋分成若干形体简单、结构刚度均匀的独立部分。防震缝一般从基础顶面开始，沿房屋全面设置
房上烟囱	指为排除室内炉灶烟雾高出屋面的部分叫房上烟囱，见下图 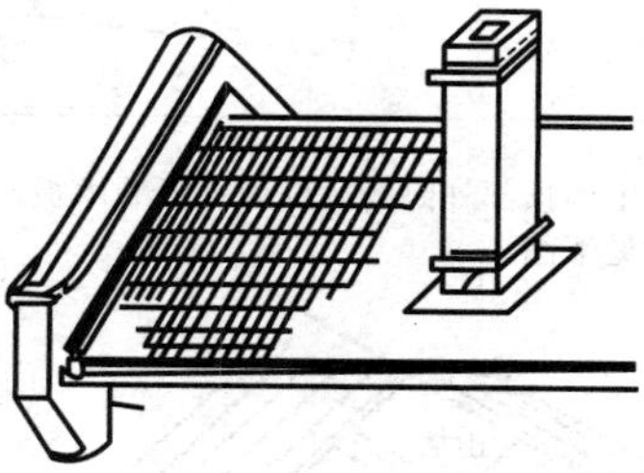
房心回填土	指室内回填土方
放坡	在挖土施工中，为防止土壁坍塌、稳定边壁而做出的边坡
非承重砖墙	指仅承受自重的砖墙
费用索赔	工程承包合同履行中，当事人一方因非己方的原因而遭受费用损失，按合同约定或法律规定应由对方承担责任，而向对方提出增加费用要求的行为
分部分项工程费	工程量清单计价中，各分部分项工程所需的直接费、企业管理费、利润和风险费的总和
分部工程	单位工程的组成部分，系按结构部位、路段长度及施工特点或施工任务将单位工程划分为若干个项目单元
分段制作	指由于构件重量大或制作不方便而分成几部分制作，然后再组装成构件的制作方法
分隔墙	指把房屋内部分割成若干房间或空间的非承重墙 隔墙材料应满足重量轻、厚度薄、隔声、耐火、耐温、便于拆装等条件
分项工程	分部工程的组成部分，系按不同施工方法、材料、工序及路段长度等将分部工程划分为若干个项目单元

续表

名　词	解　释
酚醛清漆	是以酚醛树脂为主要成分的清漆。具有干燥快，漆膜光亮，坚硬耐水等特点，色泛黄。多用于木器和不易碰撞的物件表面的涂刷
酚醛树脂	是由酚类（苯酚、二甲酚等）和醛类化合物缩聚而成的树脂统称。是耐水、耐热、耐霉腐，粘结强度高的淡黄至深褐色的黏稠液体和固体树脂
酚醛树脂胶泥	是以酚醛树脂为胶结材料，加增韧剂和稀释剂（酒精）、苯磺硫氯和粉料石英粉拌和均匀而成。是一种耐腐蚀、抗水、绝缘性能好、强度高、附着力强的胶结材料
粉煤灰砖	以粉煤灰为主要原料，掺入煤矸石粉或黏土等胶结料，经配料、成形、干燥和焙烧而成。优点是可充分利用工业废料，节约燃料。其规格与黏土砖相同
风道	能排除室内废气的通风孔叫风道。一般和烟囱相连通，厕所内往往设有风道，排除废气
风帽座	支承通风帽的底座叫风帽座，见下图 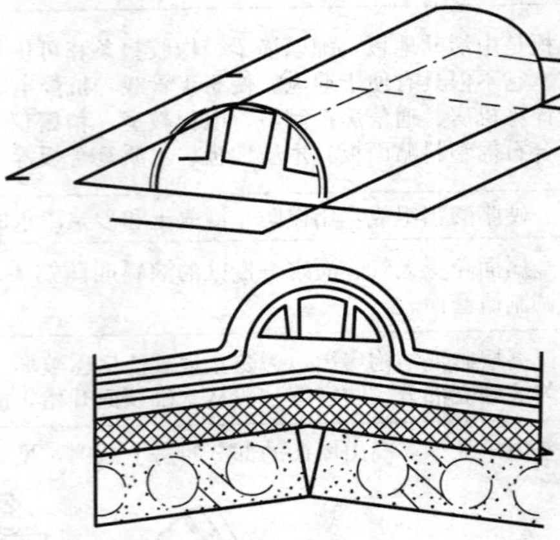
封檐板	指在檐口或山墙顶部外侧的挑檐处钉置的木板。使檐条端部和望板免受雨水的侵袭，也增加建筑物的美感，见下图 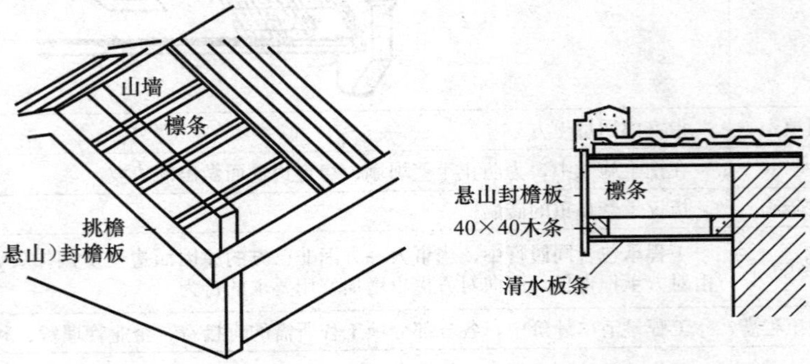 山墙 檩条 挑檐 （悬山）封檐板 悬山封檐板 檩条 40×40木条 清水板条
呋喃树脂	是由酚类（苯酚、甲酚、二甲酚等）和醛类化合物缩聚而成的树脂。通常由苯酚和甲醛缩聚而成，为淡黄至深褐色的黏稠液体或固体。耐水、耐热、耐霉、耐腐、粘结强度高，用于耐腐蚀漆、粘合剂和涂料等
附柁	中式木构架加固方法之一，在不能保证安全荷载的柁下另附一柁，两端用木柱支住，以与原柁共同承重
复合木模板	是指用胶合成的木制、竹制或塑料、纤维等板面，用钢、木等制成框架及配件而组合的模板

续表

名 词	解 释
钙塑板	是无机钙盐（碳酸钙）和有机树脂，加入抗老化剂、阻燃剂等搅拌后压制而成的一种复合材料。其特点是不怕水，吸湿性小，不易燃，保温隔热性良好。规格有：500mm×500mm×（6～7）mm；600mm×600mm×8mm；300mm×300mm×6mm；1600mm×700mm×10mm
盖缝	指屋面上有伸缩缝设施，为防止雨水从缝中流入而在缝上以木板、白铁皮等防水材料做成的盖缝
盖缝条	遮盖两扇门对缝或两扇窗对缝的木板条
概算定额	完成单位合格扩大分项工程，或扩大结构构件所需消耗的人工、材料和施工机械台班的数量及其费用标准
概算定额法	利用概算定额编制单位工程概算的方法
概算指标	以扩大分项工程为对象，反映完成规定计量单位的建筑安装工程资源消耗的经济指标
概算指标法	利用概算指标编制单位工程概算的方法
干挂水泥瓦	屋面工程做法之一，在密排屋架的上弦木构架的椽子上直接钉挂瓦条，将水泥瓦铺挂在挂瓦条上
干铺地瓜石	指用地瓜石排铺加砂干灌缝，上面再做基层的方法
干铺碎石	指地面垫层用碎石干铺，不加灌砂浆而用干砂灌缝的方法
干砌毛石墙	毛石墙砌筑方法之一，又称“干背山”做法，摆砌毛石时不铺灰浆，而是用小石片将其垫稳，在墙面勾抹灰缝后再行灌浆
干土	干土指常水位以上的土
干粘石	亦称甩石子，指在抹好底层、垫层后，随抹粘结层随用拍子把石子或砂子往粘结层上甩，必须随甩随拍平压实，粘结牢固但不能拍出或压出浆水的方法
缸砖铺地	由黏土和矿原料烧制而成的砖叫缸砖，因加入各种颜料，其颜色有红棕色、黄色等，其形状有正方形、六角形、八角形；一般尺寸为100mm×100mm、150mm×150mm，厚度10～13mm或17mm，用其铺成的地面叫缸砖铺地
钢板桩	一般是两边有销口的槽形钢板，成排地沉入地下，作为挡水、挡土的临时性围墙，用于较深坑槽、地下管道的施工，也可用钢筋混凝土板桩作为永久性的挡土结构
钢抱柱	将角钢依附在柱的四角，用扁钢或钢筋作缀板（条）与角钢焊接成一整体，将柱抱住
钢材防火	裸露的、未作表面防火处理的钢结构，耐火极限仅15min左右。在温升500℃的环境下，强度迅速降低，甚至会迅速塌垮
钢骨架	指一般的钢木大门中的钢骨架，它以型钢焊接一个门扇钢骨架，再在钢骨架上铺满木板组成钢木大门
钢护墙	“夹护”在墙体的两侧以增加其整体性的钢结构称作钢护墙。将角钢或扁钢依附在墙体两侧，并在墙上钻透眼，用$\Phi 12$螺栓将两面的角钢或扁钢连接起来
钢绞线	在使用于后张法预应力钢筋混凝土构件中，是加工厂定型产品，一般是由7根钢丝或19根钢丝拧成的。钢绞线有各种不同直径的规格，预应力钢绞线多使用5mm钢绞
钢筋	指用于加强混凝土的钢条，与混凝土组成钢筋混凝土共同承载外力，主要用来承受、接应力。有热轧钢筋、热处理钢筋、冷拉钢筋、冷拔低碳钢弦、高强钢弦和钢绞线、光表钢筋和螺纹钢筋、低碳钢和高碳钢等
钢筋搭接	指为保证钢筋达到设计受力要求，使两根钢筋端头各伸出一定长度连接在一起，共同完成受力的接头方法
钢筋镦头	指将钢筋端部镦粗的方法。12mm左右的钢筋用热镦方法较多，使钢筋加热到塑性，用机械在模具中顶压面成4～10mm左右的钢筋，用冷镦的方法较多，以机械或液压为动力将端部挤压成帽头

续表

名　词	解　释
钢筋附檩	在檩的下方设置两根下撑钢筋，两端固定在兜袢的角钢上，在钢筋长度两端 1/3 处各垫一上有梳口的垫木托住檩木，以提高檩木的荷载能力
钢筋骨架	亦称成形钢筋，指配置在混凝土内，经绑扎或焊接的钢筋，其形状与构件相似，数量和规格按设计要求，按施工方法，分焊接和手工绑扎，按平面可分平面和空间立体骨架，见下图 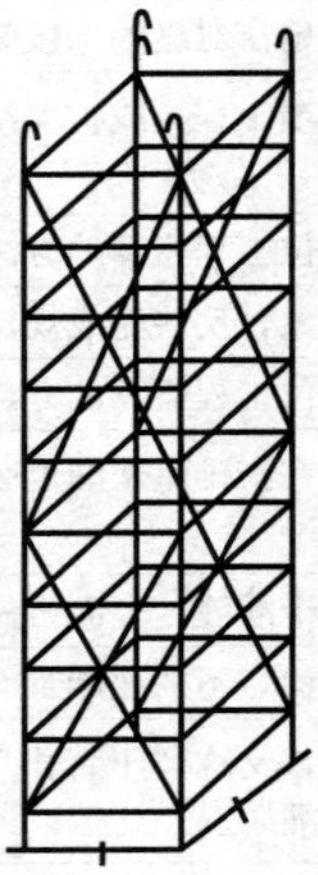
钢筋混凝土	用钢筋加强的混凝土叫钢筋混凝土。混凝土的抗压强度大，抗拉强度小，如在其中配置钢筋则可弥补抗拉强度小的不足，制成既能受压也能受拉的各种构件
钢筋混凝土板桩	钢筋和混凝土浇制成断面宽度大于厚度的板形桩
钢筋混凝土薄壳板	指带弧形的极薄钢筋混凝土预制大跨度屋面板构件。形状有球状、椭圆抛物面、扁壳、圆抛等形状，见下图 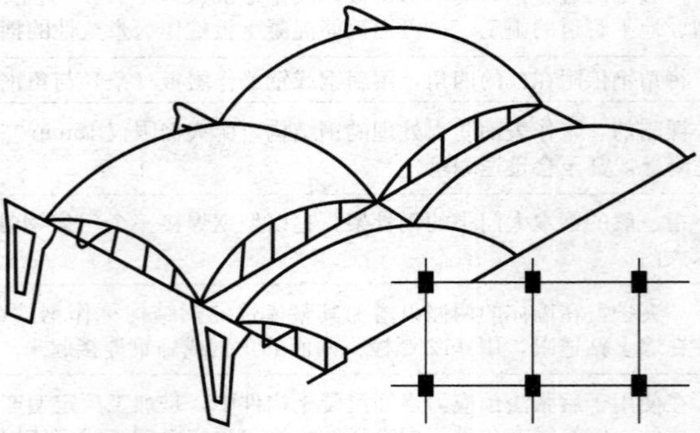
钢筋混凝土槽形板	指由较薄的平板及边梁组成呈槽形的钢筋混凝土构件，见下图 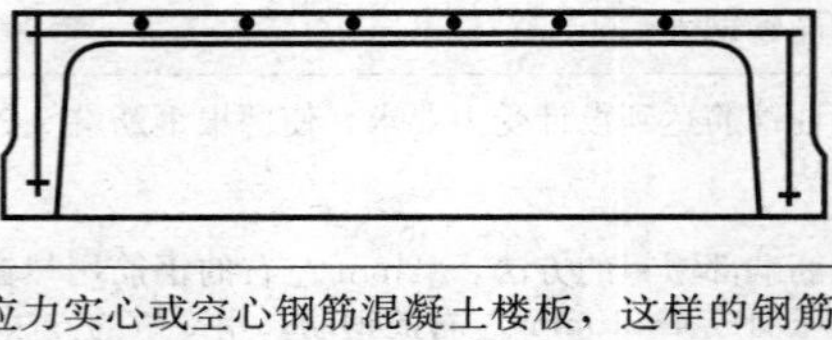
钢筋混凝土大楼板	一间房屋用一块大型预应力实心或空心钢筋混凝土楼板，这样的钢筋混凝土楼板叫钢筋混凝土大楼板

续表

名　词	解　释
钢筋混凝土大型墙板	钢筋混凝土大型墙板亦叫大型壁板、墙板，指长度一般房间的开间或进深，高度为楼层高，有承重和非承重墙之分。外墙板须有保温、隔热、装饰和作门窗洞口的作用，内墙板须有开门、隔声的作用，见下图 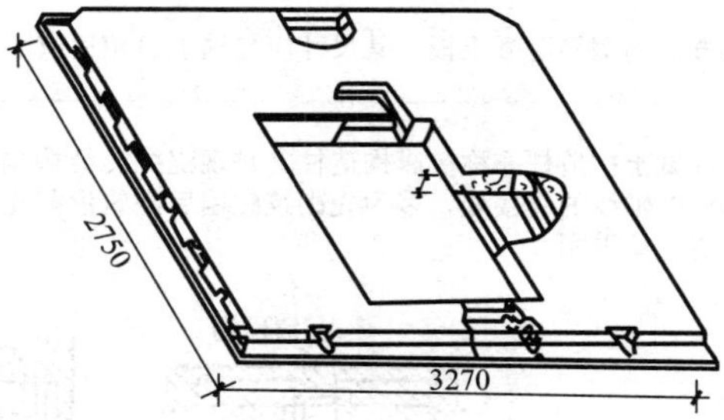
钢筋混凝土大型屋面板	指用较薄的平板边梁及垂于边梁的小梁级组成呈槽形的屋面板，一般尺寸为：宽 1.5m、长 6m。目前大型屋面板多为预应力钢筋混凝土制作，见下图 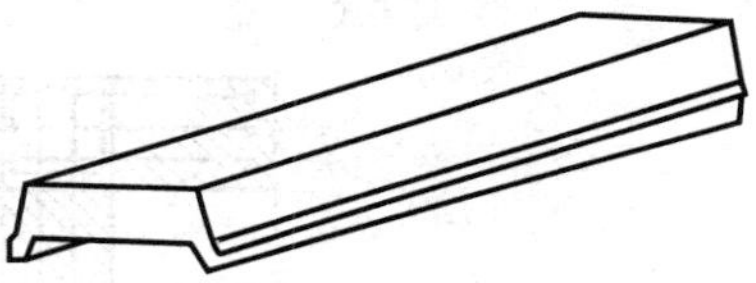
钢筋混凝土单向板	指板上荷载只沿一个方向传递到支座的钢筋混凝土板
钢筋混凝土吊车梁	钢筋混凝土吊车梁亦称桁车梁。是承受桥式起重机或电动单梁起重机荷重的钢筋混凝土梁。钢筋混凝土吊车梁一般用 T 形或鱼腹式的，顶面铺设轨道
钢筋混凝土叠合梁	亦称叠合梁，指叠合前为预制 T 形梁，上部有伸出钢筋，顶面为毛面，梁安装后，在两侧安装预制板，中间留出现浇梁的截面，板头上下伸出的钢筋和梁上部伸出的钢筋绑扎在现浇梁的加工筋上，再浇筑混凝土，将梁板连接成整体，见下图 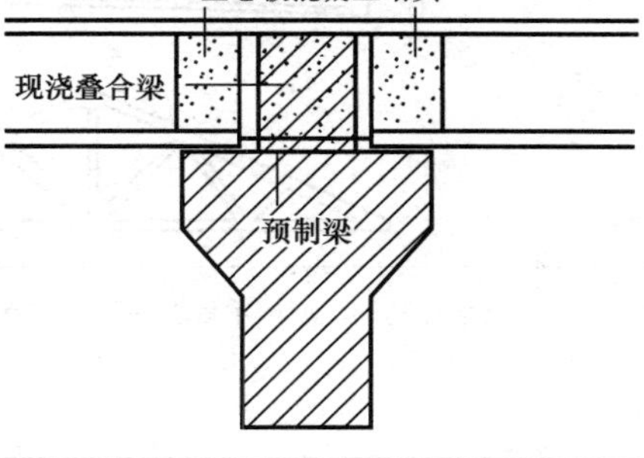
钢筋混凝土独立基础	指单独承受上部传来荷载并传递到地基上的钢筋混凝土基础，见下图 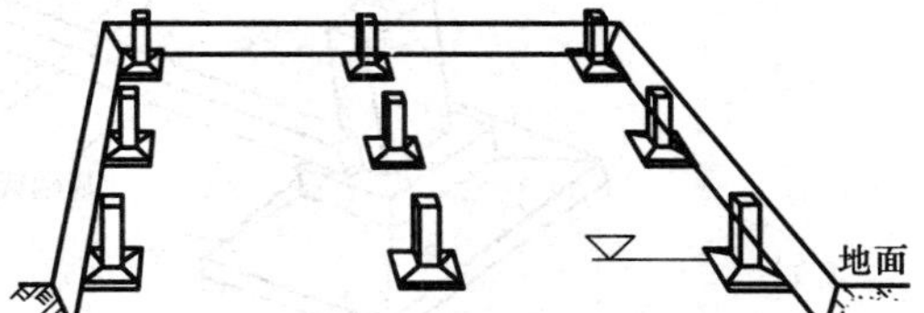

续表

名 词	解 释
钢筋混凝土方桩	多指用钢筋和混凝土浇制成截面为方形的桩
钢筋混凝土防风柱	亦称抗风柱，是支承房屋山墙以承受风荷载的钢筋混凝土柱
钢筋混凝土沟盖板	指长方形的钢筋混凝土板，其尺寸应与沟上口相适应
钢筋混凝土构造柱	钢筋混凝土构造柱亦称抗震构造柱。是现浇抗震结构构件的组成部分，一般设置在砖墙转角处或纵墙横墙轴线的交接处，多为先砌筑砖墙后浇筑混凝土柱，适用于抗震烈度为7°～9°的工业与民用建筑，见下图 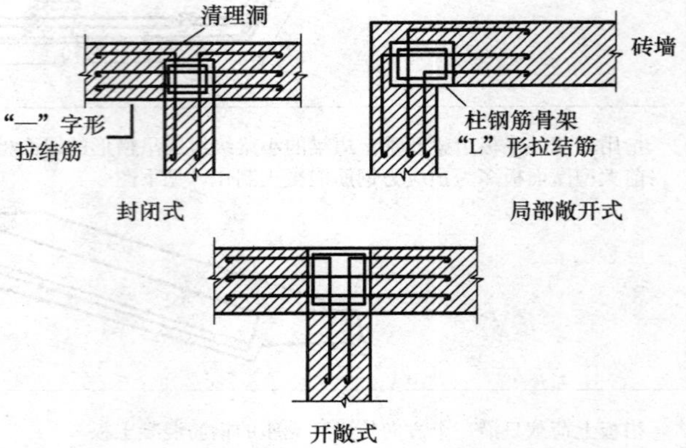 清理洞 “一”字形拉结筋 砖墙 柱钢筋骨架 “L”形拉结筋 封闭式 局部敞开式 开敞式
钢筋混凝土管桩	用钢筋和混凝土浇制而成的管状桩，亦称离心管桩
钢筋混凝土过梁	承受建筑物门窗洞口以上传来荷载的钢筋混凝土构件叫钢筋混凝土过梁，见下图 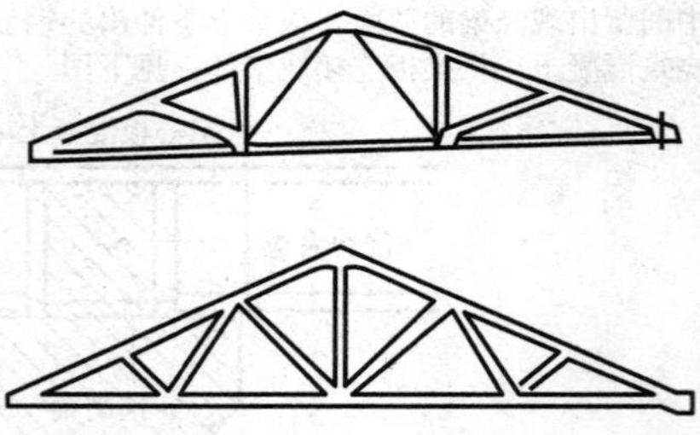
钢筋混凝土基础梁	亦称地基梁。是支承在基础上或桩承台上的梁，主要用做工业厂房的基础，见下图 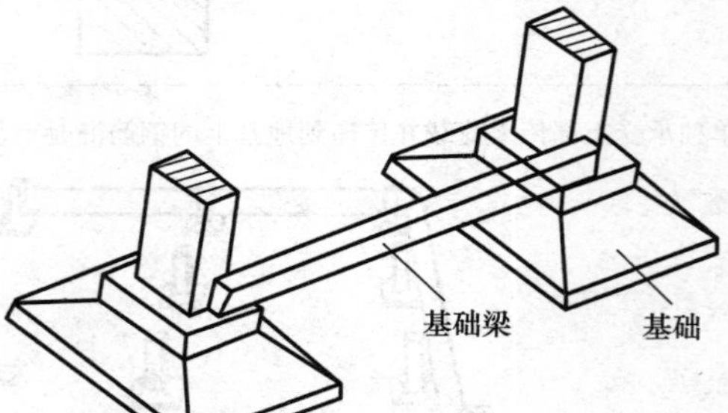 基础梁 基础

续表

名　词	解　释
钢筋混凝土空心板	指沿板跨度方向有通长圆孔或方孔的钢筋混凝土构件，见下图 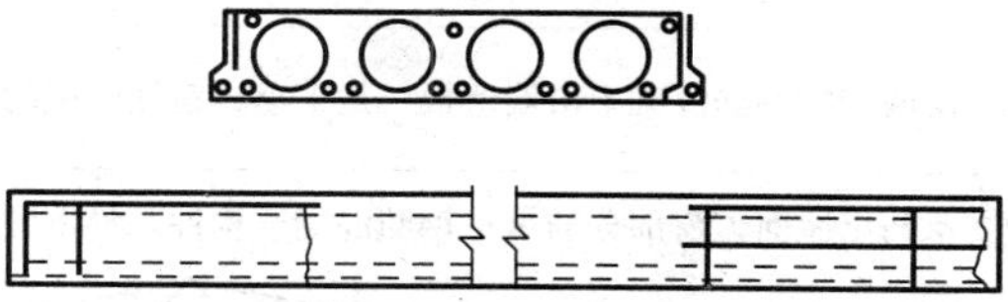
钢筋混凝土拉梁	钢筋混凝土拉梁亦称连系梁，一般不直接承受荷载而将某些构件拉在一起
钢筋混凝土连续梁	三个或三个以上简支支座的钢筋混凝土梁叫钢筋混凝土连续梁，且梁在支座间不断开、连续通过
钢筋混凝土梁	指跨越一定空间，以承受屋盖或楼板、墙传来荷重的钢筋混凝土构件。梁的形式多为矩形、一字形、工字形、十字形
钢筋混凝土檩条	指用钢筋混凝土预制支承屋面基层以上传来荷载的构件
钢筋混凝土楼板（盖）	指多层房屋中楼层间的承重钢筋混凝土结构，有现浇和预制之分
钢筋混凝土楼梯段	指预制钢筋混凝土装配式楼梯的整体踏步板。有空心和实心之分
钢筋混凝土门式刚架	指由三个受力铰连组成的门形刚架
钢筋混凝土牛腿	指钢筋混凝土柱侧面凸出部分，用以支承吊车梁、连系梁、屋架、屋面传来的垂直荷载，它是配筋较多的钢筋混凝土构件，见下图 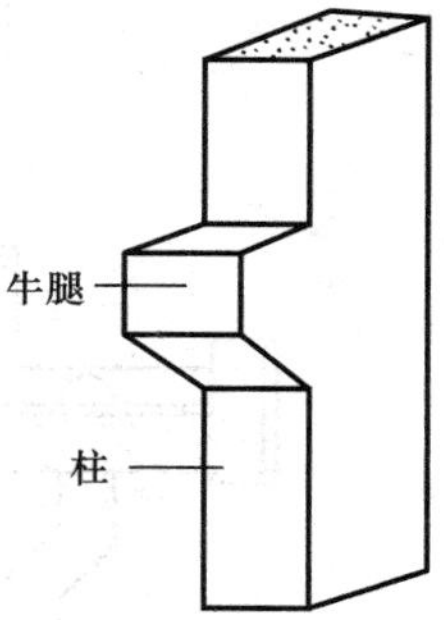 牛腿 柱
钢筋混凝土墙梁	指在房屋中承托承重墙，承受墙体传来的荷载
钢筋混凝土圈梁	指为提高房屋的整体刚度在内外墙上设置的连续封闭的钢筋混凝土梁，见下图 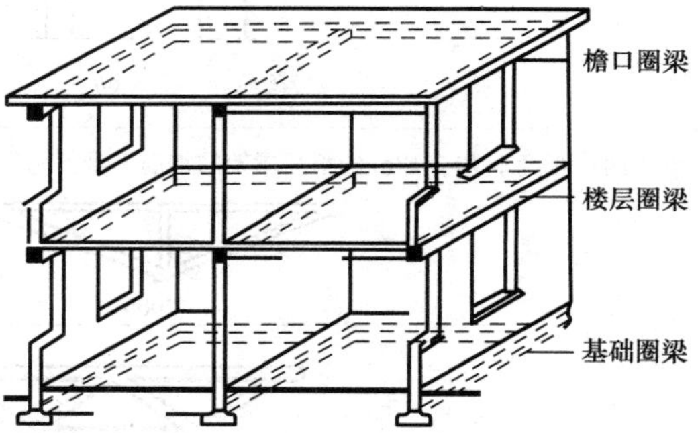 檐口圈梁 楼层圈梁 基础圈梁

续表

名 词	解 释
钢筋混凝土双向板	指荷载沿板的两个方向传递到支座的钢筋混凝土板
钢筋混凝土天窗端壁	指天窗两端的钢筋混凝土山墙壁板，是支承天窗屋面板的承重构件
钢筋混凝土天窗架	指支承凸出屋面天窗部分的承重钢筋混凝土构件，见下图
钢筋混凝土天沟	指接收无组织屋面排水，又可兼作挑檐的屋面排水钢筋混凝土构件，其形状有双机理和单槽排水之分，见下图 12 山墙 （a） （b）
钢筋混凝土托架	指支承两柱跨度不大于12m的承托屋架的钢筋混凝土构件，见下图 12000

续表

名　词	解　释
钢筋混凝土屋架	指支承建筑物屋盖传来荷载的钢筋混凝土构件，见下图 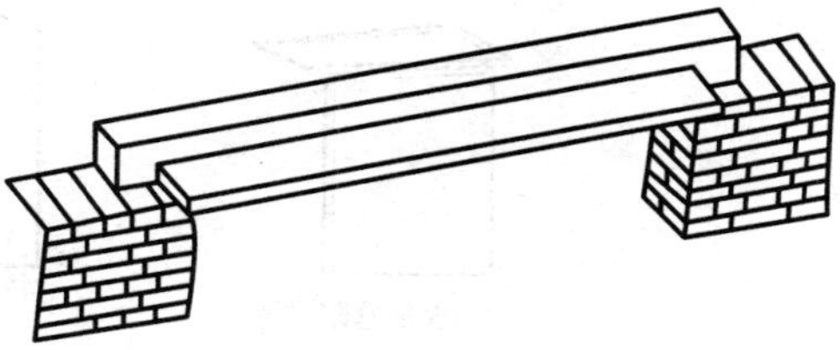
钢筋混凝土屋面梁	指用于屋面结构的梁，有T形、工字形薄腹梁等，见下图 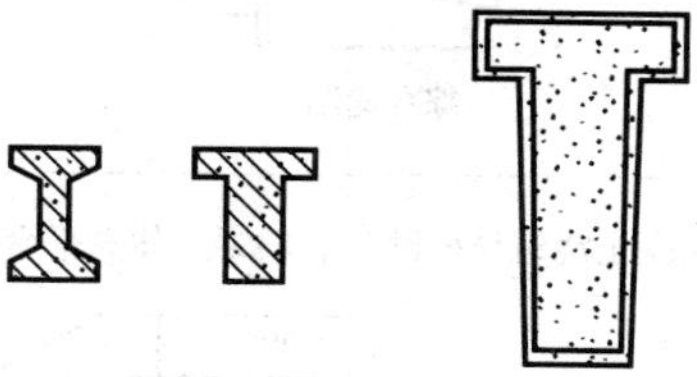
钢筋混凝土悬臂梁	一端固定，而另一端悬空的钢筋混凝土梁叫钢筋混凝土悬臂梁
钢筋混凝土异形梁	指梁断面不规则，有T形、十字形、工字形等的钢筋混凝土梁，见下图 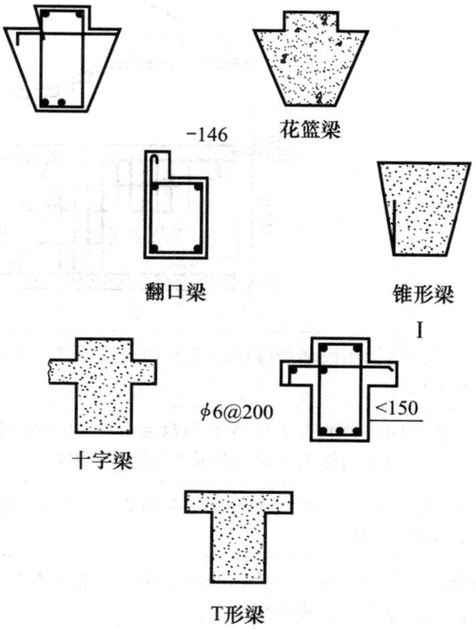 花篮梁 -146 翻口梁 锥形梁 I ϕ6@200 <150 十字梁 T形梁

续表

名词	解释
钢筋混凝土遮阳板	指遮挡阳光的钢筋混凝土构件。一般设置在门窗口上部和两侧，有水平、垂直和斜向之分，见下图 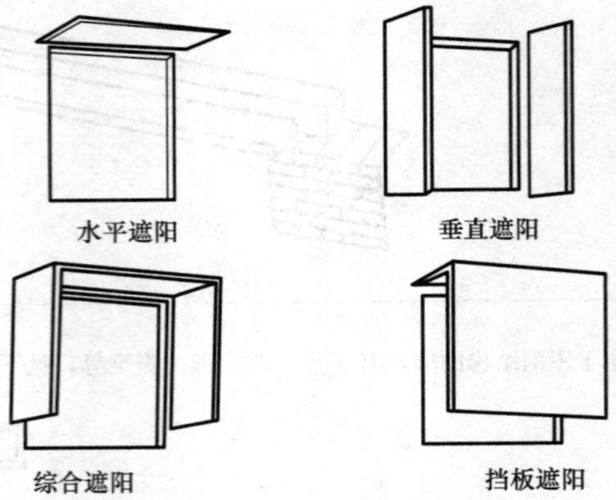 水平遮阳　垂直遮阳 综合遮阳　挡板遮阳
钢筋混凝土整体楼梯	指用现浇混凝土浇筑楼梯踏步、斜梁、休息平台等成一体的钢筋混凝土楼梯，见下图 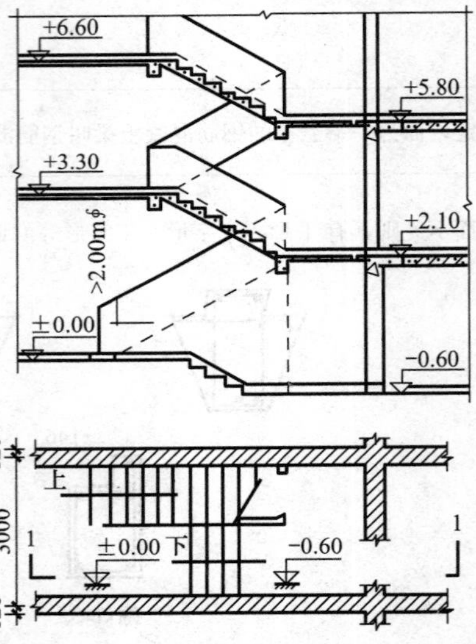 +6.60　+5.80　+3.30　+2.10　>2.00m　±0.00　−0.60 120　3000　120　上　1　±0.00 下　−0.60　1
钢筋混凝土支撑	指支承平面结构用以增加整体刚度、侧向稳定性，传递吊车水平荷载、风荷载及地震纵向力的钢筋混凝土构件
钢筋混凝土柱	主要承受轴向压力的变矩长条形钢盘混凝土构件叫钢筋混凝土柱。一般竖立以支承梁、屋架、楼板等，也可用于墙体内或墙体侧面用以加固墙体或从侧面支承墙体
钢筋混凝土柱支撑	指能加强屋顶横向水平支撑传来的水平荷载、吊车纵向刹车、地震纵向力和增加房屋的纵向刚度的钢筋混凝土构件
钢筋冷加工	钢筋冷加工亦称冷拉，为使钢筋增加强度，节约钢材，一般在常温下用冷拉、冷拔和冷轧的方法，使其屈服点和极限强度提高
钢筋笼	系指按设计桩截面尺寸和长度制作的桩的钢筋骨架
钢筋损耗率	钢筋在正常施工中截配料合理损耗（不能利用部分）的数量与按设计图纸计算所得总量的百分比

续表

名　词	解　释
钢筋砖过梁	指在砖过梁中的砖缝内配置钢筋、砂浆不低于M5.0的平砌过梁，见下图 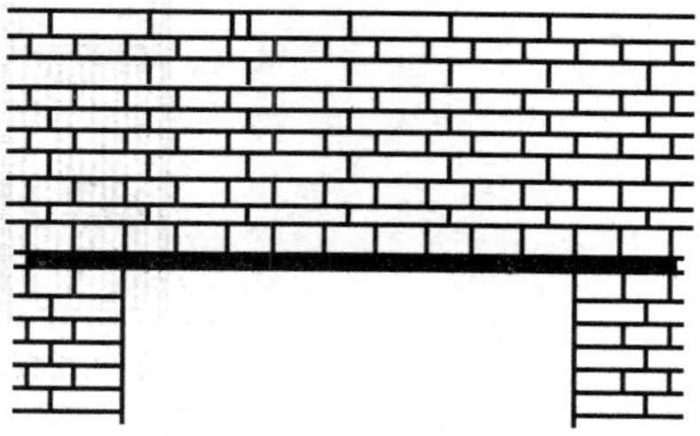
钢檩条	是指设置在屋架间、山墙间或屋架和山墙间的小梁，用以支承椽子或屋面板的钢构件。有组成式和型钢式两种。一般圆钢式按组成式计算
钢檩托	指钢檩条搁在钢屋架上弦的斜面上，需要有一个三角形的钢件托住，称钢檩托
钢漏斗	指工业厂房或构筑物内制作的大型钢漏斗，供松散物质砂、石料等装车运输之用
钢门窗	指用型钢和薄壁空腹型钢经加工制作而成的钢门窗。较木制门窗更具坚固、耐久、耐火和密闭等优点
钢模板支撑系统	是指固定钢模板位置、标高的桁架，是支撑杆等的统称，见下图 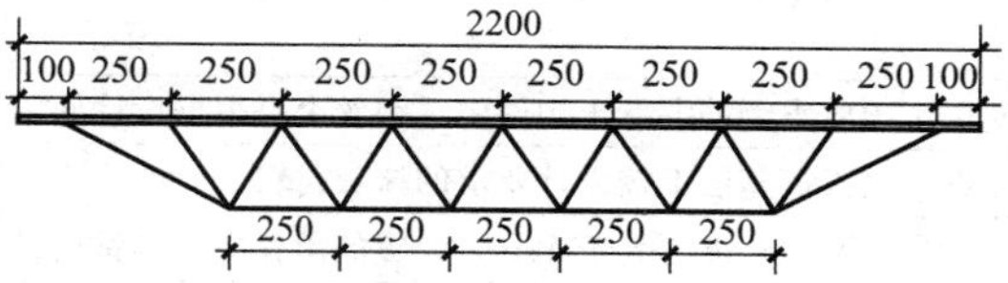 2200 100 250 250 250 250 250 250 250 250 100 250 250 250 250 250
钢木二面板防寒门	指用型钢做骨架两面钉木板，中间夹防寒材料的大门，有平开和推拉之分，见下图 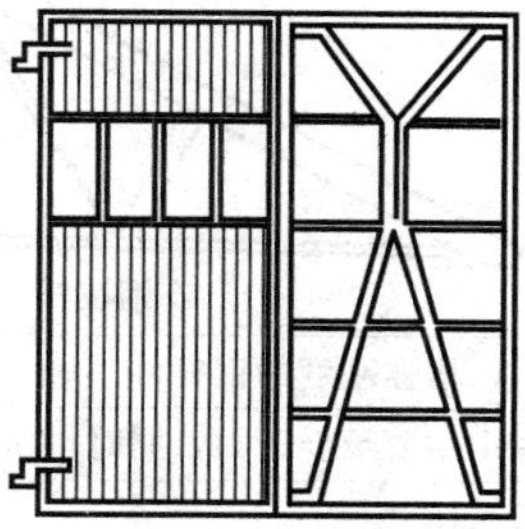
钢木屋架	用木料和钢材混合制作而成的屋架，一般受压杆件为木材，受拉杆件为钢材，见下图 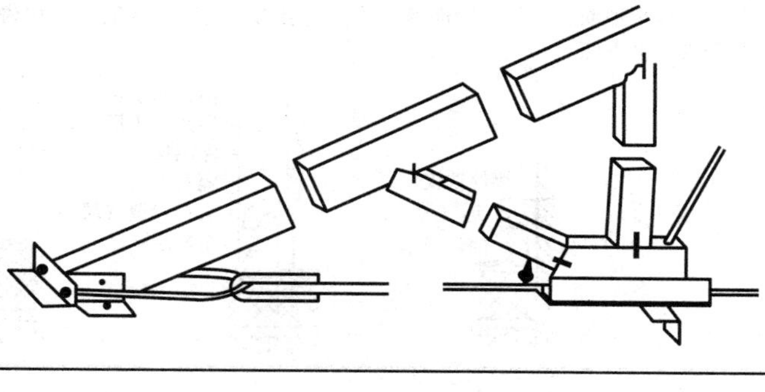

续表

名　词	解　释
钢木一面板防风门	指用型钢做骨架一面钉木板的钢木混合门，有推拉和平开之分，见下图 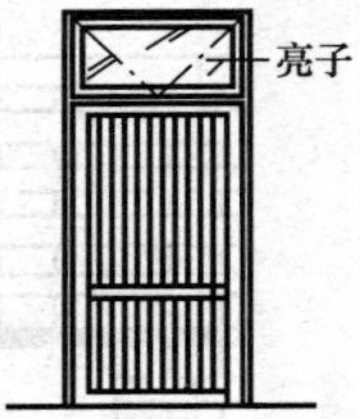 亮子 三冒头拼板门
钢木折叠门	指用型钢做骨架钉木板的折叠门。可推移到一侧，传动方式简单，开启方便，见下图 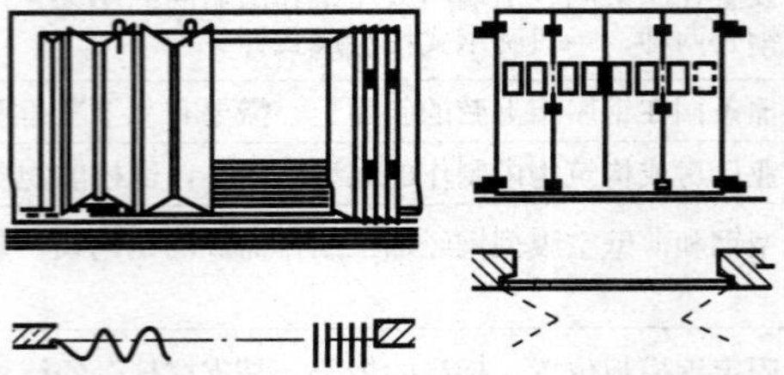
钢圈梁	抗震加固钢结构之一，用型钢作圈梁将建筑物“箍”起来，一般在每层楼板上皮沿外墙周边设置
钢丝束	使用于预应力钢筋混凝土构件中，钢丝束是根据设计使用锚具不同，由多根钢绞线拧成钢丝束
钢丝网天棚抹灰	在钢丝网天棚基层上按设计要求的抹灰材料进行的施工叫钢丝网天棚抹灰
钢托架	是指支承两柱跨度不大于12m，设置的承托屋架的钢构件
钢屋架	是指用钢材（型钢）制作的承受屋面全部荷载的承重结构，见下图 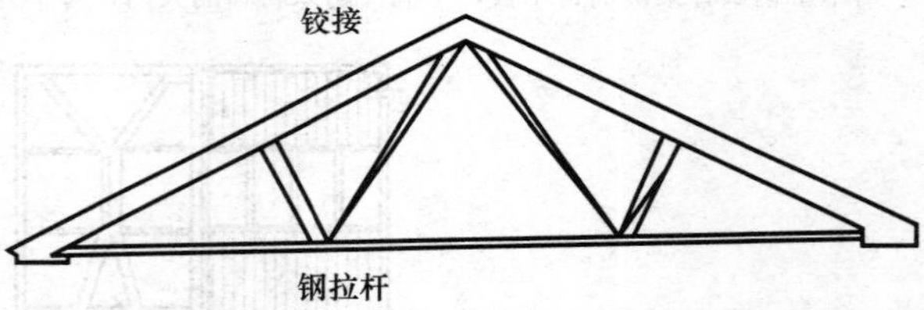 铰接 钢拉杆
钢支撑	指加强横向水平，增强刚度的钢杆件
钢柱	是指钢结构工程中主要承受压力，同时也承受弯矩的竖向杆件
搁栅	搁栅即龙骨，地木楞
格椽	指大小挂瓦条。也就是椽带挂瓦条
隔离层	隔离层是指使腐蚀性材料和非腐蚀性材料隔离的构造层
隔气层	为减少地面、墙体或屋面透气的构造层叫隔气层。一般隔气层做法：刷冷底子油一度，再刷热沥青，见下图  镀锌铁皮 透气缝 油毡泛水 油毡防水层 砂浆找平层 保温层 隔蒸汽层 大料径透气层 结构层 镀锌铁皮 封檐板 防腐木砖 砌砖 铁皮挡板

续表

名　词	解　释
工程保险费	为转移工程项目建设的意外风险，在建设期内对建筑工程、安装工程、机械设备和人身安全进行投保而发生的费用
工程变更	合同实施过程中由发包人提出或由承包人提出，经发包人批准的对合同工程的工作内容、工程数量、质量要求、施工顺序与时间、施工条件、施工工艺或其他特征及合同条件等的改变
工程费用	建设期内直接用于工程建造、设备购置及其安装的建设投资
工程计价	按照法律法规和标准等规定的程序、方法和依据，对工程造价及其构成内容进行的预测或确定
工程计价定额	直接用于工程计价的定额或指标，包括预算定额、概算定额、概算指标和投资估算指标
工程计价依据	与计价内容、计价方法和价格标准相关的工程计量计价标准，工程计价定额及工程造价信息等
工程计量	发承包双方根据合同约定，对承包人完成合同工程的数量进行的计算和确认
工程建设其他费用	建设期发生的与土地使用权取得、整个工程项目建设以及未来生产经营有关的构成建设投资但不包括在工程费用中的费用
工程结算	发承包双方根据国家有关法律、法规规定和合同约定，对合同工程实施中、终止时、已完工后的工程项目进行的合同价款计算、调整和确认
工程进度款	发包人在合同工程施工过程中，按照合同约定对付款周期内承包人完成的合同价款给予支付的款项，也是合同价款期中结算支付
工程量清单	建设工程中载明各分部分项工程和措施项目名称、单位、特征和工程数量等的明细表
工程索赔	工程承包合同履行中，当事人一方因非己方的原因而遭受经济损失或工期延误，按照合同约定或法律规定，应由对方承担责任，而向对方提出工期和（或）费用补偿要求的行为
工程消耗量定额	完成规定计量单位的合格建筑安装产品所消耗的人工、材料、施工机械台班的数量标准
工程预付款	由发包人按照合同约定，在正式开工前由发包人预先支付给承包人，用于购买工程施工所需的材料和组织施工机械和人员进场的价款
工程造价	工程项目在建设期预计或实际支出的建设费用
工程造价成果质量鉴定	工程造价管理机构对投诉的工程造价成果文件进行质量鉴定，并提出质量鉴定意见的管理活动
工程造价管理	综合运用管理学、经济学和工程技术等方面的知识与技能，对工程造价进行预测、计划、控制、核算、分析和评价等的工作过程
工程造价鉴定	工程造价咨询企业接受人民法院、仲裁机关委托，对施工合同纠纷案件中的工程造价争议进行的鉴别和评定，并提供鉴定意见的活动
工程造价信息	工程造价管理机构发布的建设工程人工、材料、工程设备、施工机械台班的价格信息，以及各类工程的造价指数、指标等
工程造价指数	反映一定时期的工程造价相对于某一固定时期或上一时期工程造价的变化方向、趋势和程度的比值或比率
工程造价咨询费	工程造价咨询人接受委托，编制与审核工程概算、工程预算、工程量清单、工程结算、竣工决算等计价文件，以及从事建设各阶段工程造价管理的咨询服务、出具工程造价成果文件等收取的费用
工程造价咨询企业	取得工程造价咨询资质等级证书，接受委托从事建设工程造价咨询活动的企业
工具式钢模板	亦称钢型板、钢壳子板。指用作浇筑混凝土及砌筑砖石拱时的模子。其形状与构件相适应，并在施工中能够多次使用基本保持原来形状，而逐渐转移其价值的工具性材料
工期定额	在正常的施工技术和组织条件下，完成建设项目和各类工程所需的工期标准
工期索赔	工程承包合同履行中，由于非承包人原因造成工期延误，按照合同约定或法律规定，承包人向发包人提出合同工期补偿要求的行为

续表

名　词	解　释
工日单价	直接从事建筑安装工程施工的生产工人在法定工作日每工日的工资、津贴及奖金等
工日消耗量	在正常施工生产条件下，完成定额规定计量单位的建筑安装产品所消耗的生产工人的工日数量
工业条形墙板	指预制混凝土条形板一般宽度为0.6～1.5m竖向装配的墙板，长度多为一层楼的高度
工作面	指直接操作和活动地点的场所
拱板	指拱形或半圆形的现浇板，或薄壳板
拱形钢筋混凝土屋架	上弦为弧形的预制钢筋混凝土屋架叫拱形钢筋混凝土屋架，见下图 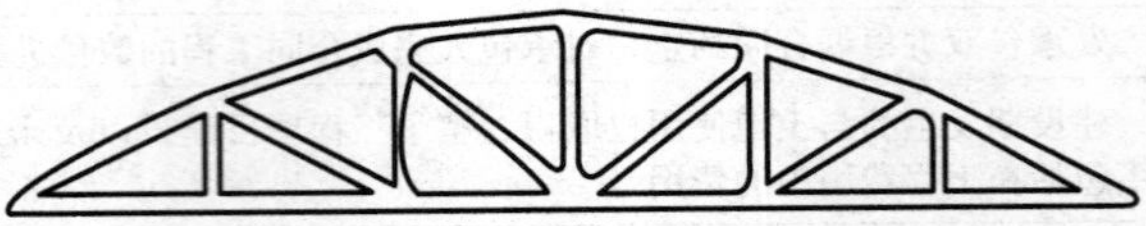
拱形梁	指梁的断面为矩形或异形，沿长的方向，向上拱起构成弧拱形或半圆拱形的梁
拱形屋面板	指预制的弧形屋面板，上弧为弧形板，下弦为平板形成板式屋架的构件，见下图 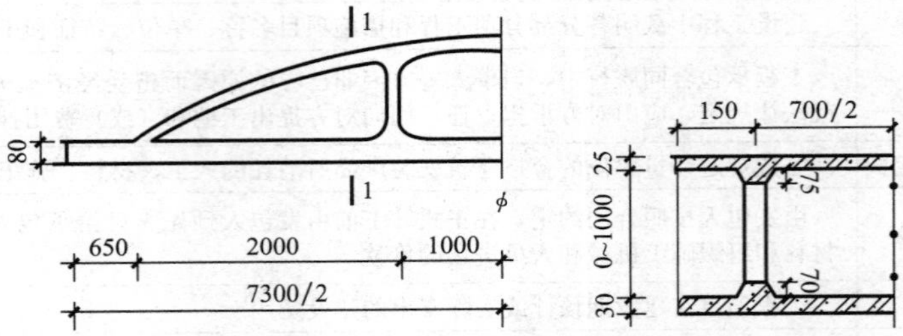
勾缝	指砖石等墙面不抹灰的清水墙，为防止雨水浸入墙体内，用1∶1或1∶2水泥细砂浆（其砂浆内也可加颜色，变换色调以增加美感）进行的嵌缝。其形式有嵌平缝、平凹缝、斜缝、弧形缝等。另外还有用砖砌砂浆随砌随勾，叫作原浆勾缝
沟槽	指凡图示沟底宽在3m以内，且沟槽长大于槽宽三倍以上的
构件安装	指按照设计规定的部位、高度，将构件安装固定好的施工过程，见下图 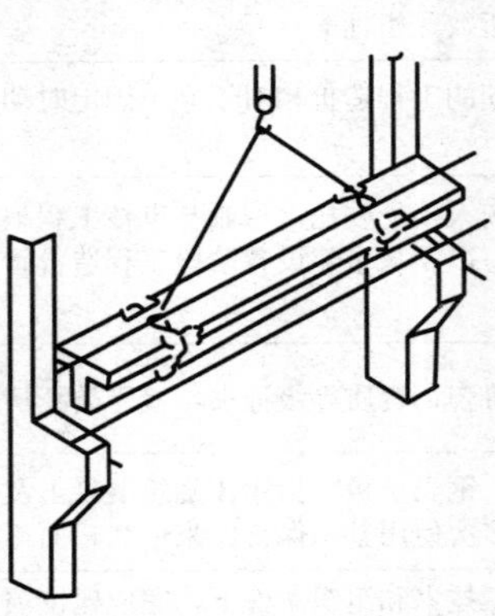

续表

名　词	解　释
构件堆放	指根据施工组织设计规定的位置或构件安装平面位置图，按构件型号、吊装顺序依次按规定的方法放置构件
构件翻身	亦称构件扶直，指将构件预制位置翻至可以吊装的位置。如屋架预制时为平面的，吊装时必须立直起来，见下图 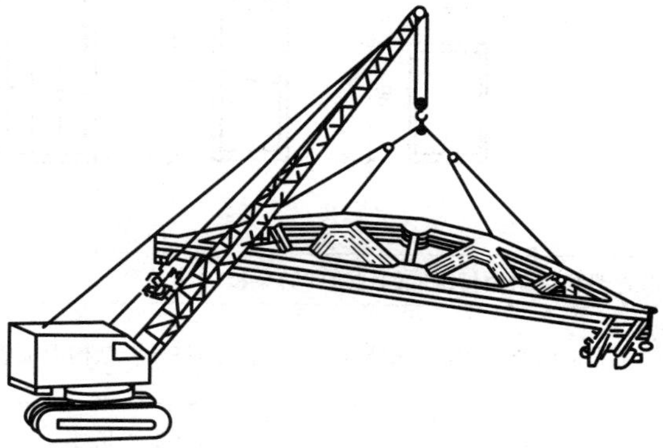
构件分类	按构件的外部形状、重量和体积，并根据运输车辆装载虚实、能力对构件进行分类。全国统一基础定额中钢筋混凝土构件运输分六类，金属结构构件运输分三类
构件加固	指为防止构件在吊装过程中发生断裂、翘曲而增加的措施，见下图 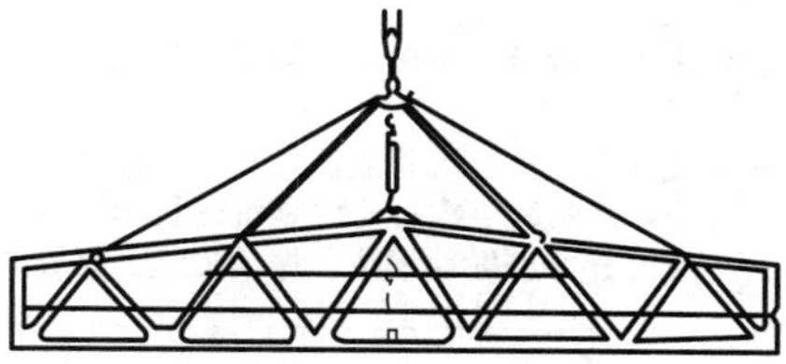
构件接头灌缝	在预制钢筋混凝土构件吊装过程中，将分段和分部位预制的构件用相应强度等级混凝土连接的施工过程，见下图 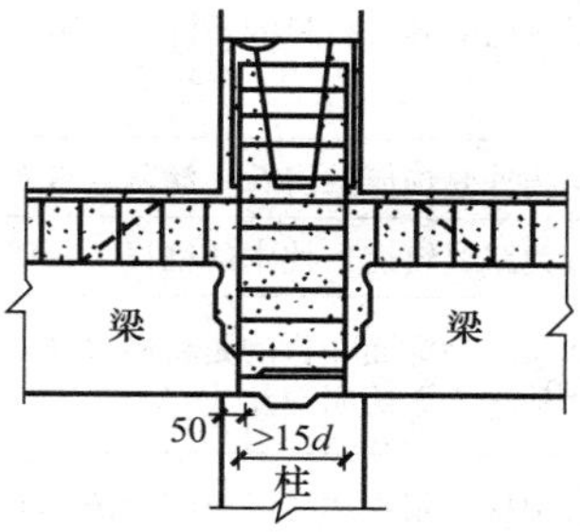 梁　梁　50　>15d　柱
构件就位	指将构件按设计规定位置安放
构件拼装	将分散的构件、杆件组装成整体构件的施工过程叫构件拼装
构件运输	指从加工厂将预制钢筋混凝土或金属板件运输到安装施工现场的装、运、卸过程的统称
构件坐浆	指在构件安装位置铺设砂浆使构件稳固并与支承体结合成一个整体
构造柱	亦称抗震构造柱。是现浇钢筋混凝土抗震结构构件组成部分。一般放置在墙转角处，或纵横轴线墙的交接处。多用于抗震烈度为7°～9°地区的建筑物中

续表

名　词	解　释
箍筋	亦称钢箍，指横向配置的箍状钢筋，为固定受力筋的钢筋。在梁内可承受剪力，限制斜裂缝的扩展，在柱内可以加强受压钢筋的稳定性，其形状有开口、闭口和螺旋形等，见下图
骨架板材建筑	以骨架和预制板材组成的建筑叫骨架板材建筑
固定资产投资方向调节税	国家为贯彻产业政策、引导投资方向、调整投资结构而征收的投资方向调整税金
挂镜线	亦称画镜线，指围绕墙壁装设与窗顶或门顶平齐的水平条，用以挂镜框和图片、字画用的，上留槽，用以固定吊钩
挂瓦条水泥瓦顶	屋面工程做法之一，将水泥瓦直接挂在挂瓦条上，挂瓦条有三种形式：一是在望板、油毡、顺水条上钉挂瓦条，二是在密排屋架的上弦钉挂瓦条，三是在中式木构架的稀钉椽子上钉挂瓦条。后两种做法又称“干挂水泥瓦”
灌砂	地下构筑物竣工完成后，拔出井点管所留的孔应及时用粗砂填实
灌注桩	灌注桩亦称现场灌注桩、沉管灌注桩和钻孔灌注桩。指用钻孔机（或人工钻孔）成孔后，将钢筋笼放入沉管内，然后随浇混凝土将钢沉管拔出，或不加钢筋笼，直接将混凝土倒入桩孔经振动而成的桩。一般可分冲击振动灌注、振动灌注、钻孔灌注和爆扩灌注桩等
规费	按国家法律、法规规定，由省级政府和省级有关权力部门规定施工单位必须缴纳，应计入建筑安装工程造价的费用
硅酸盐砖	以硅质材料和石灰为主要原料，必要时加入集料和适量石膏，压制成型，经温热处理而制成的建筑用砖。根据所用的硅质材料的不同，有灰砂砖、粉煤灰砖、煤渣砖、矿渣砖等，其规格与黏土砖相同
硅藻土	是由硅藻和动物外壳构成的岩石。淡灰色或黄白色，多孔而质轻，工业用作过滤、粘结、隔热
轨道铺拆费	塔式起重机行驶路线轨道、枕木的铺设、拆除和折旧费用
滚涂	聚合物水泥砂浆滚涂饰面，目的是将砂浆抹在墙体表面，然后用滚子滚出花纹，再喷罩甲级硅酸钠疏水剂，这种施工方法叫滚涂
滚涂饰面	是在水泥砂浆中掺有聚乙烯醇缩甲醛形成的新的聚合砂浆，抹在墙面，再用辊子滚出花纹，即为滚涂墙面
过氯乙烯树脂	即为氯化聚乙烯，由聚氯乙烯与氯反应而得。含氯量较聚氯乙烯为高，耐腐蚀，不易变化，具有比聚乙烯更好的溶解性能。主要用于防腐，也可用铅丹、锌铬黄、铅粉、颜料以及含氧化铁等颜料配制防锈漆和底漆
过人洞	不安装门框及门扇的墙洞叫过人洞
H 型钢	指用钢板焊接成 H 形状的半成品，供大型钢柱中使用

续表

名　词	解　释
含水量	指土壤中含水的数量
含樘量	指每 100m^2 洞口面积含有门或窗的樘楼
夯击能量	指地基垂锤夯实。垂锤夯实主要设备为夯锤和起重机械（包括钢索、吊钩等）。夯锤重量一般为 1.5～3t，锤底直径一般为 1.13～1.5m。锤重和底面积关系应符合锤重在底面上的单位静压力为 0.15～0.2kgf/cm^2
夯实后体积	指回填土夯实后的体积
夯填土	指回填后，经人工或机械方法增加回填土密实度的方法叫夯填土
盒子建筑	指在工厂预制的整间盒子形结构的建筑。一般在工厂不但可以完成盒子式的起居室、卧室、卫生间和厨房及楼梯的结构，而且内部装修也可以在工厂事先做好，甚至包括家具、地毯、窗帘等物品，只要吊装完成即可使用，见下图 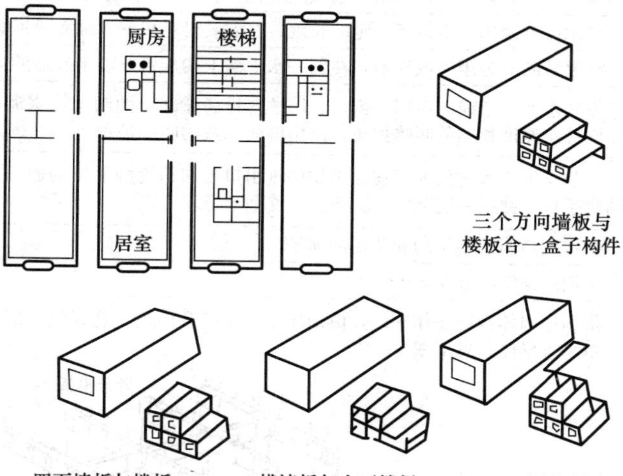
横档木	指两窗作竖向组合时，两窗间作两框固定用的枋木，见下图 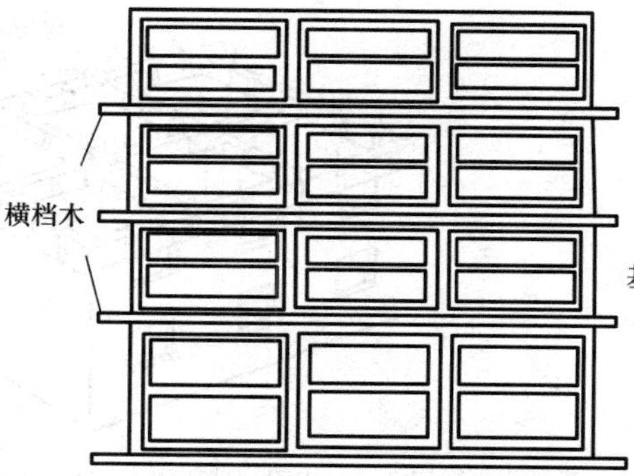

续表

名　词	解　释
横向框架	指柱和梁组成横向承重框架，纵向可设连系梁，或不设连系梁直接用楼板连系，多为预制装配而成。也有预制和现浇结合而成，见下图 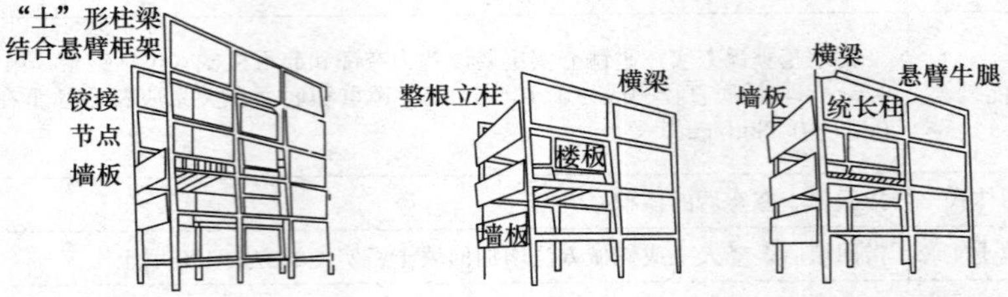 土字形柱梁结合带悬壁梁框架骨架　　长柱单跨梁骨架　　长柱悬臂牛腿骨架
红丹	亦称铅，四氧化三铅，是一氧化铅粉在空气中加热氧化而得
红土	是由赤铁矿研细而得的暗红色或淡红色粉状物，多用于绘画和建筑工程
后备长度	指木屋架制作时多备了一定的长度，在安装时可根据实际需要锯短一点，这种长度称后备长度
弧形梁	指梁的断面为矩形或异形，在同一水平面上构成弧形或半圆形的梁
护角线	亦称水泥护角线。在门、窗口、墙柱容易碰撞部位的阳角抹水泥砂浆保护角层，叫护角线。与墙面抹灰厚度相同的叫暗护角，凸出墙面抹灰的叫明护角
护头棚	为防止施工落物伤人，在建筑物的进出口处和靠近脚手架的通道处搭设的棚式防护架，其上满铺脚手板，并铺一层苇席，其下作为交通通道
花池	指在大门两边砌筑的养花用的池子
花台	指用砖砌筑的放花砖砌体
滑模建筑	指利用墙体内钢筋作导杆，由油压千斤顶提升模板，连续浇筑混凝土墙体的施工方法。适用于简单垂直形体，见下图 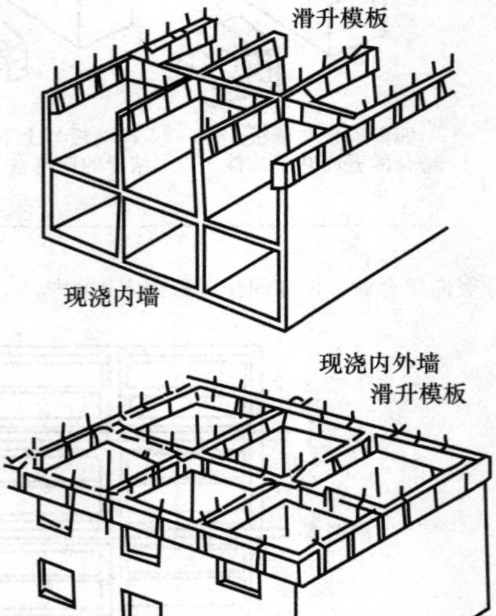 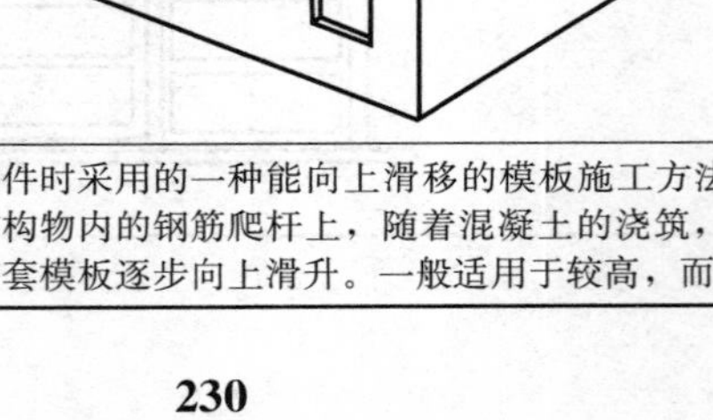
滑升模板	亦称滑模，指现浇钢筋构件时采用的一种能向上滑移的模板施工方法。将模板、起重架、工作台、千斤顶和油泵悬挂在结构物内的钢筋爬杆上，随着混凝土的浇筑，随开动油泵，提升固定于筋爬杆上的千斤顶，而将整套模板逐步向上滑升。一般适用于较高，而造型简单的建筑物

续表

名 词	解 释
滑石粉	指主要成分为含水硅酸镁的白色润滑性和吸附性较强的粉末，在建筑施工中主要用作塑料和涂料的填充剂
化粪池	指粪便通过排水管流入室外地下有处理粪便功能的池子
环箍竖铁	砖烟囱抗震加固工程做法，按设计用扁钢纵横交错成网状将烟囱“箍”起，以增加其抗震能力
环境影响评价费	在工程项目投资决策过程中，对其进行环境污染或影响评价所需的费用
环氧玻璃钢	是指以环氧树脂与增强剂玻璃布加固化剂、增韧剂、稀释剂、填料和细集料配制而成的。根据工程的防腐蚀性能不同分：酚醛玻璃钢、环氧煤焦油玻璃钢、环氧呋喃玻璃钢。但使用的辅助材料有所不同。例如，环氧树脂固化剂有：乙二胺、二乙烯三胺、多乙烯多胺、间苯二胺、120β—羟基乙基乙二胺；稀释剂有：乙醇、丙酮、苯甲苯、二甲苯；增韧剂有：磷酸三苯脂、亚磷酸三苯脂、聚酯树脂、聚酰胺。酚醛树脂的固化剂有：对甲苯硫酰氯、硫酸乙酯；增韧剂有：苯二甲酸二丁酯、桐油松香、桐油钙松香；稀释剂是无水乙醇。呋喃树脂固化剂、增韧剂同酚醛树脂；稀释剂为乙醇、丙酮、二甲苯或二者混合使用
环氧打底料	是以环氧树脂为主要胶结材料，按比例增加稀释剂和增韧剂乙二胺、丙酮、石英粉拌和而成的稀料。一般做隔离层用
环氧酚醛胶泥	是以环氧树脂、酚醛树脂为胶结材料，加稀释剂和增韧剂乙二胺、丙酮及粉料石英粉拌和均匀而成的耐腐蚀性强的灌缝材料
环氧呋喃胶泥	是以环氧树脂、呋喃树脂为胶结材料，加稀释剂和增韧剂乙二胺、丙酮及粉料拌和均匀而成的。其性质基本同环氧树脂胶泥的胶结材料
环氧煤焦油胶泥	是以环氧树脂、煤焦油，加乙二胺、丙酮、二甲苯及石英粉拌和均匀而成的，较环氧树脂胶泥的耐酸性强的胶结材料
环氧树脂	环氧树脂分子中含有环氧基的合成树脂。其特点是粘结力强，可以粘结木材、陶瓷、玻璃、金属，也可用作涂料、防腐蚀和电绝缘材料及制塑料的原料
环氧树脂胶泥	是以环氧树脂为胶结材料，加固化剂和增韧剂乙二胺、丙酮、石英粉拌和均匀而成的胶结材料。具有耐腐蚀性、抗水性、绝缘性，且强度高，附着性强的优点
缓台	指框架轻板工程中一种平台板
换柱	将承载力不足或严重损坏的木柱撤下来，换上新柱
灰砂砖	指用砂（或细砂岩和石灰）为主要原料，也可加入着色剂等外加剂，压制成型，饱合蒸气蒸压养护制成的建筑用砖。自然密度为1800～1900kg/m³，其耐久性良好，可制成不同的颜色，并具有外形美观、棱角整齐和表面光洁的特点，用于一般工业与民用建筑墙体，但不适用于温度长期在200℃以上及急冷急热，或有酸性介质侵蚀的建筑部位，其规格与黏土砖相同
灰水比	指混凝土配合比中的一种比值 每立方米混凝土的水泥用量 C；每立方米混凝土的用水量 W
灰土	亦称石灰土，指由熟石灰和砂质黏土拌和后，分层夯实而成，具有一定强度，不易透水，一般做房屋的基础、地面和路面垫层
灰土地	指石灰与黏土干拌、夯实的地面。其灰土比例为3∶7或2∶8
灰土挤密桩	一种在软土层作业主要是为加强地基基础，密实土壤，提高地基整体耐力的一种桩
灰土桩	也称灰土挤密桩。指600kg的柴油打桩（或落锤），按设计要求的桩径打入土中，拔出钢管后，在孔中填灌2∶8或3∶7（灰土的体积比）灰土夯筑而成的桩 一般多用于加固杂填土、湿陷性黄土、新填土地基。桩径为250～400mm、深度4～6m
灰渣地	指用石灰和炉渣搅拌而成的地面。灰渣比为1∶2，厚度为60～100mm
灰渣三合土	指石灰、炉渣（砂）和碎砖（石），其比例为1∶2∶4，厚度为80～150mm，可加水泥随打随抹，使其成为光平的地面
回填土	地基基础砌完后，将槽、坑剩余的空间用土填至设计规定标高的土方叫回填土
回转半径	起重机械在起重量不变的情况下，从所能吊装物的起吊点到机械起吊中心的距离

续表

名 词	解 释
回转扣件	指用两根钢管成角度的扣件，见下图 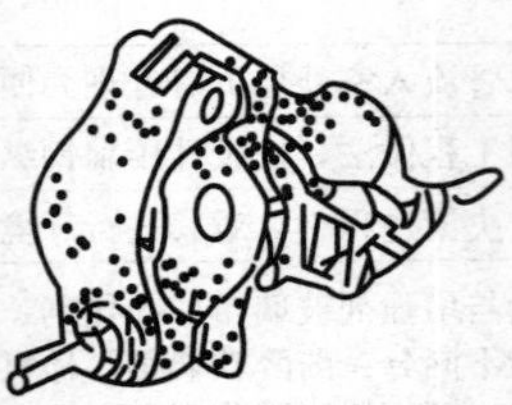
混合结构	是指建筑物结构主要承重构件，所使用的材料不是单一的，而是由不同材料混合制作的。目前一般是指砖混结构。墙体为砖墙，楼层和屋面为现浇或预制钢筋混凝土构件。常用于六层以下多层建筑
混合砂浆	指由水泥、石灰膏、砂、水按一定的配合比例调制拌和均匀而成的砂浆，一般常用于要求不高的砌体和抹灰工程
混凝土	混凝土亦称人工石料，它是用胶凝材料（水泥或其他胶结材料）将集料（砂、石子）胶结成整体的固体材料的总称，见下图 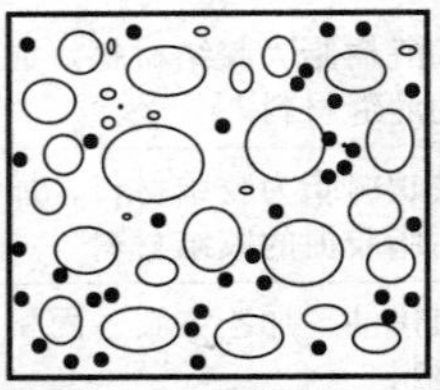
混凝土板灌缝	指安装钢筋混凝土时，板与板之间及板头间的空缝灌浆填空的施工
混凝土挡土墙	能防止土体滑坡、坍塌并承受土压力的混凝土构筑物叫混凝土挡土墙
混凝土地面	指在三合土或毛石垫层上，做 60～150mm 厚的混凝土面层
混凝土扶手	指由栏杆支承的上、下楼梯时依附之用的混凝土构件
混凝土工程	是指混凝土制作工程，分为工厂预制、现场预制和现场灌制三种。有钢筋混凝土、无筋混凝土、毛石混凝土、矿渣混凝土和轻质混凝土等种类
混凝土构件	指在建筑物和构筑物中为承受各种荷载而设置的地基基础梁、柱子、楼梯、屋架、屋面板、天窗架等构件
混凝土漏空花格	指用模板拼制成花纹图案，然后用 1∶2 水泥砂浆或强度等级 20 细石混凝土一次浇制而成的混凝土装饰构件，见下图 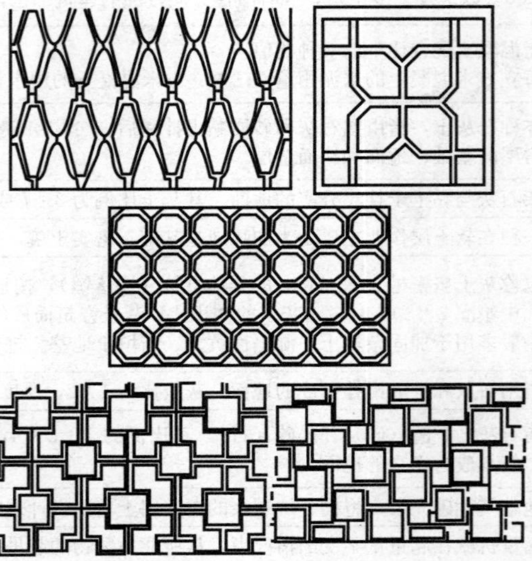

续表

名　词	解　释
混凝土天棚抹灰	在混凝土基层上按设计要求的抹灰材料进行的施工叫混凝土天棚抹灰
混凝土小型构件	指单件体积在 $0.1m^3$ 以内的构件
混凝土预制构件	指预先将各种构件（如梁、板、柱、楼梯、楼板、屋架等）在构件场或工地预制，等达到规定强度时，再运到施工现场进行吊装，装配成整体的构件
混水砖墙	指抹灰的砖墙面，见下图 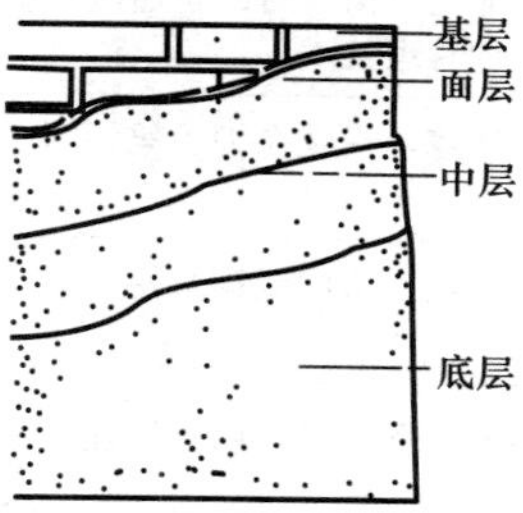 基层 面层 中层 底层
活瓣桩尖	沉管灌注桩经常采用的一种桩尖，其特点是周转使用和简单方便。这种桩尖形似未开放的花苞，在打桩之前，这种桩尖被安装在钢管下端，同时被沉人地面以下，其作用为减小钢管下沉的阻力。当灌注混凝土时这种桩尖的花瓣因钢管提升而自动张开，连同钢管随灌混凝土随振捣随提升
火雷管	指受摩擦、撞击或加热时引起爆炸的材料
积水	指炮孔周围的雨水流入炮孔内的水
基本预备费	投资估算或工程概算阶段预留的，由于工程实施中不可预见的工程变更及洽商、一般自然灾害处理、地下障碍物处理、超规超限设备运输等而可能增加的费用
基础垫层	指传递基础荷重至地基上的构造层，一般分为素混凝土、灰土和钢筋混凝土垫层
级配密实系数	混凝土工程或碎石垫层工程都存在粗骨料和细骨料的搭配问题，也可解释为不同粒径的碎石（卵石）之间的空隙由合适用量的粗细砂填充，级配密实系数是考核粗细骨料最佳状态的搭配以求得最高的密实度的一个技术参数
极限压碎强度	指最大的压碎限度
脊瓦	覆盖屋脊的瓦叫脊瓦。有人字形、马鞍形和圆形三种：长度在 300～450mm，宽度 180～230mm。有黏土、水泥和石棉之分，见下图 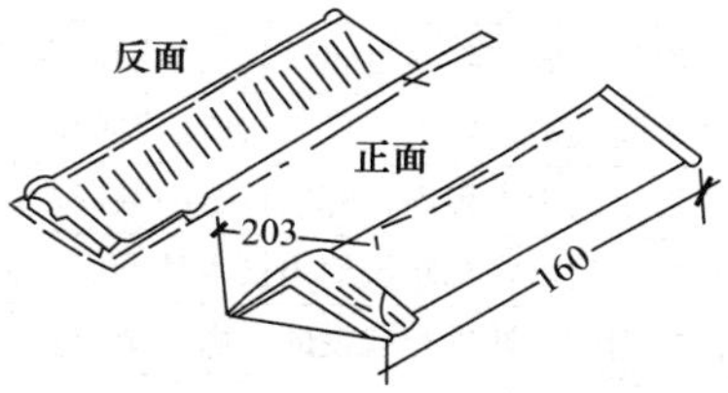 反面 正面 203 160
计日工费用	在施工过程中，承包人完成发包人提出的工程合同范围以外的零星项目或工作，按照合同中约定的单价计价形成的费用
加浆一次抹光	指在混凝土地面、垫层或散水浇制时，将混凝土铺平，振捣出浆水后，按 1：1 水泥比砂，5mm 厚随之抹平压光
加木风撑	在旧有的两榀屋架间增设的垂直木制剪刀撑，用以增加屋架的侧向稳定性和抗水平力的能力
加气混凝土	掺有加气剂的混凝土叫作加气混凝土。用松脂酸钠和环烷酸皂等作加气剂可以提高混凝土结硬后的抗渗性、抗冻性及耐久性，主要用于路面海港工程。另一种，在砂浆中掺入铅粉或双氧水等加气剂制成密度小、隔热性能良好的加气混凝土，作为建筑物的围护结构及热力设备、蒸气设备的隔热保温材料

续表

名　词	解　释
加气混凝土块	是指掺有加气剂以提高混凝土凝结后的抗渗性、抗冻性及耐久性，经搅拌均匀在模内成型、硬化、凝固而成的保温隔热材料
加气混凝土碎块保温层	以混凝土碎块为主要材料，加入松香、酸钠或环烷酸皂等加气剂，经搅拌、成型、养护而成的混凝土碎块保温材料的构造层
价差预备费	为在建设期内利率、汇率或价格等因素的变化而预留的可能增加的费用
价值工程	以提高产品或作业的价值为目的，通过有组织的创造性工作，用最低的寿命周期成本，实现使用者所需功能的一种管理技术
剪刀撑	亦称十字撑、十字盖，指设在脚手架外侧交叉成十字的“叉”支斜撑，与地面形成45°或60°的夹角
剪力墙	也称抗风墙或抗震墙，房屋或构筑物中主要承受风或地震产生的水平力的墙体，一般用钢筋混凝土做成
检查洞	指设在天棚一角的方形洞口，以备修理天棚基层、电气时上人用，也可做通风、排气之用，见下图 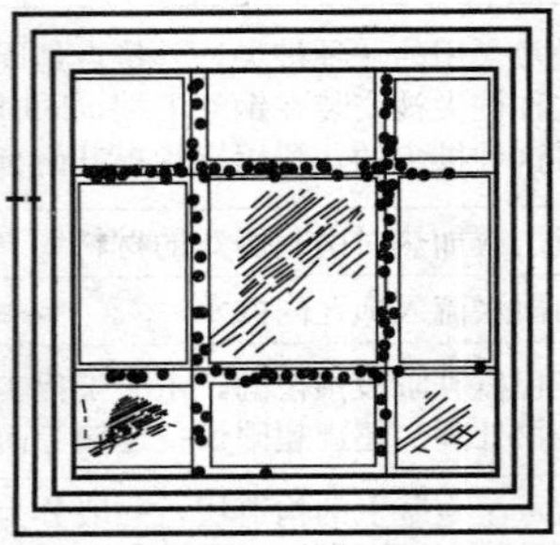
检查井	指一种室外地下构筑物。是管道或电缆连接的部位，井口伸出地面，方便工作人员下井检查和维护
简易脚手架	用高凳、脚手板等支搭的非正规、非承重脚手架，叫简易脚手架
简支檩	指檩木的一般做法，檩木两端直接搁在支点上，或由支点挑出部分长度至博风板
建设单位临时设施费	建设单位为满足工程项目建设、生活、办公的需要，用于临时设施建设、维修、租赁、使用所发生或摊销的费用
建设管理费	建设单位为组织完成工程项目建设，在建设期内发生的各类管理性费用
建设期	工程项目从投资决策始到竣工投产止所需要的时间
建设期利息	在建设期内发生的为工程项目筹措资金的融资费用及债务资金利息
建设投资	为完成工程项目建设，在建设期内投入且形成现金流出的全部费用
建设项目	按一个总体规划或设计进行建设的，由一个或若干个互有内在联系的单项工程组成的工程总和
建设项目场地准备费	为使工程项目的建设场地达到开工条件，由建设单位组织进行的场地平整等准备工作而发生的费用
建设项目综合估算指标	以工程项目为对象编制的反映项目建设投资费用的综合技术经济计价依据
建设项目总投资	为完成工程项目建设并达到使用要求或生产条件，在建设期内预计或实际投入的全部费用总和
建设用地费	为获得工程项目建设土地的使用权而在建设期内发生的各项费用
建筑安装工程费	为完成工程项目建造、生产性设备及配套工程安装所需的费用
建筑油膏	指以石油沥青为基料，废橡胶粉为主要改性材料，并加入松焦油、重松节油、机械油及矿物填充料配制而成的黑色膏状新型防水材料

续表

名　词	解　释
浆砌毛石墙	毛石墙砌筑方法之一，一般用水泥砂浆或混合砂浆，随铺砂浆随摆砌毛石
胶合板	指把树干装进旋转机内，切成单片，经胶合制成的板材。有三层、五层、七层、九层、十一层之分，多用于一般建筑、家具、车船内部装修工程，见下图 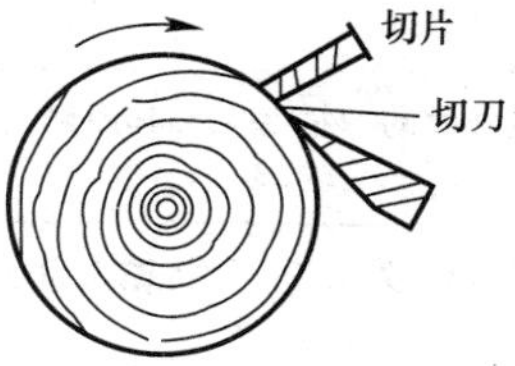 切片 切刀
胶合板门	胶合板门亦称夹板门，指中间为轻型骨架，一般用厚 32～35mm，宽 34～60mm 做框，内为格形肋条，又面镶贴薄板的门，也有胶合板门上做小玻璃窗和百叶窗的，见下图 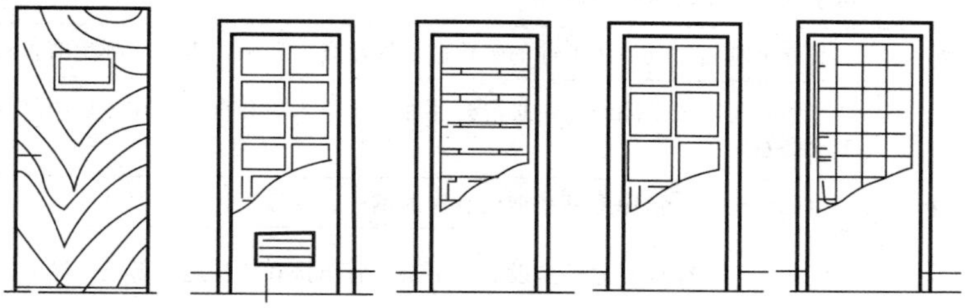
焦渣背	在屋面基层上铺以用石灰拌和的焦渣并拍打密实做为垫层，称作焦渣背，其上可瓷瓦，或抹青灰覆油毡防水
焦砟顶	在中式房屋平屋顶或小起脊屋顶铺以用石灰拌和的焦渣并拍打密实，上抹青灰或覆油毡防水，称作焦砟顶
脚手板	指放在架子排木上供工人操作、放工具、堆材料的木板。木制板一般规格长 3～6m，宽 20～25m，厚 5cm；竹制脚手板长 2～2.5m，宽 25cm，厚 5cm；薄钢板脚手板长 3m，宽 25cm，厚度 5cm
脚手架	指建筑工程施工时供工人进行操作、旋转工具和材料等用的支架。有单、双排和钢、木、竹质脚手架，见下图。脚手架材料是周转性使用材料，在定额内是按使用一次摊销的数量计算费用的 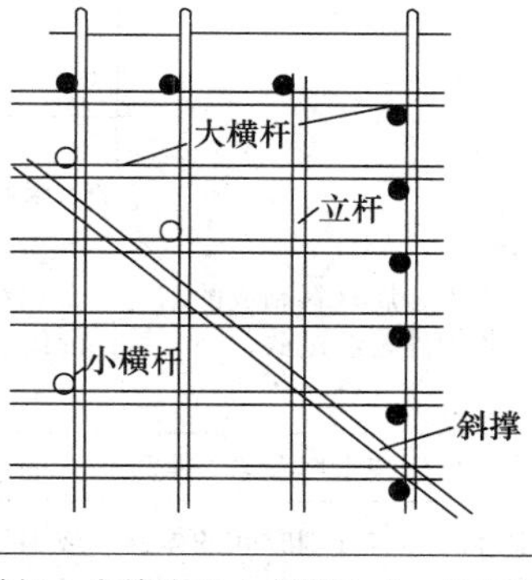 大横杆 立杆 小横杆 斜撑
接脚横杆	屋面支杆架中的横杆叫接脚横杆，自檐头往上每隔 1.6m 左右绑一道，以利施工人员在屋面上站立操作
接头	指在一条水平线的两个钢筋端头接在一起的方法；其接头方法有绑扎双面焊，绑扎单面焊，搭接双面焊、单面焊，及钢筋与钢筋两条焊缝的电弧焊，钢筋与钢筋的对接接头埋弦压力焊

续表

名　词	解　释
接桩	当设计要求将一根混凝土桩分成两段以上进行预制时，在将下桩打（或）压至地坪附近高度时桩机将上桩吊起对准下桩位置，用电焊或其他手段将上、下两桩连接的全过程称之为接桩
揭宽盖瓦	中式瓦屋面修缮工程做法之一，只将盖瓦拆除重新铺宽，系盖瓦损坏较严重，而底瓦比较完整时所采取的屋面整修方式
揭宽瓦顶边梢垄	将瓦屋面两端最外面的“梢垄”和其内侧与之相邻的一条“边垄”拆下，重新铺宽的修缮工程做法
揭宽檐头	中式瓦屋面修缮工程做法之一，将檐头部分（一般以不超过800mm为准）拆除，重新钉挂锡箔、苫泥背、宽瓦
结合层	指底层与上层之间的一层称结合层，有素水泥浆、砂浆等结合层
截桩	当打桩结束后，桩顶标高高于设计要求许多，需要采用各种手段将混凝土桩在适当的部位截断，这个截断的全过程称为截桩
金刚砂	又称金刚石，是一种不纯的碳化硅，硬度高、质脆，也是一种耐磨材料
金刚石	指将石英砂或金刚石与焦炭混合并加入少量木屑和食盐，在电炉内加热到200℃左右而制得，用于水磨石地等
金属构件	也称钢构件，指用型钢和钢板制作的钢柱、支撑、栏杆等部件
金属脚手架	指用钢管做横杆和立杆搭设的脚手架，有单排和双排之分，见下图 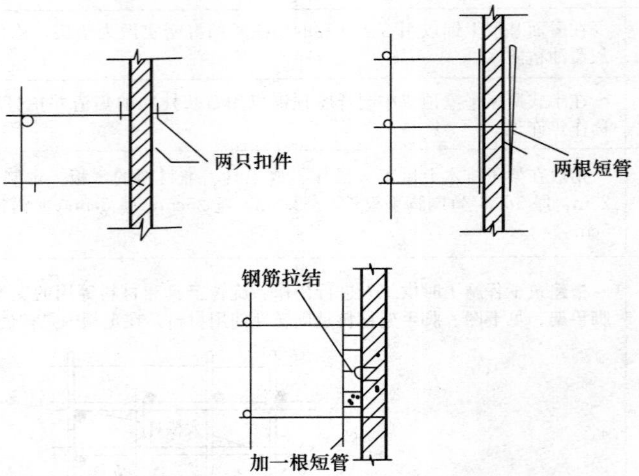
金属结构	亦称钢结构，指由金属材料制成的结构。金属结构通常由型钢和钢板制成的钢梁、钢柱、钢桁架等构件组成；各构件是经过截、断、铆、焊组成，构件或部件之间采用焊缝、螺栓或铆钉连接而组成
紧固系数	亦称普氏系数，是反映土壤及岩石强度指标的系数，也是土壤及岩石类别划分的一个标准
进度偏差	已完工程的实际时间与计划时间的差异，或因为进度原因引起的工程投资的实际值与计划值的差额
进口设备从属费	进口设备在办理进口手续过程中发生的应计入设备原价的银行财务费、外贸手续费、进口关税、消费税、进口环节增值税及进口车辆的车辆购置税等
井点降水	指在基坑内采用井管方法，利用抽水机，将基坑内的地下水位降低，保证深坑基础的施工

续表

名　词	解　释
井式楼板	指梁呈网格状布置的现浇钢筋混凝土楼（盖）板，板支承在井字梁上，井字梁两端支承在大梁、柱或墙上，井字梁中两个方向可以正交，也可斜交，成正方形或堆积形，见下图 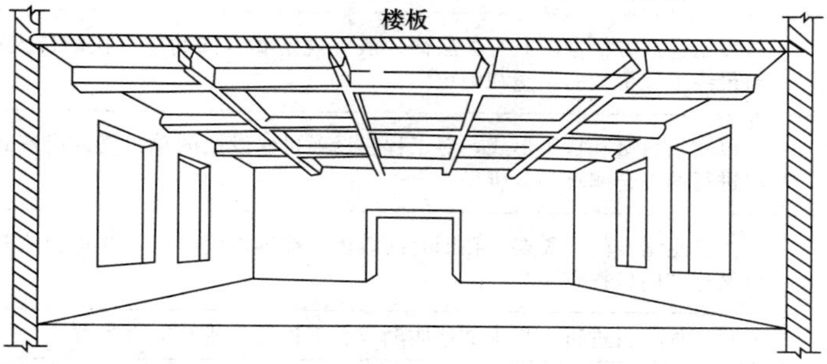 楼板
净料	指圆木经过加工刨光符合设计尺寸要求的锯材
静态投资	在不考虑物价上涨、建设期利息等动态因素影响下的固定资产投资
酒精	亦称乙醇，有机化合物，是一种无色可燃液体，有特殊的气味，由含糖物质发酵分馏而得，是制橡胶、塑料、染料的原料，也是化工上常用的溶剂，有杀菌、防腐作用
旧架整修抹盖	纸顶棚修缮工程做法之一，将旧有纸顶棚的纸面撕净，对秫秸秆旧架子进行整修，再重新裱糊底层麻呈文纸、面层大白纸
旧木架绑铅丝	屋架加固工程做法之一，截面较小的木构件出现裂缝，为防止其再发展，致使构件强度降低，在开裂处用镀锌铁丝缠绕捆绑，并钉骑马钉固定
局部刮腻子	指在要求不高的油漆和粉刷面上找补、填平的施工工序
矩形钢筋混凝土柱	钢筋混凝土柱断面呈矩形的叫矩形钢筋混凝土柱
锯齿形钢筋混凝土屋架	指其形状与锯齿相似的钢筋混凝土屋架。采光性能好，多用于纺织厂的厂房，见下图 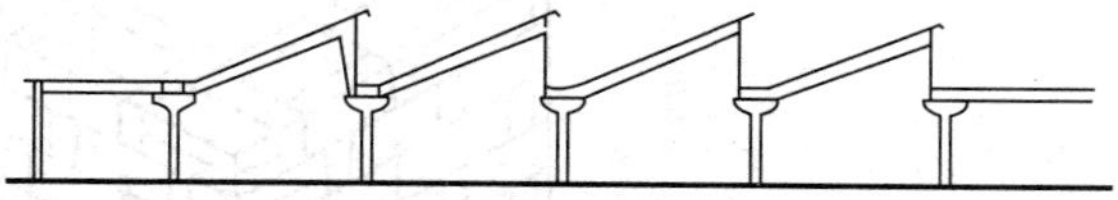
聚苯乙烯泡沫塑料板	是指用聚苯乙烯树脂在加工成形时，用化学或机械方法使其内部产生微孔而得。由于聚苯乙烯塑料板质轻、保温、吸声、减震、耐潮湿、耐腐蚀，广泛用于建筑隔热，也可做衬垫用
聚醋酸乙烯乳胶	是用聚醋酸乙烯树脂加颜料、乳化剂、稳定剂、增塑剂配制而成
聚酯树脂	聚酯树脂是二元或多元醇与二元酸经缩聚反应而成的树脂总称，多用于地面
卷材屋面	卷材屋面亦称柔性屋面，用油毡玻璃丝纤维卷材和沥青交替粘结而成。一般做法为：在基层（或找平层）上刷冷底油，浇涂第一层沥青，铺贴第一层油毡卷材；再刷第二道沥青，铺第二屋油毡后，刷第三道沥青，也就是最后一道沥青，撒粒砂。这就是卷材屋面，见下图 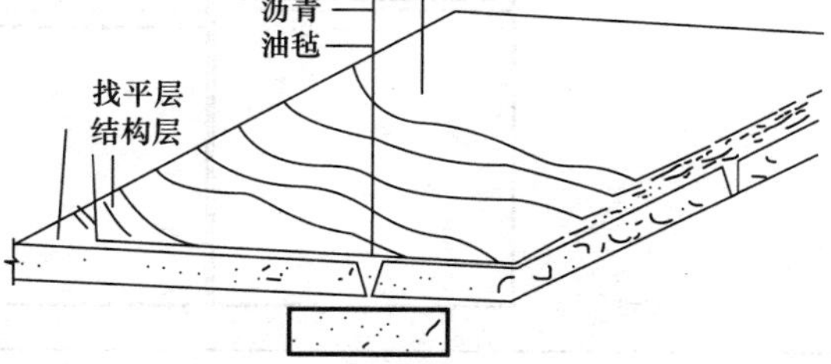 砂层保护 沥青 油毡 沥青 油毡 找平层 结构层

续表

名　词	解　释
卷棚	由前至后形成一定弧度的顶棚叫卷棚
卷闸门	由铝合金材料组成，门顶以水平线为轴线进行转动，可以将全部门扇转包到门顶上
竣工结算	发承包双方根据国家有关法律、法规规定和合同约定，在承包人完成合同约定的全部工作后，对最终工程价款的调整和确定
竣工决算	以实物数量和货币形式，对工程建设项目建设期的总投资、投资效果、新增资产价值及财务状况进行的综合测算和分析
开门口	为满足增设门的需要，在旧有的墙体上掏拆出门洞口，并将周边补抹好的工程做法。若是砖墙体又称“门口掏砌”
勘察设计费	对工程项目进行工程水文地质勘查、工程设计所发生的费用
靠框式组合窗	指组合窗中悬扇关闭后，窗扇下冒头底面与窗下框顶面交错 15mm，窗下框不裁口的窗
靠墙搭满堂红脚手架	也叫简易满堂红脚手架，只做顶棚工程时搭设的脚手架，其立杆斜靠在墙面上
靠墙式暖气	指将暖气片设置在墙壁龛之内，另做一靠墙式暖气罩，其罩的面层，一般钉有钢丝网等，外洞与墙面平
可赛银	即酪素粉，主要用于涂刷墙面
可行性研究费	在工程项目投资决策阶段，依据调研报告对有关建设方案、技术方案或生产经营方案进行的技术经济论证，以及编制、评审可行性研究报告所需的费用
空斗墙	空斗墙是由平砌砖和侧砌砖相互交错砌合而成，见下图 
空腹柱	指一种预制钢筋混凝土柱，柱子中部空心
空花砖墙	指用砖砌筑的花墙，一般用于非承重结构，如围墙的上部，见下图 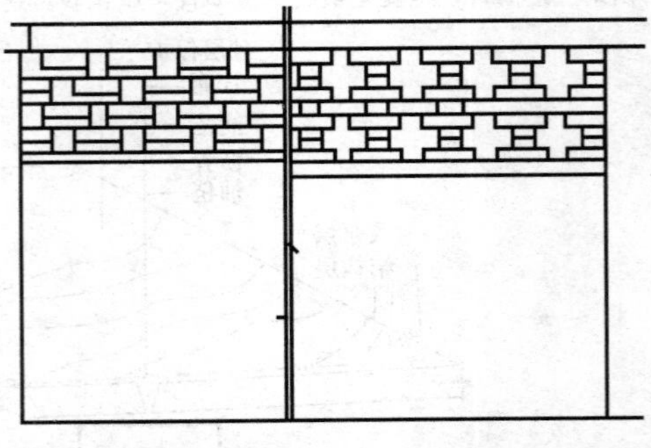

续表

名　词	解　释
空铺	是指铺贴防水卷材时，卷材与基层仅在四周一定宽度内粘结，其余部分不粘结的施工方法
空腔灌缝	是指对内、外混凝土墙板安装，空腔是指墙板与墙板的安装时的板缝，见下图。内墙用混凝土或砂浆灌注。外墙板空腔灌缝却是防水的，一般在缝内设置塑料胶粘管，墙板安装时将空腔管搁严，并用沥青油毡（沥青麻丝灌实防水后，用混凝土或砂浆勾缝） 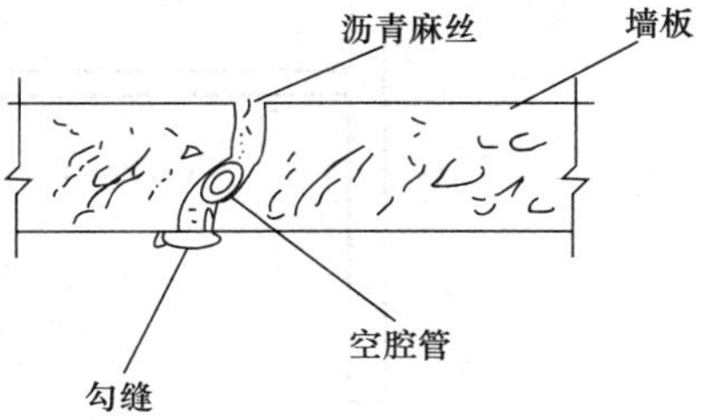 沥青麻丝　墙板　空腔管　勾缝
空圈	指在墙体平面中心留的既不安框，也不安扇的大于 0.3m² 的孔洞，见下图 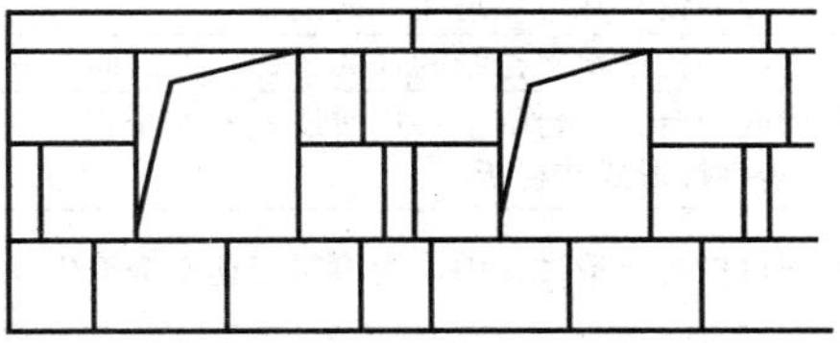
孔洞	在墙体中为某种需要或安装管道所留的洞口叫孔洞
块料面层	是以陶质材料制品及天然石材等为主要材料，用建筑砂浆或粘剂作结合层嵌砌的直接接受各种荷载、摩擦、冲击的表面层。一般分为：方整石面层、红（青）砖面层、锦砖面层、水泥砖面层、混凝土板面层、大理石板面层、花岗岩板面层、水磨石板面层等
块体毛石混凝土设备基础	指混凝土体积较大的基础，设计允许掺有25%的毛石浇筑的混凝土，见下图 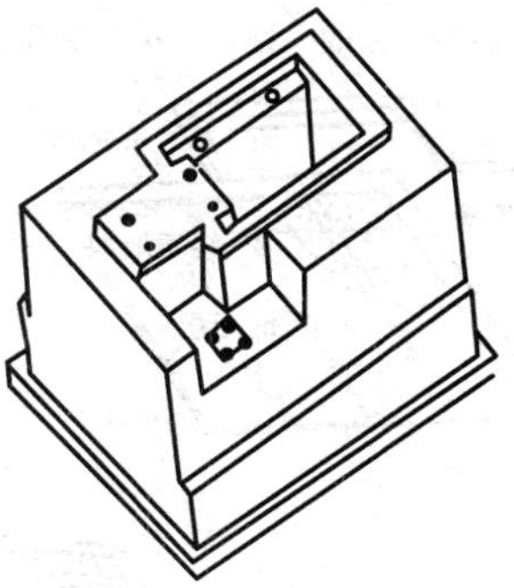
矿渣棉	用冶金矿渣制成的矿物棉叫矿渣棉
矿渣棉吸声板	指冶金矿渣，经加工制成有许多微小间隙和气孔，具有通气、吸声性能的板材
矿渣石棉	矿渣石棉又称矿棉，是利用工业废料矿渣为主要原料，经熔化、高速离心法或喷吹法等工序制成的保温、隔热、吸声、防震的无机纤维材料。其制品有沥青矿渣棉毡、管壳、板等
框裁口钉条者	指木门窗框裁口是由断面为矩形的框料和一根矩形薄条子组合成框裁口者

续表

名 词	解 释
框架式支撑	或称框架式支架，是指多杆件构成框架的混凝土支撑（支架）。一般多使用在承托管道和设备的支撑架，见下图 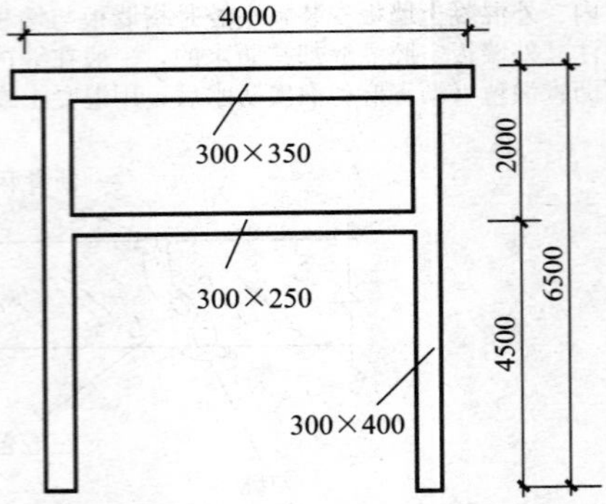
扩大桩	一种形如蒜榧，端头增大，靠端头与持力层接触面来抵御上部荷载的混凝土灌注桩
垃圾道	在多层建筑中，为了便于清除垃圾，在墙体内设置的上下通道，每层设置垃圾门，最下端设有垃圾箱
垃圾箱	供集存垃圾而设置在垃圾道底部的设施
拉杆	脚手架立体结构中水平拉结的杆的泛称，即横向使的木杆，也称大横杆
栏杆	指在楼梯或阳台、平台临空一边所设置的安全设施，属建筑中装饰性较强的一类。有木制、圆（方）钢、砖砌等形式或栏板
劳动安全卫生评价费	在工程项目投资决策过程中，为编制劳动安全卫生评价报告所需的费用
劳动定额	在正常的施工技术和组织条件下，完成规定计量单位的合格建筑安装产品所需消耗的人工工日数量标准
老檐装修推小檐	在有檐廊建筑中，为扩大房屋的使用面积，将原安装在金柱（老檐柱）间的门窗装修拆下，安装到檐柱（小檐柱）间，使原室外檐廊的面积变为室内面积的修缮工程做法
镭射玻璃	是以玻璃为基材的新一代建筑装饰材料。把全息图案转印到玻璃上，即经过特种工艺处理玻璃背面而出现的全息光栅或其他几何光栅，使玻璃呈现全息图像的一种产品。由于全息图像能随着光源或视角的变化有很强的动感，使被装饰物显得华贵、高雅，给人以美妙、神奇的感觉
肋形楼板	用肋形钢筋混凝土浇筑的楼板层叫肋形楼板
肋形外墙板	大型预制钢筋混凝土板的一种，为扩大承载力而增加的肋，以提高墙板的强度和刚度，见下图 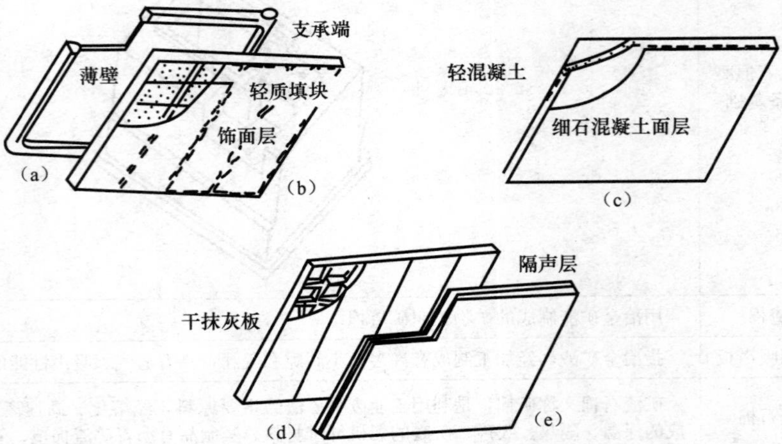 （a）框壁板；（b）框肋组合板；（c）夹层板；（d）单层方格密肋板；（e）双层方格密肋板

续表

名　词	解　释
类似工程预算法	利用技术条件相类似工程的预算或结算资料，编制拟建单位工程概算的方法
冷拔低碳钢丝	指将直径6～10mm的低碳光圆钢筋，在常温下用专用拔径设备，经一定次数冷拔成较细的钢筋。冷拔后的钢丝极限强度和屈服点都有所提高。强度一般达到550～750kg/cm²，可用于普通钢筋混凝土或编成网用于大型屋面板构件
冷藏门	指制冷车间、冷藏库用的各种保温隔热，以及密封程度较高的门
冷底子油	指能使各类防水材料与基层更好地粘接的冷用油性粘合剂，一般用汽油和石油沥青配制而成
里脚手架	指搭设在建筑物内部供各楼层砌筑和粉刷用的脚手架，有绑扎和工具式之分
立杆	亦称立柱、冲天杆、竖杆、站杆，是垂直的脚手杆
立门框	立门框亦称立门口、立樘子，指在设计留门的位置上安门框，使门框上、下槛伸出的半砖长的走头（或叫羊角）、框边的鸽尾榫砌入墙内
利润	施工单位从事建筑安装工程施工所获得的盈利
沥青玻璃棉	是指用矿渣原棉作为主要原料，加入沥青为粘结剂，经加热成型而成
沥青玻璃棉毡保温层	以玻璃棉毡为基胎，石油沥青为防水基材的保温材料做保温的构造层
沥青玻璃油布	亦称玻璃油毡，它是以玻璃布为胎基，以石油沥青为防水基材的有胎防水卷材。柔韧性较好，一般适用震动变形较大的地下或层面防水工程
沥青稻壳板	是指在松散稻壳上喷涂沥青，搅拌均匀，再加热成形而得到的防潮隔热板
沥青混凝土地面	指在填充料中按比例加入碎石或卵石，一般厚度为40～80mm的混凝土面层
沥青浸渍砖	是指放到沥青液中浸渍过的砖
沥青矿渣棉	是指为提高防水性，用尚未加工的矿物棉，在纤维表面喷涂沥青而制成的防水、隔热材料
沥青矿渣棉保温层	以沥青矿渣棉为基胎，石油沥青为防水基材的保温材料做的保温构造层
沥青软木	沥青软木板是用软木废料，碾碎加入适量沥青做粘结材料，置于铁模中压实，经干燥而成的板材，有弹性、耐腐蚀、耐水性好、能阴烧，而不起火焰，是优质保温、隔热、防震、吸声良材。一般只在冷藏工程中用
沥青软木保温层	用沥青玛𤧛脂做胶结材料，沥青软木为主体材料的保温构造层
沥青砂浆	由石油沥青作胶凝材料，与滑石粉、细骨料（砂），加热拌匀而成
沥青砂浆地面	指用粉状骨料或砂预热后与已热熔的沥青拌和而成，作为地面面层，一般铺筑20～30mm
沥青珍珠岩板	是指掺有相当数量沥青的珍珠岩加热成形的防潮隔热板
沥青珍珠岩保温层	是指用沥青珍珠岩块做保温材料的构造层，见下图 油毡防水层 砂浆找平层 散料保温层 结构层
连接螺栓	指用来连接构件或固定构件的螺丝，带有螺帽和垫圈
连续檩	指檩木由多个开间组合，檩木接头可设在任何部分
联合试运转费	新建或新增加生产能力的工程项目，在交付生产前按照设计文件规定的工程质量标准和技术要求，对整个生产线或装置进行负荷联合试运转所发生的费用净支出

续表

名　词	解　释
梁垫	指使梁的荷载更加均匀和因墙体受压面大而垫的木块或混凝土块
梁头	梁两端在墙体内的部分叫梁头
两斗一眠空斗墙	两侧一平砖砌筑的空斗墙叫两斗一眠空斗墙，见下图 
檩档托席	屋顶席箔（或望板）糟朽，为防止裸露的泥背向下掉土，在两檩之间椽子下面钉席并用木条压住
檩木找平整修	将有囊（屋面纵剖线呈略下凹的曲线）的中式布瓦屋面拆除改做水泥瓦屋面时，需将金檩垫高或在其上垫木枋，使其上皮与檐檩、脊檩上皮在同一平面上，以保证新做的水泥瓦屋面平顺
檩条	亦称桁条、檩子，指两端放置在屋架和山墙间的小梁上用以支承椽子和屋面板的简支构件
檩头	檩条端部砌筑在墙体中的端头，见下图 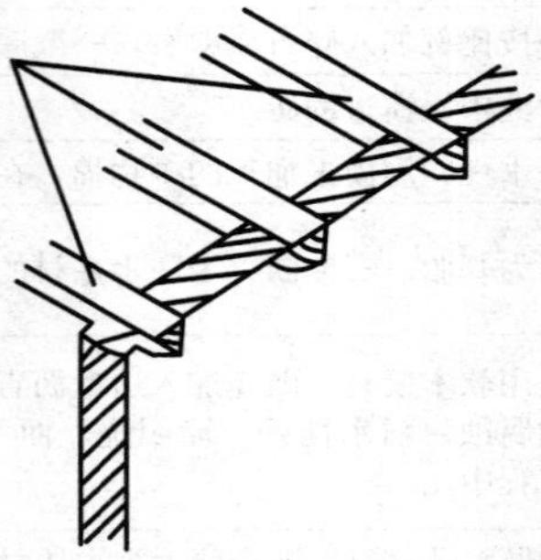
菱苦土板	指以菱苦为胶结材料，掺入水硬性混合材料，砂、石与氯化镁溶液拌和成型，经自然养护而成的板材
菱苦土地面	指用苛性菱镁矿、锯末、砂和氧化镁水溶液的拌和物铺设而成的地面，一般菱苦土地面常用混凝土做垫层
零星卡具	是连接组合钢模板的连接件。它包括V形卡、L形插销、紧固螺栓，对拉螺栓等
零星砌体	指体积较小的砌筑。统一基础定额综合考虑编制的项目亦称小型砌体。一般包括砖砌、小便池槽、明沟、暗沟、地板墩、垃圾箱、台阶挡墙、花台、花池等
流动资金的扩大指标估算法	参照同类企业流动资金占营业收入或经营成本的比例，或者单位产量占用营运资金的数额估算流动资金的方法
流动资金分项详细估算法	根据项目的流动资产和流动负债，估算项目所占用流动资金的方法
流砂成因	当坑外水位高于坑内抽水后的水位，坑外水压向坑内移动的动水压力大于土颗粒的浸水浮重时，使土粒悬浮失去稳定，随水冲入坑内，从坑底涌起，两侧涌入，形成流动状态
硫黄混凝土	是指以硫黄为胶凝材料，聚硫橡胶为增韧剂，掺入粗细集料（石英石、石英砂、石英粉）配制而成的，密实性好、强度高、硬化快，能耐大多数无机酸、中性盐和酸性盐的胶结材料，一般用于粘结块料，灌注管道接口和设备基础等

续表

名　词	解　释
硫黄胶泥	是指用硫黄做胶凝材料、聚硫橡胶为增韧剂，掺入细集料石英粉配制的耐中等浓度酸和各种胺盐，不耐碱的胶结性材料，具有抗水、抗渗、硬化快、强度高、制作简易等优点，多用于镶贴块料面层和接桩用
硫黄砂浆	是用硫黄为胶凝材料，聚硫橡胶为增韧剂，掺入耐酸粉料，经加热熬制而成的砂浆。其密实性好、强度高、硬化快，能耐大多数无机酸、中性盐和酸性盐，但不耐浓度5%以上的硝酸、强碱及有机酸液。不适用于温度高于90℃及明火接触
硫酸	是一种无机化合物，无色油状的液体。腐蚀性强，溶于水中能产生大量的热，是强烈的脱水剂
楼板	亦称楼隔层，指楼房楼层的底部构件，由结构层和面层组成，见下图 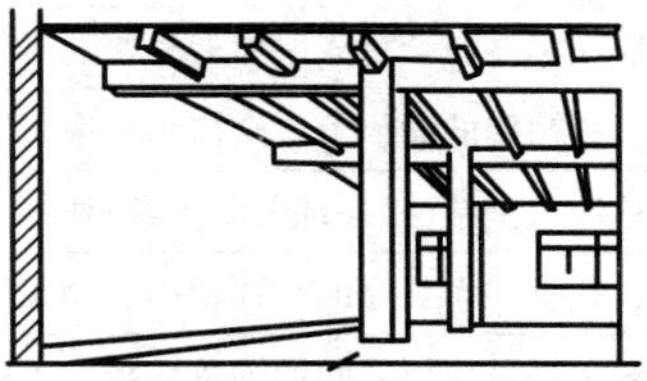
楼地面	由于楼面与地面面层的构造基本相同，所以常把楼面层也称为地面。楼板层、结构层即为楼面基层
漏斗	把液体灌到小口容器里的器具叫漏斗。一般由一个上口大下口小的锥体和上口大下口小的管组成，见下图 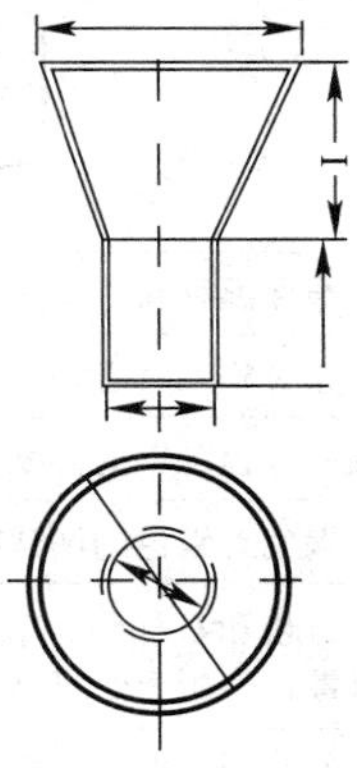
炉渣垫层	指用炉渣传布地面荷载至地基的构造层，有干铺炉渣、水泥石灰炉渣和石灰炉渣垫层
路基铺垫费	塔式起重机行驶路线枕木以下基础碾压、碎石垫层的铺设、拆除和摊销费用
路桥限载	构件运输经过的道路或桥梁对车辆重量的限制
铝合金扣板	铝合金扣板系长条形，两边有高低槽的铝合金条板。有银白色、茶色、彩色（烘漆）
铝合金门窗	指用合金元素铜、硅、镁、锰、铁钛等用热处理时硬化的方法加工成实腹和空腹型材制作而成的门窗、橱窗、橱柜、货架，较普通门窗，在坚固、耐久、密封、美观上更加优越
麻刀	即碎麻丝，常与石灰掺和在一起用于抹墙面及天棚面的罩面，起拉筋作用

续表

名词	解释
马赛克地面	指用高级陶土烧成小瓷片铺设的地面。大多为正方形或六角形，有各种颜色，可镶成各种图案。具有质地坚硬、耐磨、耐腐蚀、易于清洗等优点，多用于铺砌厕所、浴室、厨房、走廊等，见下图 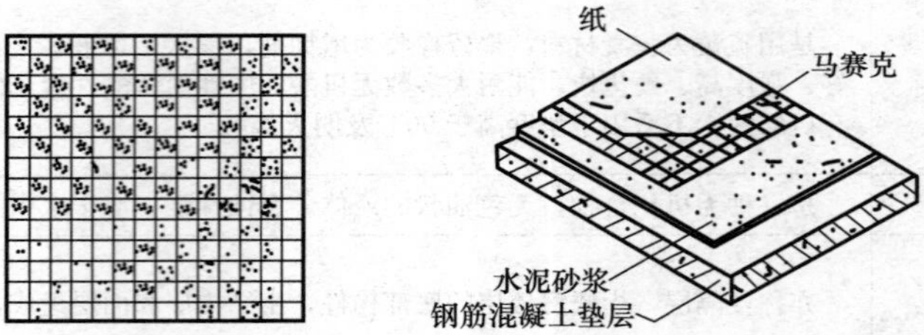 纸 马赛克 水泥砂浆 钢筋混凝土垫层
马尾屋架	用于四坡顶房屋尽端与全跨人字屋架相交的屋架
满刮腻子	指在所要油漆和裱糊的面积上，全部刮一遍腻子，使油漆和裱糊面平整、无缺陷的方法
满铺	是指即为满粘法（全粘法），铺贴防水卷材时，卷材与基层采用全部粘结的施工方法
满堂脚手架	指单层厂房、礼堂、大餐厅的平顶粉刷、喷浆等施工，且脚手架的高度不超过 3.6m
毛地板	指铺钉在搁栅和拼花地板之间的连接地板，一般不刨光，故称毛地板
毛料	指圆木经过加工而没有刨光的各种规格的锯材
毛石砌筑	指用毛石和砂浆胶接的砌体
毛石墙	由大小、形状不规则的石块砌筑的墙体叫毛石墙，见下图 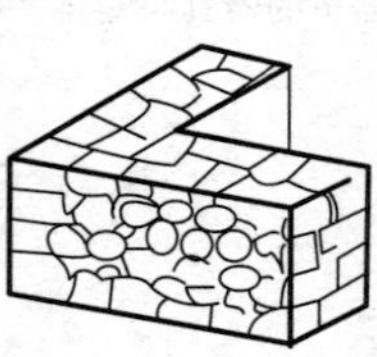
毛毡	动物毛经加工制成防寒保温材料叫毛毡
锚固	指后张预应力构件在张拉施工时必须在两端进行的紧固锚定工作
梅花空心柱	指框架轻板工程中的一种预制钢筋混凝土柱，形状如梅花且空心的柱
煤焦油	是由煤经干馏而得的褐色到黑色的油状物。有高温煤焦油和低温煤焦油之分
煤沥青玛琋脂	指在煤沥青中掺入滑石粉和石棉粉拌和而成的黏稠液体或固体，具有粘结、防水、防腐作用，有臭味，熔化时易燃有毒，多用于建筑路面，使用时注意防毒
煤油	指天然石油、人造石油两种，在建筑施工中主要用于地板打蜡时溶解石蜡用
门窗边冒	门窗扇的边和冒头的统称，门窗扇的外框架中位于两侧的竖向构件为边，横向使用的构件称作冒头，也称作抹头
门窗检修	对房屋进行综合维修的工程项目之一，即对门窗进行检查和刮刨口缝、紧固小五金、用木楔加固等简单维修
门窗框走头	门窗框走头亦称羊角。指为使门窗与墙体牢固而嵌入墙内的一般为 4～6cm 的木端头
门窗套	门窗口四周比墙面高 4～6cm 的沿子叫门窗套
门窗贴脸	门窗贴脸亦称门（窗）的头线，指镶在门（窗）的头线，指镶在门（窗）外的木板
门口掏砌	为满足增设门的需要，在旧有的砖墙体上掏拆出门洞口，并将周边砌抹好的工程做法

续表

名　词	解　释
门框	门框亦称门樘，是墙与门连接的构件，见下图 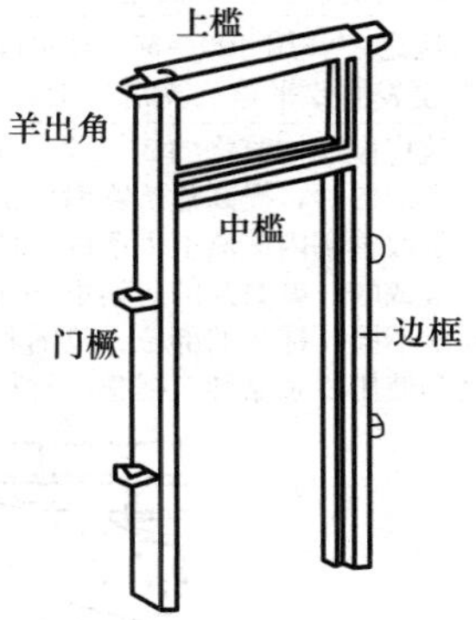 上槛 羊出角 中槛 门樕 边框
门连窗	指为采光需要，将门框一侧作为窗框，将窗扇安装在门框上的联合体，见下图 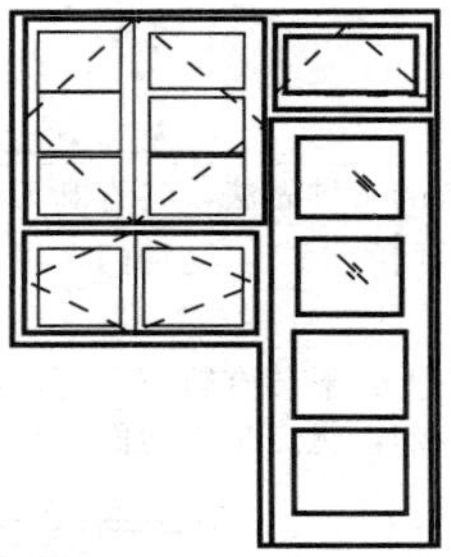
密撑	指槽坑土方开挖时，在槽坑壁满铺挡土板的支撑方式
密肋合	又称密肋合楼板，指薄板和间距较小的小梁（肋）预制构成的钢筋混凝土楼板。多用于升板建筑
密肋井字梁天棚抹灰	指小梁的混凝土天棚，平面面积上，梁的间距离肋断面小的天棚抹灰
眠砖	指空斗墙的平砌砖
面砖	是由陶土烧制而成的，表面有上釉或不上釉，平滑或粗糙等多种，质地密实耐久，常用水泥砂浆贴面砖墙面，是一种增加美感、保护墙面的装饰砖
明沟	亦称阳沟，指通过雨水管或屋面檐口流下的雨水有组织地导向地下排水集井（又称集口），排水集井等明沟。一般为素混凝土抹水泥砂浆面层或用砖砌抹水泥砂浆面层，也有毛石明沟，见下图 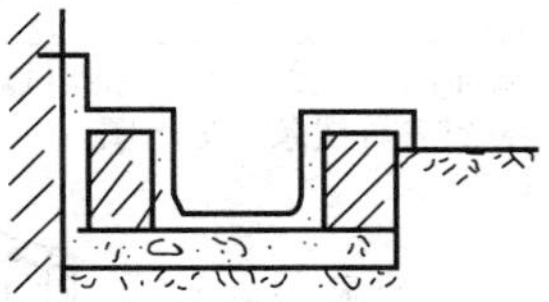 砖砌  毛石砌 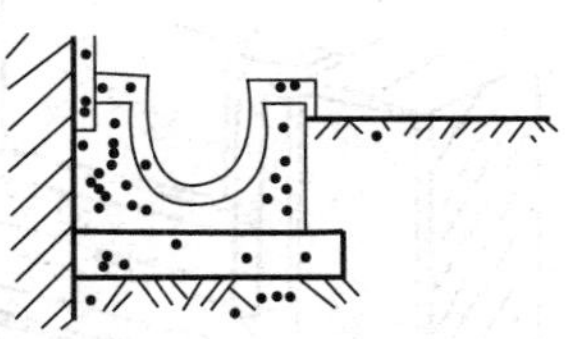 混凝土

续表

名　词	解　释
明炮	指一般的按炮眼法凿眼松动爆破
明式暖气罩	指不留壁龛，将暖气罩设置在墙面之外
磨退	油漆工程工艺做法之一，用400～500号水砂纸蘸肥皂水打磨漆面，将其表面的光泽磨掉并揩抹干净，磨退后的涂膜表面要平整、光滑、细腻
抹灰	指用砂浆抹在建筑房屋或构筑物的墙、顶、地等表面的一种装修过程。其作用：外墙抹灰，保护墙体不受风、雨、雪的侵蚀，提高建筑物墙体的防潮、防风化、隔热能力及耐久性，增加建筑物的美感；内墙抹灰，是改善室内清洁卫生条件，增加室内光线反射和美感。在盥洗室、试验室和其他化工车间等易受潮湿或酸、碱腐蚀的房间里，其主要是保护墙身和地面不受侵蚀。根据建筑物的标准、用途、等级要求不同，抹灰的部位、范围和采用的砂浆种类也不同。一般由底层、中层及表层组成。其各层厚度和使用砂浆品种应视基层材料、部位、质量标准以及气候而定，见下图 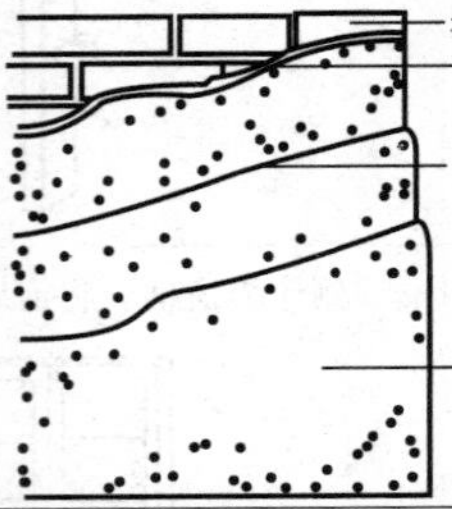 基层 面层 中层 底层
抹青灰	中式建筑外墙抹灰的一种做法，将青麻刀灰抹在墙面上，刷青灰浆擀轧出亮
木板平开大门	是作为交通及疏散用的大门。这种门多用于公共建筑、仓库等。一般为双扇高度按需要尺寸定，无下槛，也叫扫地门
木板推拉大门	亦称扯门，在门洞上、下装有轨道，可左右滑行，既可单扇，也可双扇，开启后的门扇有放在夹墙内的，也有靠墙的，优点是占地面积小，见下图 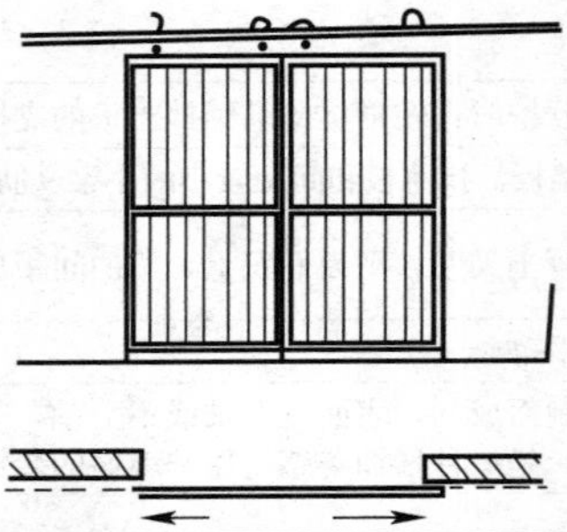
木材含水率	木材内部所含水分可分为二种，即吸附水（存在于细胞壁内）与自由水（存在于细胞腔与细胞间隙中）。当木材中细胞壁内被吸附水充满，而细胞间隙中没有自由水时，该木材的含水率被称为纤维饱和点，它一般约为20%～35%
木窗台板	是在窗下槛内侧面装设的木板，板两端伸出窗头线少许，挑出墙面20～40mm，板厚一般为30mm左右，板下可设窗肚板（封口板）或钉各种线条，见下图 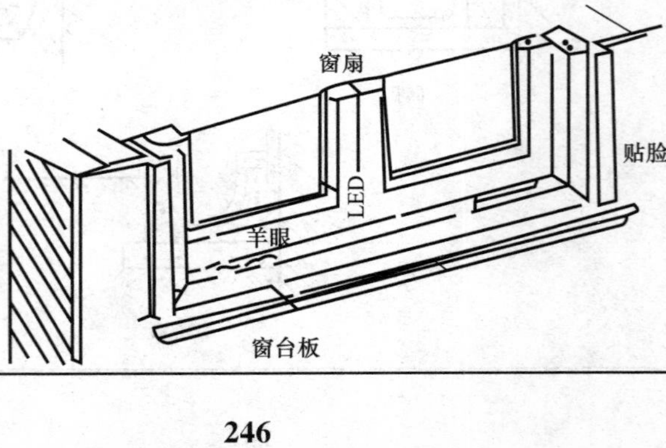 窗扇 贴脸 LED 羊眼 窗台板

续表

名　词	解　释
木扶手	上下楼时，作依扶用的木制构件叫木扶手，见下图 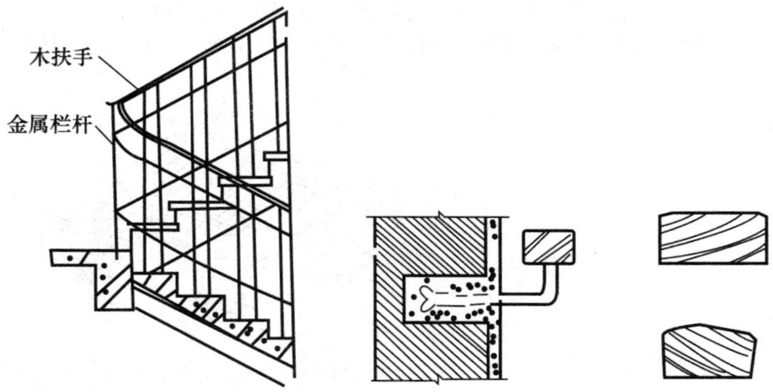 木扶手 金属栏杆
木搁板	指放置东西的木板，一般多为厨房碗架或壁龛间的搁板
木隔断	指用木结构将房间隔离开，多用于客厅、厕所、浴室等
木结构	指用方木、圆木或木板等组成的结构，一般用榫接、螺栓接、钉接、销连接、键连接、胶结合等连接方法。具有加工简便、自重轻等特点，但耐火能力差
木拉杆	指屋架的受拉木杆件，见下图 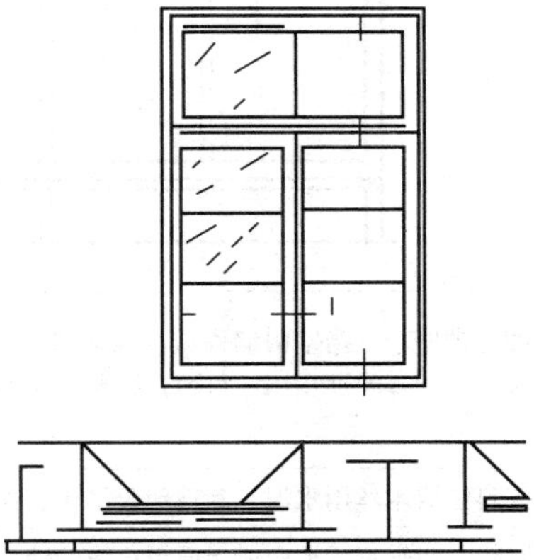
木拉条	指在砌墙时先将门框立好，门框需要用撑木将门框立正，这个撑木就称木拉条
木立人者	指在木屋架制作安装时，将屋架上弦木作人字立起来制作和安装
木龙骨	支承顶棚、地板或拼装轻质隔墙的骨架，又分别称作“搁栅”、“地板梁”或“木楞”。另见“地楞”
木楼层	用木料做面层、结构层和顶棚的楼层叫木楼层。面层也是承重层
木门窗运输	木门窗由制作厂成品堆放场地运送到施工现场堆放场地的全部工作过程
木门窗整修	木门窗扇损坏，需摘下重新加楔、添换边缝压条和小五金，但无需添换边抹心板等部件的修理方式为整修

续表

名　词	解　释
木门框下坎	门框下边靠地面的横木料叫门框下坎
木模板	亦称木型板、木壳子板，是浇筑混凝土及砌筑砖石拱时用的模子。其形状与构件相适应，并在施工中能够多次使用基本保持原有形状，而逐渐转移其价值的工具性材料，见下图 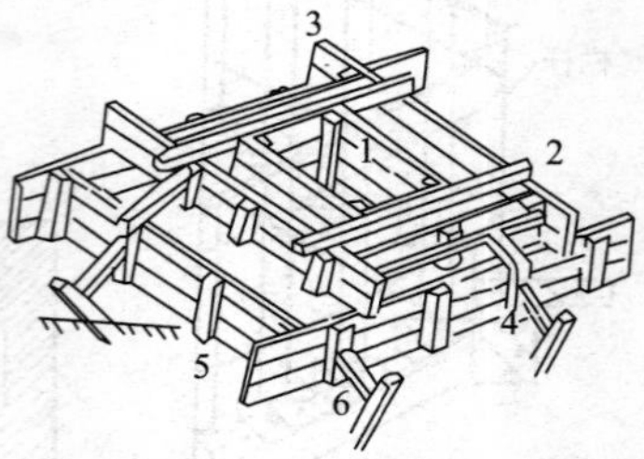 1—柱杯内芯模；2—内芯模架杆；3—二阶木模板 4—临时木撑；5—阶木模板；6—临时木撑
木暖气罩	指按暖气包（片）的外形尺寸规格制作的木板盒，外钉胶合板，见下图 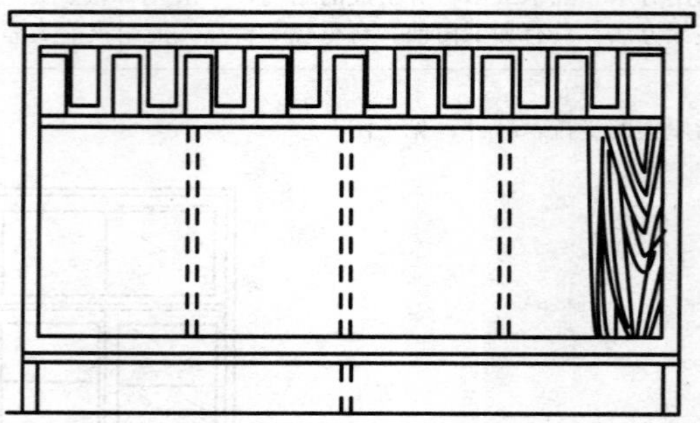
木墙裙	亦称木台度、护壁，是指室内墙面或柱身下部，高度 0.9m 至挂镜线高度的木制墙面，以保护墙、柱身免受污损并起装饰作用。目前，墙裙表层有木制、胶合板、护壁板、吸声板、纤维板等多种材料制成
木丝板	指用木板碎料刨成木丝用水泥、水玻璃胶结压制而成的板材，具有保温和吸声的特点
木踢脚板	亦称木跑脚线，指垂直于地面或楼面板边缘的铺设于墙上、一般高度为 15cm 左右的护板
木天窗	指设置在屋顶上、自然采光和自然通风排气的木制窗，见下图 
木托	又名“蛤蟆插”，钉在爬柱上支承木附檩的木件
木屋架	亦称木桁架，指承受檩条传来荷重的三角形屋架

续表

名　词	解　释
木制脚手架	指用木脚横杆和立杆搭设的脚手架，有单排和双排之分，见下图 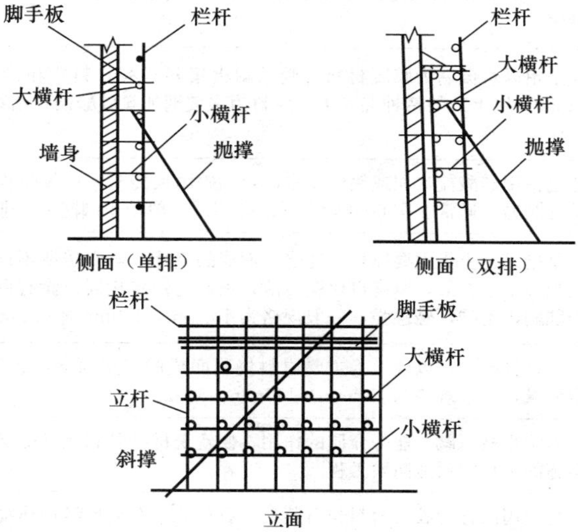
木砖	为使门窗框与墙体牢固而设置的与砖规模相同的木质砖叫木砖
木装修	指室内具有不同建筑功能并兼有装饰作用的各种木制品。根据这些木制品的建筑功能及所处的位置，可以用各种油漆或彩面装饰表面，也可以雕刻各种花纹
木组合窗	指将同类型规格的木窗组合，连成整体的窗。一般多用于工业厂房，见下图 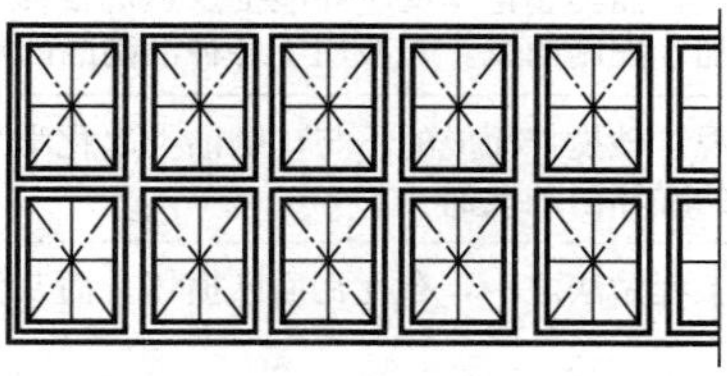
内浇外砌	内墙采用大模板现浇混凝土，外墙采用普通黏土砖、空心砖或其他砌体的一种结构
内墙净长度	指扣除外墙厚度后的内墙长度
内墙水磨石墙裙	内墙水磨石墙裙亦称护壁、台度，指内墙面或柱身的下部，用水磨石材料做成的墙裙。一般高度1～2m。常用于厕所、浴室和盥洗室内的墙面
内檐沟	设有女儿墙的檐口叫内檐沟，檐沟设在外墙内侧，并在女儿墙上每隔一段距离设雨水口，使檐沟内的水经雨水口流入雨水管中
内檐及廊步掏空脚手架	为室内和廊步内油漆彩画施工需要而搭设的脚手架
耐火土	指一种比普通土更能耐高温的土
耐火砖	亦称火砖，是用耐火土或其他耐火原料烧制而成的耐火材料，呈淡黄色或褐色，可耐1580～1770℃的高温
耐碱混凝土	是指能耐碱性介质腐蚀的混凝土。由普通硅酸盐水泥和耐碱性能好的石灰石、白云石、辉绿岩等粉料和粗细集料拌制而成。强度一般不低于C20。能抵抗浓度为10％～15％的氢氧化钠、氯化钠。一般常用于受碱液腐蚀的地面、池、槽

续表

名　词	解　释
耐碱砂浆	是由普通硅酸盐水泥和耐酸性较好的石灰石、白云石、铸石粉等搅拌而成的，能抗浓度为10%～15%的氢氧化钠等碱性的腐蚀，常用于受碱性腐蚀的地面、池槽。是具有耐碱性介质的砂浆
耐热混凝土	是指以水玻璃为胶凝材料，胶结耐火集料（粒状料）和掺和料配制而成的，能长期承受高温（1300℃以上）的特种混凝土。原料为水玻璃加氟硅酸钠及粘熟集料。多用于烟囱及工业炉窑工程中
耐热砂浆	是指用硅酸盐水泥或铝酸盐水泥，加碎耐火砖末，三氧化铁和木糖浆搅拌均匀而成的，能长期承受高温（通常在1300℃以上）的砂浆。一般用于烟囱和工业炉窑的砌筑工程
耐酸瓷板	是指以瓷土为主要原料，经烧制而成的瓷片。与瓷砖所不同的只是形状，瓷砖呈长方形，而瓷板则多呈正方形，厚度也比瓷砖薄，正面与瓷砖相同，涂有白色或彩色的釉，表面洁净美观，易于洗刷，耐酸、碱性强，一般规格为150mm×150mm×20mm或30mm
耐酸瓷砖	亦称瓷砖，是以瓷土为主要原料烧制而成的。正面涂白色或彩色的釉，洁净美观，易于洗刷，耐酸碱，一般规格为280mm×113mm×65mm
耐酸防腐工程	为防止酸、碱、盐等介质的作用，使建筑材料受到化学破坏，影响建筑物、构筑物的耐久性而实施的工程叫耐酸防腐工程
耐酸沥青混凝土	是指用沥青为胶凝材料与石英石、石英砂、石英粉经加热搅拌而成的耐酸介质混凝土，一般用于耐酸地面、设备基础、耐酸池、槽、罐。有细粒式和中粒式之分
耐酸沥青胶泥	是用沥青为胶凝材料，掺入石英粉和六级石棉拌和加热而成的。主要用以灌缝和隔离胶结面层用的耐酸材料
耐酸沥青砂浆	是指用石油沥青或煤沥青为胶凝材料，与石粉、防腐砂、石英粉、石英砂加热搅拌均匀而成，用于耐酸蚀的板材或铺设用料
耐油混凝土	是指不与矿物油类起化学反应并能抗渗透的混凝土。要求密度大、抗渗性强。用水泥、砂、砾石和白霸石加水配制而成。一般用于各种油制品的贮罐及耐油地面
耐油砂浆	是指用水泥、砂搅拌而成的不与矿物油类起化学反应并能抗渗透、密实度大的砂浆。一般用于各种油制品的罐和耐油地面
泥背不动改窝水泥瓦	屋面修缮工程做法之一，布瓦瓦面已损坏，而灰泥背以下尚好时，只将布瓦瓦面拆除改窝水泥瓦
泥窝水泥瓦	屋面工程做法之一，用掺灰泥将水泥瓦铺窝在屋面上
黏土砂浆	指用黏土和砂拌和而成的砂浆
黏土瓦	指用黏土、页岩等原料，经成型、干燥、焙烧而成的片材。成型方法有模压、半干压和挤出等，其形状与水泥瓦相同
黏土砖	指以黏土为主要原料，经过成形、干燥、焙烧而成。有人工、机制和青、红砖之分，其规格为240mm×115mm×53mm，是建筑物不可缺少的材料，见下图 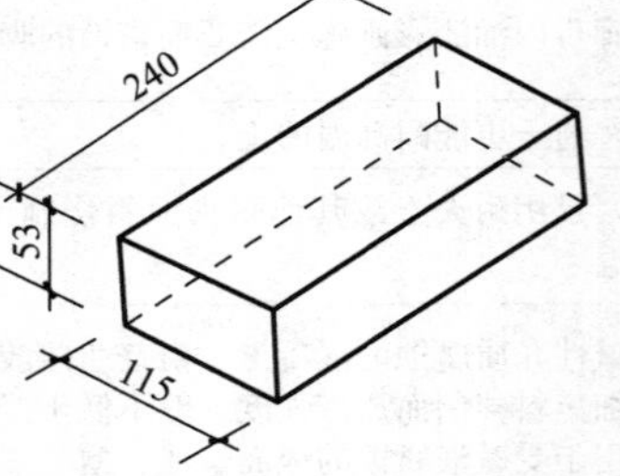 240 53 115

续表

名　词	解　释
凝结硬化	水泥的凝结硬化是一个不可分割的连续而复杂的物理化学变化过程。其中包括化学反应（水化）及物理化学作用（凝结硬化）
暖气沟	指用砖砌筑的在自然地坪下的安装暖气管道的沟道
拍底	将基槽底的地基土壤夯实称作拍底
盘	脚手架上供人员作业和堆放材料、工具的平台
刨光损耗	指经过刨光而损耗的木料
泡沫混凝土	将发泡剂（松香胶等）打成泡沫，加入水泥浆中调制而成的混凝土叫泡沫混凝土
泡沫混凝土保温层	是指用泡沫混凝土作原料的保温构造层，见下图 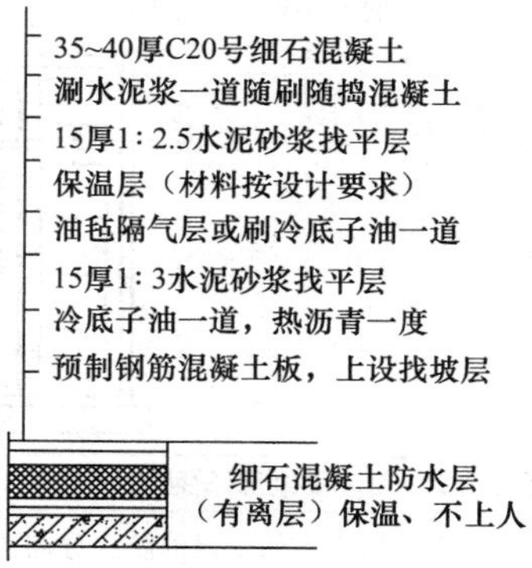 35~40厚C20号细石混凝土 涮水泥浆一道随刷随捣混凝土 15厚1∶2.5水泥砂浆找平层 保温层（材料按设计要求） 油毡隔气层或刷冷底子油一道 15厚1∶3水泥砂浆找平层 冷底子油一道，热沥青一度 预制钢筋混凝土板，上设找坡层 细石混凝土防水层 （有离层）保温、不上人
喷涂	用挤压式砂浆泵或喷斗将砂浆、涂料或油漆喷成雾状涂在墙体表面、木材面和金属面上形成装饰层，这种施工工艺叫喷涂
膨胀珍珠岩	用珍珠岩等耐酸性玻璃质火山岩烧胀而成的白色粒状、多孔材料叫膨胀珍珠岩。颗粒内部呈蜂窝结构，具有质轻、绝热、吸声、无毒、无味、不燃烧、耐腐蚀等特点
拼板门	指用宽度100～150mm的木板拼成的门，有厚板和薄板之分，厚板为40mm左右，薄板为15～25mm左右，见下图 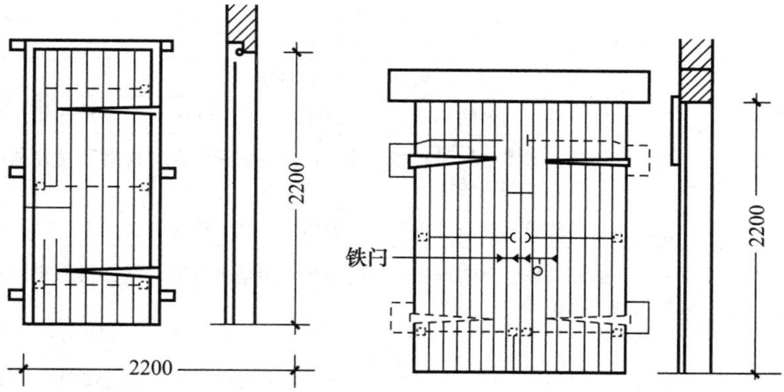 2200　2200　2200　铁闩
拼碎材料	是采用碎块材料在水泥砂浆结合层上铺设而成，碎块间缝填嵌水泥砂浆或水泥石粒等。碎材料大部分是生产规格石材中经磨光后裁下的边角余料，按其形状可分为非规格矩形块料，冰裂状块料（多边形、大小不一）和毛边碎块
拼装台	为将单件和片组装成构件而搭设的平台叫拼装台。一般用钢板和型钢搭设较多
平房绑三道扶手	修补平房的坡屋面，若不能绑搭齐檐外脚手架时，需在檐头处绑三道扶手，作为安全措施
平口	指木板与木板接缝处是二个平面相接

续表

名　词	解　释
平棚	整间顶棚在一个平面上的叫平棚
平台、操作平台	是指在生产和施工过程中，为进行某种操作设置的工作台。有固定式、移动式和升降式三种
平台梁	指通常在楼梯段与平台相连处设置的梁，以支承上下楼梯和平台板传来的荷载
平台柁	中式木构房屋简支梁之一种，上下只有一层梁，仅在其上加高矮不一的垫木支承木檩
坡度	由于施工操作地点位于坡地上，并且依靠场地平整也难以将地坪处理成理想的平地，由此就避免不了在坡地上打桩的实际情况。坡度是指实际地坪与理想水平面的夹角 α
普通硅酸盐水泥	由硅酸盐水泥熟料、6%～15%混合材料、适量石膏磨细制成的水硬性胶凝材料，称普通硅酸盐水泥，代号 P・Ⅱ
普通木窗	指一般没有特殊要求的木制窗，见下图
Q235—A・F	表示屈服点为 235MPa，A 级沸腾钢
漆片	亦称泡立水，由聚在树干上的干燥的胶虫分泌液，经加工提炼制成的虫胶片，为棕色半透明液体。其特点干燥迅速，漆膜光亮透明，但不耐日晒与水烫。适用涂饰家具、地板和室内门窗等
其他项目费	工程量清单计价中，除分部分项工程费和措施项目费之外的其他工程费用，包括暂列金额、暂估价、计日工费用和总承包服务费等
骑马架	用来固定屋面支杆的顺垄杆的一种方法，即上固定法。在檐下无任何架子的情况下，前后坡顺垄杆在正脊处相交并绑扎在一起
企业定额	施工单位根据本企业的施工技术、机械装备和管理水平编制的人工、施工机械台班和材料等的消耗标准
企业管理费	施工单位为组织施工生产和经营管理所发生的费用
气楼	指屋顶上或屋架上用作通风换气的突出部分
汽油	是石油的一种中间分馏剂，是石油分馏时 300～350℃间蒸发出的部分
砌地垄墙	指在铺设架空式木地板时，房间较大，为减少搁栅方木挠度和充分利用小料面在房间地面下增设的搁置地板方木的矮砖墙
砌筑工程	指采用小块建筑材料以砂浆半成品为粘结，手工砌筑而成
砌筑砂浆	是用于砖石砌体的砂浆统称。它的主要作用是将分散的块体材料牢固地粘结成为整体，并使荷载均匀地往下传递 强度等级一般多为 M0.4、M1.0、M2.5、M5.0、M7.5、M10、M15
牵边	室外踏步（台阶）两端有时设计为花池，有时设计为砖砌的矮挡墙（即称之为牵边）
铅油	亦称厚漆，由白铅粉和亚麻仁油调合研磨制成
签约合同价	发承包双方在合同中约定的工程造价，包括了分部分项工程费、措施项目费、其他项目费、规费和税金的合同总金额
墙墩	亦称墙柱，是突出墙面柱状部分，一直到顶，承受上部梁及屋架的荷载，并增加墙的稳定性
墙架	指由钢柱、梁连系拉杆组成的承重墙钢结构架
墙架梁	是指在墙架中承受与轴线不平行荷载的长条形构件，梁轴一般为水平方向

名 词	解 释
墙架柱	指在墙架中承受轴向压力的长条形构件，一般为竖立，用以支承梁、桁架、楼板等
墙身	室外设计地坪至檐口之间的墙，见下图 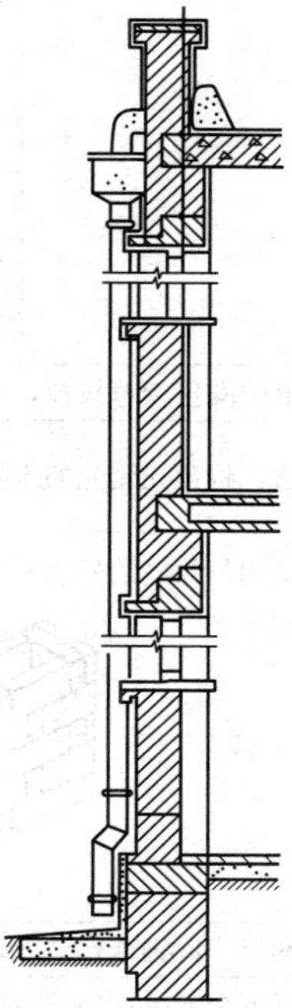
青灰顶	中式房屋平屋顶或小起脊屋顶的一种屋面工程做法，在石灰膏中加入麻刀用青灰浆拌和好，抹在泥背或焦渣背上，并擀轧坚实以防水
青灰顶查补	对损坏较轻的青灰顶屋面查找裂缝并进行修补
青灰勾缝	毛石墙勾缝的传统做法，用深月白麻刀灰勾抹石料的缝隙，有勾平缝和抹凸缝两种形式
青油	亦称熟油、凡立水，以精制亚麻仁油、软制干性油熬炼并加入适量催干剂等材料制成。一般用于木材面油漆的底漆
青砖	青砖一般用间歇窑烧成，当窑内温度达到900℃左右时，将排烟口关小继续焙烧，使窑内形成强烈的还原气氛，黏土中红色的高价铁还原成青灰色的低价铁，然后在窑顶加水（亦称“饮窑”），以防止外界空气侵入窑内，使低价铁还原成高价铁，并加速砖的冷却，使砖获得稳定的青灰颜色
轻型钢骨架（龙骨）	轻型钢骨架按其构造分装配式H形采用暗架式、T.C.U形复合式骨架，面层采用镀锌铁板或薄钢板剪裁。冷弯、滚轧、冲压而成。C形骨架用于隔墙，T.U形骨架用于吊顶。轻钢骨架防火性能好，刚度大，便于检修，装饰效果好
轻型钢屋架	是指用圆钢和小角钢（＜45mm×45mm或＜50mm×32mm×4mm）等材料制成的屋架
轻型屋架	轻型屋架是金属屋架的一种，一般用圆钢和型钢制作。全国统一基础定额规定单榀金属屋架重量在1t以下者按轻型屋架计算，见下图 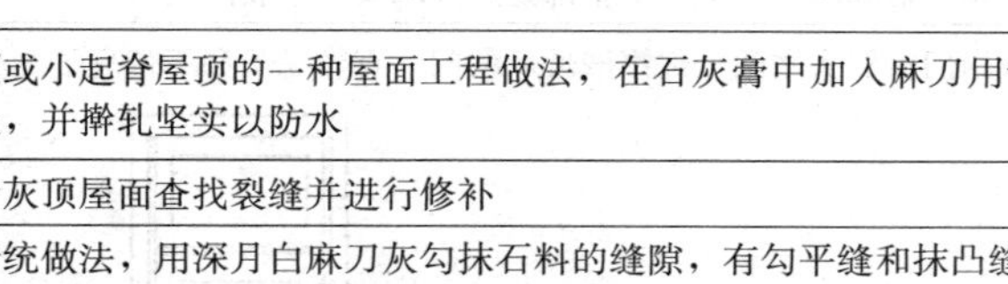 $i=\frac{1}{2}\sim\frac{1}{3}$

续表

名 词	解 释
轻质混凝土	密度小并具有良好的隔热、隔声性能的混凝土
轻质混凝土保温层	用陶粒或膨胀珍珠岩做骨料，密度小，有良好隔热性能的混凝土做保温材料的构造层，见下图 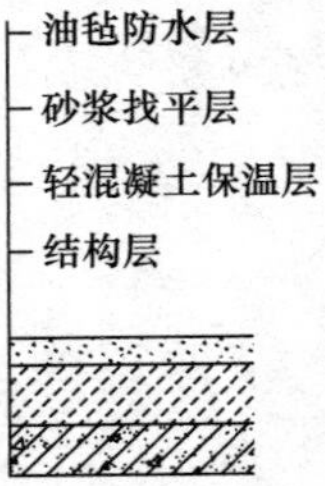 油毡防水层 砂浆找平层 轻混凝土保温层 结构层
清垄拔草	为保护屋面，将其上的滋生杂草拔掉，垄沟内杂物清扫干净
清水单层板条吊顶	天棚的一种工程做法，将预先刨光的木板条钉在木龙骨下面作为天棚
清水砖墙	指墙面平整度和灰浆均匀勾缝的外墙不抹灰的砖墙面，见下图 
球节点钢网架	指一种常用的结构网架。以钢球作节点，无缝钢管作结构支架
全玻间壁	指一道隔墙，从上到下全部是用玻璃镶嵌组装的间壁
全玻璃门	指门窗冒头之间全部镶嵌玻璃的门，有带亮子和不带亮子之分，见下图 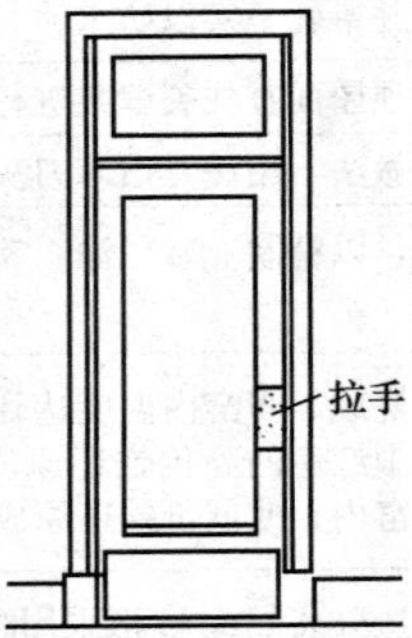 拉手
全过程造价管理咨询	受委托方委托，工程造价咨询机构应用工程造价管理的知识与技术，为实现建设项目决策、设计、招投标、施工、竣工等各个阶段的工程造价管理目标而提供的服务
人工费	支付给直接从事建筑安装工程施工作业的生产工人的各项费用
人工挖孔桩	是指采用人工挖掘方法进行成孔，然后安装钢筋笼，浇筑混凝土成为支撑上部结构的桩
人工挖土方	指用人工挖地槽，凡图示沟槽、沟底宽大于 3m，且柱基、地坑底面大于 $20m^2$，平整场地挖土方厚度在 30cm 以上的挖土
人工运土方	指用肩挑和抬的方法搬运土方
人工凿岩石	指人工用十字镐、钢钎等工具凿岩石
乳胶	是乳白色液体粘结剂的一种，其成分为聚酯乙烯树脂，可直接使用或少量水调剂，胶结强度较高

续表

名　词	解　释
乳胶漆	是水性涂料的一种，主要由合成树脂的胶液，加有颜料、乳化剂、稳定剂、防腐剂、增塑剂配制而成。具有易于涂刷、快干、无臭等特点。并可用水代替有机稀释剂
软填料	指有保温要求的木门内需铺设的泡沫板等材料
润油粉	在大白粉中加色粉、光油、清油、松香水混合成糊状物叫润粉。用麻团沾上油粉，将木材棕眼擦平叫“润油粉”。将水胶、大白粉、色粉混合成浆糊状，将木材面的棕眼擦平叫“水润粉”
塞框	亦称塞口、塞樘，指在砌墙时预先留出的门洞口内安装门框
三合土	亦称三和土，是石灰、碎砖、砂加水拌和后，经浇筑夯实而成。一般用于基础垫层和地面垫层
三角木	三角形的木块，如钉在楼梯梁上的用以安跑板和踏步板的三角木等
三扇玻璃窗	指两边窗框内有三扇正玻璃窗，有无纱窗，有无上亮和下亮窗，有无中框都称作三扇玻璃窗
散水	亦称护坡，指屋面无组织排水时，为保护墙基不受雨水的侵蚀，在建筑物外墙四周地面做成向外倾斜的坡道，以便将雨水排至远处的设施叫散水。一般有混凝土、砖铺、毛石等散水，见下图 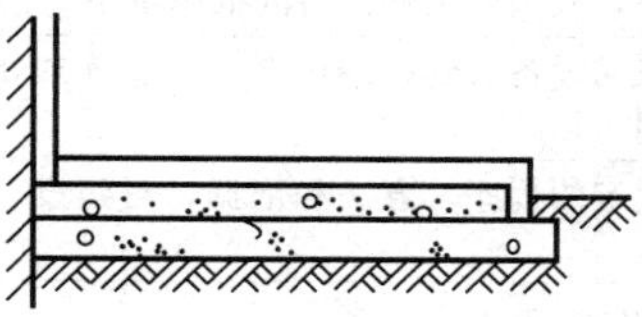 混凝土 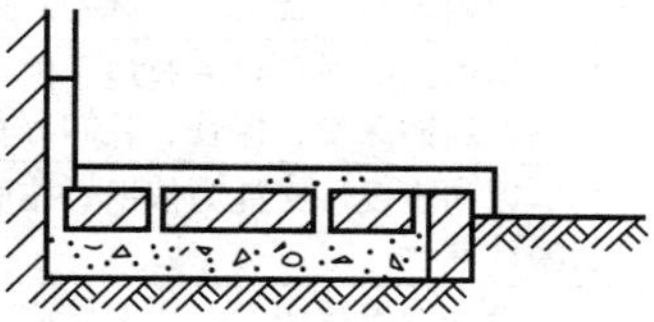　砖铺 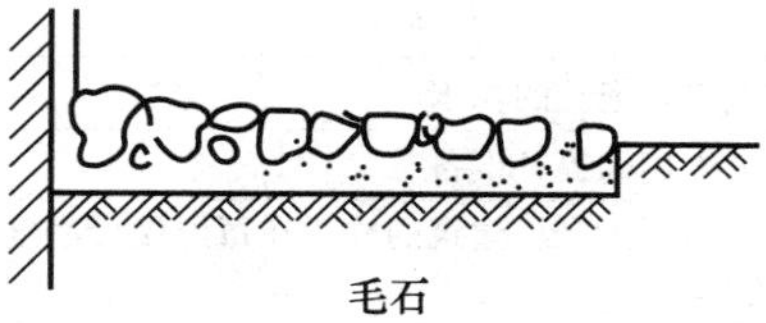 毛石
扫地杆	当土质松软，立杆深埋不够时，为防止立杆下沉而沿立杆底加帮的横杆叫扫地杆
纱窗扇	指钉纱的窗扇。一般断面为30mm×45mm，见下图 
纱门亮子	门上部固定或活动的纱扇叫纱门亮子
纱门扇	门扇钉纱叫纱门扇，作用是防蚊蝇、通风
砂夹层	地下土壤与土壤中间的砂层叫砂夹层
砂率	指混凝土配合比设计中的一个参数，是砂对粗集料（石子）之和的百分比率。以实体计算的称实体积砂率；以重量计算的叫重量砂比
砂桩	指用于加固松砂、软黏土及大孔性土地基的一种方法。一般把钢管打入土中，在拔出钢套管的同时填砂，然后振动压实，形成较高密度与强度的砂桩；或使原基土密实，提高承载能力，或与原基土组成强度较高的复合地基
砂子	是指粒径0.15～1mm的岩石风化碎粒，按来源分山岩砂、河砂、海砂；按粒径分粗砂、中砂、细砂，用作制各种砂浆和混凝土的集料填充石子空隙，是建筑物工程施工的主要材料。其中，中砂最为常用

续表

名 词	解 释
山尖	山墙砌到檐口标高后，向上收砌成三角形
山墙	指房屋的横向墙。有内山墙和外山墙之分
山墙泛水	指屋面与山墙交界的漂水处
上光蜡	是由高碳脂肪酸和高碳脂肪醇构成的物质。与树脂相比蜡有较明显熔点；与油相比蜡难于皂化，在空气中比较稳定，不易变质
上料平台	指供应高层建筑施工上料的专用架子。并能作放置小型起重机械和卸料、堆料之用，见下图 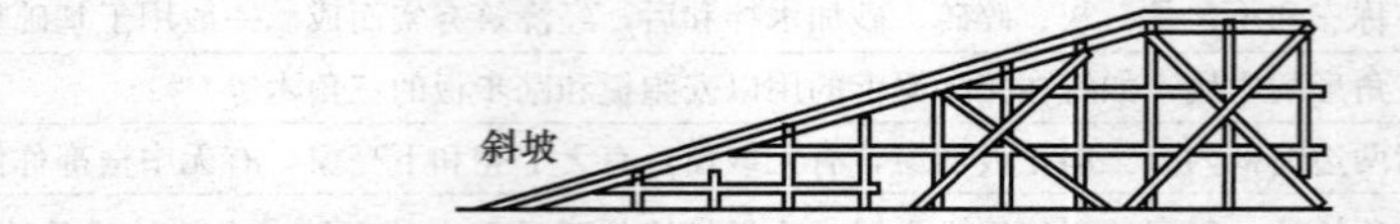
设备购置费	购置或自制的达到固定资产标准的设备、工器具及生产家具等所需的费用
设备原价	国内采购设备的出厂（场）价格，或国外采购设备的抵岸价格
设备运杂费	国内采购设备自来源地、国外采购设备自到岸港运至工地仓库或指定堆放地点发生的采购、运输、运输保险、保管、装卸等费用
设计概算	以初步设计文件为依据，按照规定的程序、方法和依据，对建设项目总投资及其构成进行的概略计算
设计室外地坪	设计图纸注明的、竣工后应达到的室外地面标高
伸缩缝	为了防止建筑物由于过长和受温度变化的影响，出现不规则的破坏，在长度方向适当位置设置的一条竖缝
渗水	指水慢慢地渗入炮孔的积水
升板机械	指升板施工中用的提升设备
升板柱	指预制钢筋混凝土升板建筑的柱，在每层楼板高度留有固定楼板的孔洞，以便固定楼板时浇筑柱帽，见下图 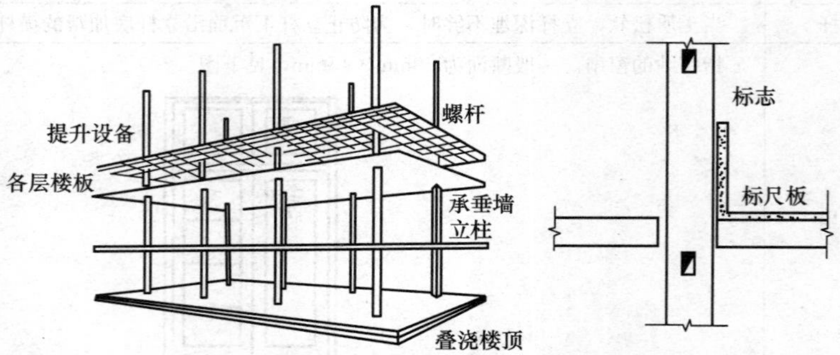
升层式建筑	指在下面整层装配好，内外墙体与楼板一齐升上去的建筑，见下图 

续表

名　词	解　释
生产能力指数法	依据已建成的类似项目的生产能力和投资额，估算拟建项目投资的方法
生产准备费	在建设期内，建设单位为保证项目正常生产而发生的人员培训费、提前进厂费，以及投产使用必备的办公、生活家具用具及工器具等的购置费用
施工定额	完成一定计量单位的某一施工过程，或基本工序所需消耗的人工、材料和施工机械台班数量标准
施工机械使用费	施工机械作业发生的使用费或租赁费
施工机械台班单价	折合到每台班的施工机械使用费
施工机械台班消耗量	在正常施工生产条件下，完成定额规定计量单位的建筑安装产品所消耗的施工机械台班的数量
施工图预算	以施工图设计文件为依据，按照规定的程序、方法和依据，在工程施工前对工程项目的工程费用进行的预测与计算
湿度	指物质（或土壤）中含水分的多少
十字拉杆	搭设大面积的平台脚手架时拉杆的一种绑扎方式。即纵向拉木和横向拉木十字交叉，其交叉点又是与立杆的绞接点。这种拉木的绑搭方式叫十字拉杆
石板瓦屋面	屋面工程做法之一，将页岩劈剥成薄板并裁制成一定的规格，铺在屋面上用以防水
石膏	亦称生石膏，是一种天然无机化合物的透明结晶体，呈白色、淡黄色、粉红色或灰色，在建筑塑造和水泥制造上用量较多
石膏（棉）板隔墙	指在骨架上钉石膏板的隔墙，见下图 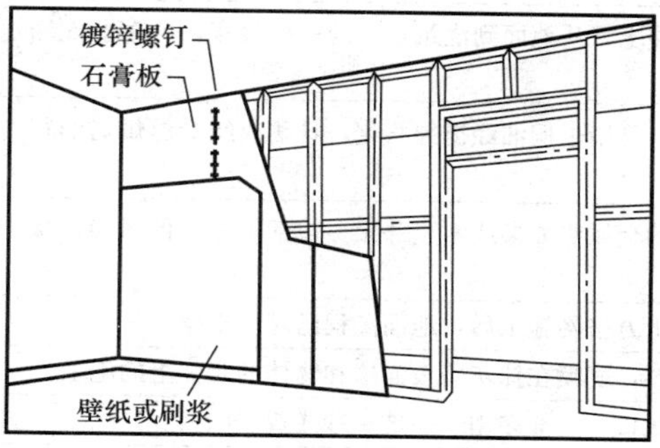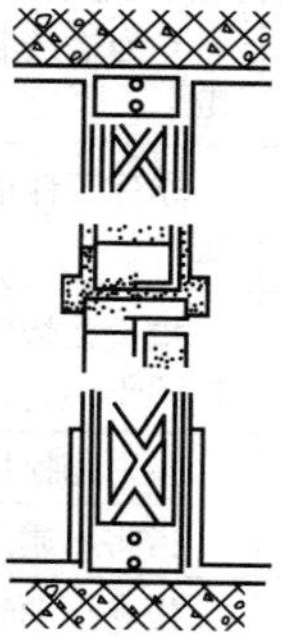
石灰	用石灰石（碳酸钙）烧成的块状物叫石灰，也叫生石灰。加水随即变成氢氧化钙并放出大量的热，是建筑施工的主要材料之一
石灰浆	指用生石灰块或石灰膏加水，再按石灰用量的10%左右的食盐或明矾调制而成。可以加入部分颜料
石灰锯末	石灰锯末是由块石灰水化为粉后，加一定比例的锯末拌和而成的保温材料
石灰拉毛	是外墙装饰墙面的一种，是在抹平的基层上用刷子沾着石灰浆拉成花纹的墙面
石灰麻刀浆	指由石灰膏掺入适量麻刀调制而成的浆状物。多用于内墙和天棚抹面；麻刀主要防止面层裂缝
石灰麻刀砂浆	指由石灰膏、砂、麻刀加水按一定配合比例调制均匀而成的砂浆。常用于苇箔、板条、钢板网天棚和墙面抹灰。麻刀主要是增加砂浆的拉力，使砂浆粘着力增大，不易脱落
石灰砂浆	由石灰、砂子加水按一定配合比例调制均匀而成的砂浆叫石灰砂浆
石棉粉	是粉状矿物，成分是镁、铁等的硅酸盐。多为灰色、白色或淡绿色，柔软耐高温、耐酸碱，是热和电的绝缘体

续表

名　词	解　释
石棉瓦	石棉瓦亦称石棉水泥瓦，是用石棉和水泥为主要原料制成的波形轻型板材。可分为小波、中波和大波。具有防火性能好、自重轻、施工方便的特点
石棉瓦屋面	用波形瓦楞石棉瓦铺钉的屋面叫石棉瓦屋面
石屑	在岩石破碎过程中筛选出来的5mm以下的细粒叫石屑。颗粒多为棱角，可代替天然砂，用作砂浆、混凝土和建筑制品的骨料。如石英石、砂岩、石灰岩的石屑和石粉，是碳化建筑制品的原料或填充料
石英石（砂、粉）	是一种硅质砂岩变质而成的岩石，经开采加工成石子、磁砂子、粉料材料
石油沥青	石油沥青是从石油中提取的产品，是一种呈黑色或棕色，具有光泽的、在常温下呈固体、半固体或液体的物质。常用于建筑防潮、防腐等
石油沥青玛琋脂	石油沥青玛琋脂亦称胶着剂、胶合剂、胶合物，是一种在石油沥青中掺入滑石粉或石棉粉的膏状混合物。具有粘结、防水、防腐蚀作用，一般用于粘接防水卷材、油毡和各种防水、防腐墙面砖和地面砖等
石渣	岩石被爆破后的碎石
时效	指钢筋经冷加工硬化后，其屈服点和极限强度随时间逐渐提高，塑性逐渐偏低的现象。这种现象在常温下半个月才能完成，在高温下可加快时效过程的完成，所以常用人工加温的方法来提高钢筋强度
市政公用设施费	使用市政公用设施的工程项目，按照项目所在地省级人民政府有关规定建设或缴纳的市政公用设施建设配套费用，以及绿化工程补偿费用
受力钢筋	指在构件中受压和受拉应力钢筋的统称，是骨架钢筋的主要部分
疏撑	指槽坑土方开挖时，在槽坑壁间隔铺设挡土板的支撑方式
输送泵车	专为输送混凝土（从地面到浇筑点）的一种泵车，此车既能输送混凝土到浇筑点，自身又能行走
熟桐油	亦称干性油，是用生桐油经搅拌氧化，日晒或经低温烘烤而得，在建筑施工中一般用于刷木板底油
竖井架	指设在烟囱的金属竖井架或木竖井架，包括工作台的搭设，保护网的制安以及提升设施的安装拆卸等
竖向布置图	指采用挖填土方格网施工后，地面高程已基本平整
刷浆	指将水质涂料，刷喷在抹灰墙表面层和物体的表面上的施工
双裁口	指在框两边裁口。一般多用于一玻一纱或双层门窗
双层玻璃窗	指内外两层窗扇均为玻璃的窗
双机跑吊	屋架在跨内就位，两台起重机同时提升吊钩，将屋架提升到一定高度，为使屋架不致碰及其他柱和屋架，然后一机向后斜至停机点，另一机则带屋架向前进，使屋架达到就位安装位置，两机同时提升屋架至超过柱顶，再下降至柱顶对位、脱钩，这种吊装方法叫双机跑吊
双机抬吊	当构件重量（或跨度）大，使用一台机械无法吊装时必须用两台机抬吊，见下图 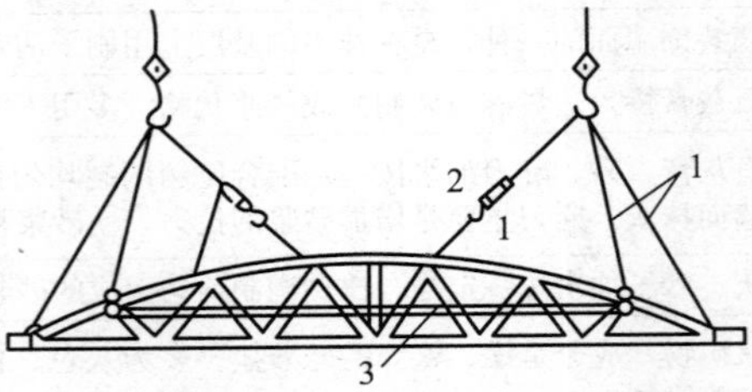 1 2 1 3 1—长吊索对折使用；2—倒链；3—加固脚手杆

续表

名　词	解　释
双排脚手架	指墙外面，里、外有两排立杆，其小横杆直接搁在里外两排横杆上，见下图 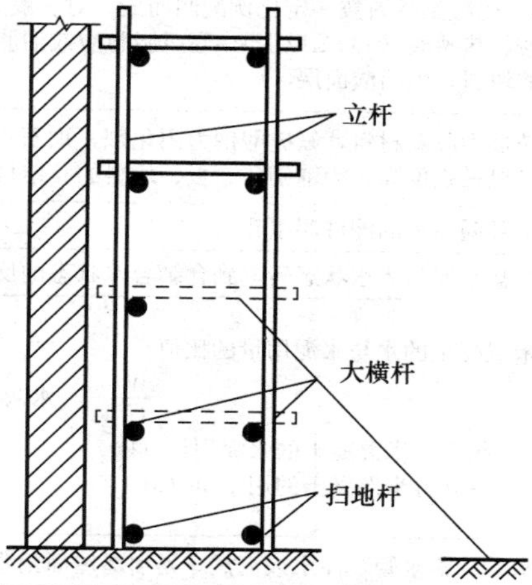
双排油活脚手架	也叫外檐油活架。系为古建筑外檐的椽望、斗拱、上下架大木和门窗隔扇等油漆彩画时搭设的专用脚手架
双扇玻璃窗	指两边窗框内只有两扇正玻璃窗，有无纱窗有无上亮和下亮窗都称作双扇玻璃窗
双肢柱	双肢柱是一种大型钢筋混凝土承重柱，有两根主要受力竖向肢杆，其间沿柱高每隔一定距离用水平杆联系组成一个整体，一般在高大厂房中采用。柱截面大于500mm×1400mm，用于吊车起重量大于30t或柱距大于6m的建筑物，见下图 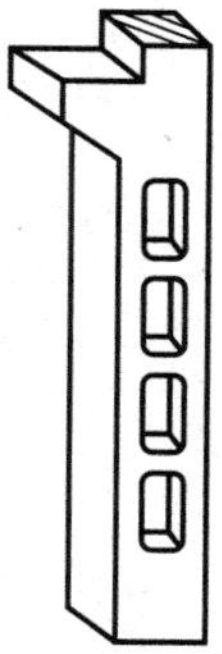
水玻璃	亦称泡花碱，是硅酸钠的水溶液，无色透明，可做粘合剂、防腐、防水材料，也用于造纸和纺织工业
水玻璃混凝土	是指以水玻璃为胶凝材料，氟硅酸钠为固化剂，加石英石、石英砂、石英粉调制而成的，耐酸性、整体性较好的混凝土。适用于酸性介质的泵类以及贮罐类基础
水玻璃混凝土地面	水玻璃混凝土以水玻璃为胶结剂，氟硅酸钠为硬化剂，耐酸粉料（辉绿岩粉、石英粉）、耐酸砂子及耐酸石子为粗细骨料按比例调制而成的混凝土做的地面，多用于耐酸防腐工程
水玻璃胶泥	是指用水玻璃为胶凝材料，氟硅酸钠为固化剂，加石英粉、石英砂和铸石粉搅拌均匀而成。其耐酸性能好，机械强度高，能铺砌各种砖、板、块料和结构表面涂刷及灌缝的耐酸材料
水玻璃耐酸混凝土	是一种耐酸性介质的混凝土。它由水玻璃（为胶凝材料）、氟硅酸钠（为固体剂和耐酸粉料）、耐酸粗骨料（铸石粉、石英石）按一定比例配制而成，对一般无机酸、有机酸腐蚀性的气体，有抵抗能力；但不耐氢氟酸、热磷酸（300℃以上）、高级脂肪酸的腐蚀。禁止用水蒸气养护，防止烈日暴晒，用硫酸刷酸洗。能提高耐酸、耐水和抗渗能力，可用于耐酸地面、设备基础、烟囱内衬、耐酸池、槽、罐的外壳和内衬以及配筋构件

续表

名　词	解　释
水玻璃耐酸砂浆	水玻璃耐酸砂浆是一种耐酸性介质的砂浆，它以水玻璃（为胶凝材料）、氟硅酸钠（为固化剂和耐酸粉料）、耐酸细骨料按一定比例配制而成。对一般无机酸、有机酸腐化性气体有抵抗能力，但不耐氢氟酸、热磷酸（300℃以上）、高级脂肪酸或油脂酸、碱和呈碱性反应的溶液的腐蚀。多用于砌筑耐酸块料，做耐酸面层
水玻璃砂浆	是用水玻璃为胶凝材料，氟硅酸钠为固化剂，加石英粉、石英砂和铸石粉搅拌均匀而成。其耐酸性能好，机械强度高，为铺砌砖、板、块料的胶结材料
水斗	雨水管上部漏斗形的配件叫水斗
水化	是指硅酸盐水泥从无水状态转变到含结合水状态的反应过程
水灰比	指立方米混凝土的水与水泥用量的比值 $\frac{W}{C}$——水灰比 式中　C——每立方米混凝土的水泥用量（kg） W——每立方米混凝土的用水量（kg）
水落管	亦称雨水管、落水管、注水或流洞，是引泄屋面雨水至地面或引泄地下排水系统的竖管。设置在墙外的叫明管，设置在墙内的叫暗管。常用镀锌铁皮、石棉水泥、铸铁、玻璃钢、塑料管做成，见下图 
水磨石板	指将掺有小石子（各种颜色）及颜料的水泥砂浆涂抹在预制混凝土板上，待硬化后，用硬质磨石加水磨光，经草酸擦洗净，打蜡而成的石板，表面光亮、色泽美观，常用于地板、地面、踏步、窗台和踢脚板等处
水泥	是用石灰石、黏土等按适当比例磨细混合成球，装在窑内焙烧，再磨成粉状掺适当的石膏而成，呈灰绿色或棕色，是一种主要材料
水泥白石子浆	指用水泥、白石子加水调拌均匀做水刷石和水磨用的灰浆
水泥豆石浆	指由水泥、豆石加水按一定比例调制均匀而成的石浆。一般常用于水刷砂或豆石墙面装饰抹灰
水泥花砖	指用水泥、砂子加水拌和均匀，做成厚 25mm 左右、长 200mm、宽 200mm 的方片砖，可在表面制作有规律的花纹，铺砌图案

续表

名　词	解　释
水泥拉毛	是装饰墙面的一种，其拉毛方法与石灰拉毛基本相同。有铁板拉毛、硬刷拉毛和软刷拉毛之分
水泥砂浆	由水泥、砂子加水按一定配合比例调制均匀而成的砂浆叫水泥砂浆。用于砌体的按重量比，用于抹灰的按体积比。常用于潮湿环境或水中的砌体抹灰
水泥砂浆地面	用1∶3或1∶2.5的水泥砂浆在基层上抹15～20mm厚，抹平后待其终凝前再用铁板压光而成的地面，叫水泥砂浆地面，见下图 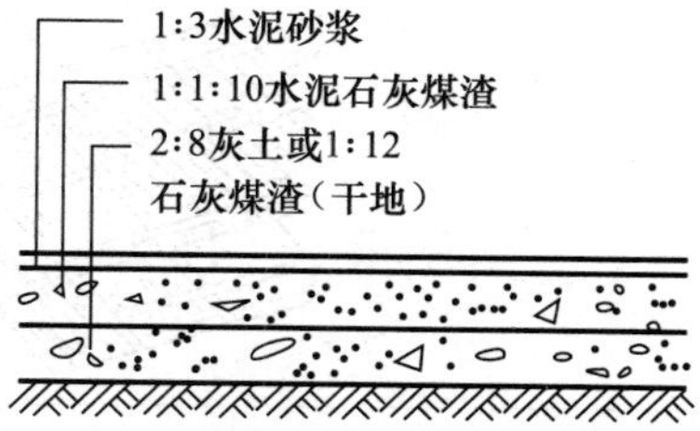
水泥砂浆防潮层	指在水泥砂浆中掺有一定的防水粉，抹在基层上做防水处理的方法叫水泥砂浆防潮层。有平面和立面之分，见下图 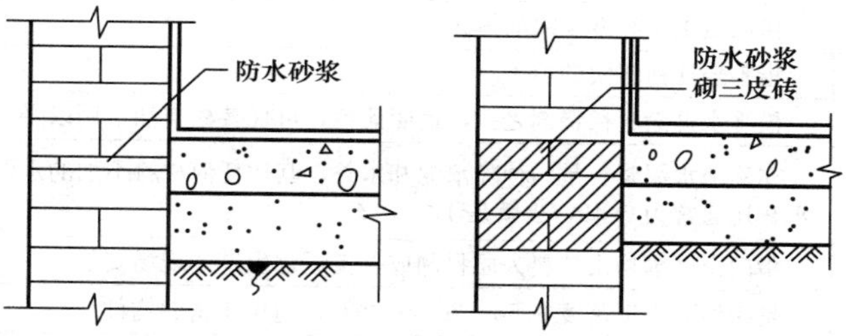
水泥石灰麻刀砂浆	指由水泥、石灰膏、砂、麻刀加水按一定配合比例调制而成的砂浆。一般常用于高级墙面的基层或面层抹灰
水泥瓦	用水泥、砂子加水拌和均匀成型、养护而成的片材叫水泥瓦
水泥珍珠岩板	是指用水泥、珍珠岩、加水搅拌均匀成型，硬化、凝固而得的保温隔热材料
水泥蛭石块保温层	以膨胀蛭石为主要材料，加入胶粘剂（水泥、水玻璃、石膏、沥青、合成树脂等）经搅拌成型、干燥、养护而成的块料做保温材料的构造层，见下图 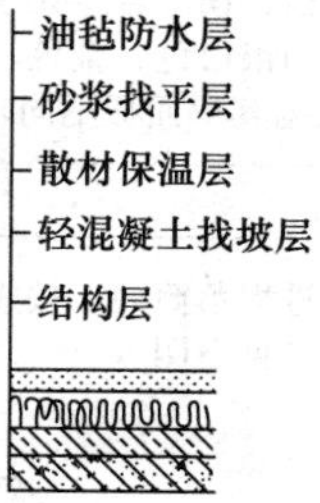
水平投影	水平面方向的正投影叫水平投影
水刷砂	在1∶3水泥砂浆划毛的底灰上，先薄刮一层素水泥浆，随即抹水泥粒砂浆，待初凝时，洗刷去面层的水泥，使粒砂半露的方法叫水刷砂。一般做外墙面、阳台、挑檐
水刷石	亦称汰石子，指用水泥、细石子、颜料，加水搅拌均匀后，抹在墙面或柱面上，待水泥浆初凝时，洗刷去面层的水泥，使细石子半露，结硬后似天然石料的方法。一般用做外墙裙、挑檐、阳台

续表

名 词	解 释
税金	按照国家税法规定，应计入建筑安装工程造价内的营业税、城市维护建设税、教育费附加以及地方教育附加
顺垄杆	屋面支杆架中顺瓦垄方向摆放的杆叫顺垄杆，是用来绑扎接脚横杆的，其固定方法有上固定和下固定两种
顺水条	指钉在屋面防水上，沿屋面坡度方向的 6mm×24mm 的薄板条，见下图 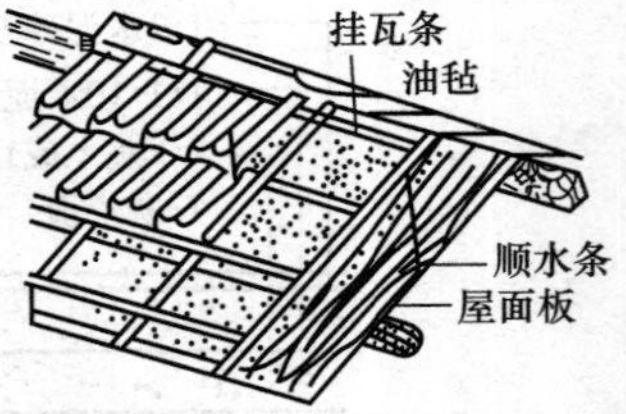 挂瓦条 油毡 顺水条 屋面板
四方斗卷扬机架	在楼房修缮工程中使用的垂直提升脚手架，提升重量在 200kg 以内，其搭设要比正规卷扬机脚手架简单，不要求四面各留 1m 宽的走道和铺板，只要求逐层铺一面过渡板
四扇玻璃窗	指两边窗框内有四扇正玻璃窗，有无纱窗有无上亮和下亮窗，有无中框都称作四扇玻璃窗
松填体积	指回填土不经夯实时的体积
松填土	指不经任何压实的填土
松香水	松香水是涂料稀释剂之一，透明无色，可代替松节油，用以降低油漆的黏度，便于施工
素水泥浆	亦称纯水泥浆，是一种除水泥和水外，其他任何材料不加的水泥浆。一般用素水泥浆作结合层。水灰比通常为 0.42，也就是 1∶0.42
塑料门窗	指门窗框扇均由塑料为原料制成，工厂化生产，现场安装
塑性混凝土	是指混凝土坍落度在 50～70mm 之间，适用于密肋构件
酸化处理	是用稀硫酸洗刷面层污垢的过程
碎石灌浆垫层	指在碎石垫层上加灌水泥砂浆的垫层
碎石灌沥青砂浆	指干铺碎石后，为防潮而加灌沥青砂浆的垫层
碎砖墙	用不足整块的砖砌筑的墙体
碎砖三合土	用石灰、黏土以及粒径在 30～50mm 的碎砖按比例，加水拌匀后分层铺设夯实而成。一般用于基础或地面垫层
T形铝合金吊顶龙骨	铝合金是用纯铝加入猛、镁等合金元素组成，具有质轻、耐蚀、耐磨、韧度大等特点；经氧化着色表面处理后，可得到银白色、金色、青铜色和古铜色效果，雅致、美观、经久耐用。铝合金龙骨一般多用 T 形。根据其罩面板不同，龙骨分底面外露和不外露两种
台阶挡墙	指台阶侧面的挡墙
坍落度	把拌和好的混凝土倒进坍落筒内，按规定方法进行捣固，然后垂直提起坍落筒，混凝土向下坍落的高度，即为坍落度，见下图 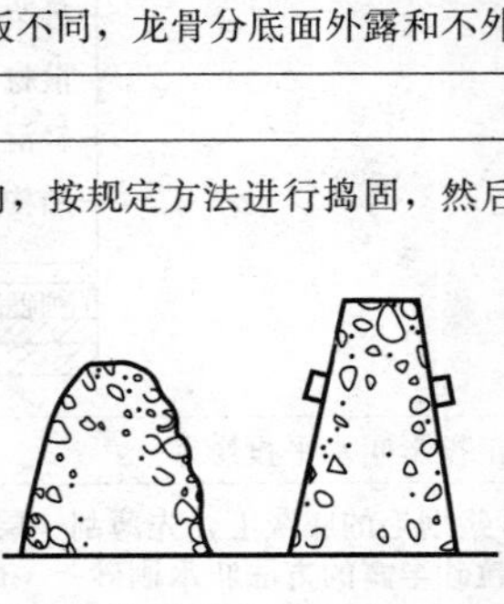
摊座	是指在爆破后的基底上，进行全面剔打，使之达到设计标高
绦环	裱糊工程术语，一平两切面棚“平”的下方的梁架柁档部分叫作绦环
掏砌碱砖	墙体局部酥碱时，将酥碱部分拆掉重新补砌的修缮工程做法

续表

名　词	解　释
陶瓷锦砖	又称“陶瓷马赛克”。系由优质陶土烧制而成小块瓷砖，分挂釉和不挂釉。具有质地坚实、强度高、耐酸碱侵蚀、色泽美观、耐磨、易清洗等优点。有正方、长方、六角、斜长条等基本形状，可拼出各种拼花图案
特殊设备安全监督检验费	安全监察部门对在施工现场组装的锅炉及压力容器、压力管道、消防设备、燃气设备、电梯等特殊设备和设施实施安全检验收取的费用
剔砌碱砖	墙体外皮有少量的酥碱砖时，将其剔除并补镶新砖的修缮工程做法
梯形屋架	只有一组对边平行的钢筋混凝土预制屋架叫梯形屋架，见下图
梯子	是指供人上下的工具，用两根柱做高度的边，中间按一定距离装若干短横杆或钢板做成为上下踏步的金属构件。有直梯和斜梯之分
踢脚板	亦称踢脚线，是用以遮盖楼地面与墙面的接缝和保护墙面，以防撞坏或拖洗地面时把墙面弄脏的板。有缸砖、木、水泥砂浆和水磨石、大理石之分，见下图 (a)　(b)　(c)　(d) (a) 缸砖踢脚板；(b) 木踢脚板；(c) 水泥踢脚板；(d) 水磨石踢脚板
提升钢爬杆	指建筑物、构筑物用滑升模板施工，浇筑在混凝土中间以提升“滑模”的支承杆
天窗	凸出在屋面上的窗，用作房屋的采光、通风
天窗支撑	在天窗屋架间垂直设置的剪刀撑，用以增强天窗屋架的稳定
天沟	屋面上用来引泄水的沟槽叫天沟（用来汇集屋面流下来的雨水，引入水斗和雨水管），一般用镀锌铁皮和钢筋混凝土做成
天棚抹灰	即天花板抹灰，从抹灰级别上可分普、中、高三个等级；从抹灰材料可分石灰麻刀灰浆、水泥麻刀砂浆、涂刷涂料等；从天棚基层可分混凝土基层、板条基层和钢丝网基层抹灰
天棚木龙骨	天棚的木制骨架。另见“木龙骨”
天然密度	指在自然条件下，物体的质量和其体积的比值。常用单位：g/cm^3 或 kg/m^3
天然湿度	是指在正常的自然情况下物质或土壤中含水分的多少
填充墙	填充墙亦称框架间墙，是在框架空间砌筑的非承重墙
填方区重心	指填方区各部分因受重力而产生的合力，这个合力的作用点叫作填方区重心
挑脚手架	指对较大的挑檐、阳台和其凸出墙面部分施工而搭设的架子
挑檐脚手架	也叫挑脚手架，是从建筑物外墙上的洞口向外挑出的脚手架。一般用于楼房的挑顶或外檐装修工程
挑檐座车平台漏子	在平屋顶上施工时使用的垂直提升脚手架，其提升重量在 200kg 以内，搭设方法是在屋顶上搭一座二步高的平台座车架，由屋面的檐口处向外挑出，并安装简易吊车漏子口，三面绑上扶手

续表

名　词	解　释
条铺	铺贴防水卷材时，卷材与基层采用条状粘结的施工方法，每幅卷材与基层粘结面不少于两条，每条宽度不小于 150mm
铁皮咬口	铁皮咬口是指铁皮接头处的拉接方式。有单咬口和双咬口之分，见下图 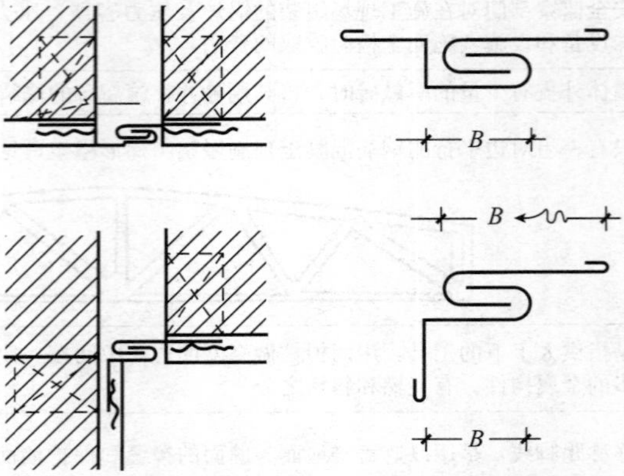
铁屑砂浆	是指一部分去油污垢的铁屑（钢屑）做集料，加水泥、砂共同配制而成。具有强度高、耐磨性能好和导热好的特点。一般用于耐磨地面、筒仓的衬里及楼梯踏步和防滑条的制作
铁栅窗	是指用 2506 钢窗料或扁钢立杆，其立杆断面尺寸为 20mm×（4～10）mm，间距为 120～160mm，芯杆倾斜角一般为 60°～70°做成的窗
通风道	指在民用建筑中，为使室内通风换气（或在室内的浴厕中）而在墙壁中设置的通风道
通风洞	为室内空气畅通，在檐口天棚上设置的小洞叫通风洞
通天门口	中式木装修中门口的一种，两个竖框下端立在下槛上，上端直接交于檩枋而无上槛，中间设中槛
筒仓	单体或连体圆形筒式贮仓，也称筒式料仓，多建在地面以上。其中，单体筒仓面积较小，高度较大
投标价	投标人投标时响应招标文件要求所报出的，在已标价工程量清单中标明的总价
投资估算	以方案设计或可行性研究文件为依据，按照规定的程序、方法和依据，对拟建项目所需总投资及其构成进行的预测和估计
投资估算指标	以建设项目、单项工程、单位工程为对象，反映其建设总投资及其各项费用构成的经济指标
投资偏差	因为价格的变化引起的工程投资实际值与计划值的差额
透气层	指在结构层和隔气层之间设一构造层，使室内透过结构层的蒸汽得以流通扩散，压力得以平衡，并设有出口，把余压排泄出去。透气层一般使用油毡条或颗粒材料施工而成，见下图 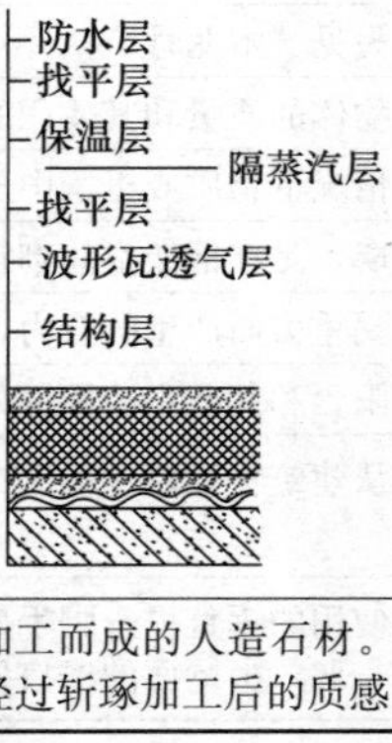 防水层 找平层 保温层 隔蒸汽层 找平层 波形瓦透气层 结构层
凸凹假麻石块	是一种凝固后的水泥石膏浆经斩琢加工而成的人造石材。制作方法是先预制块体、然后用剁斧斩琢加工，使面层上呈现像天然麻石经过斩琢加工后的质感

续表

名　词	解　释
土层结构	指地下土层分布情况，见下图 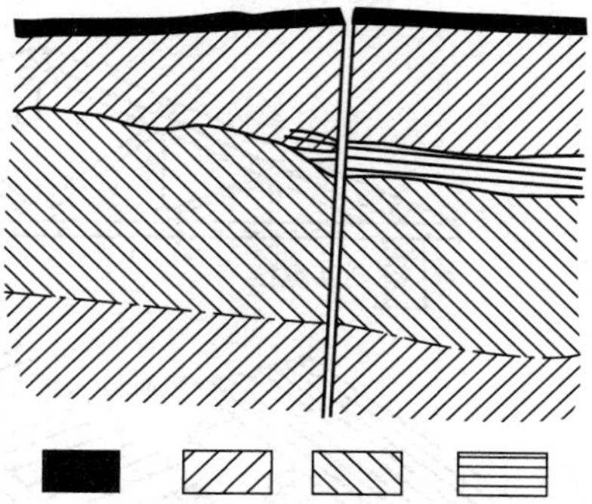 杂填土　素填土　淤泥　粉质黏土
土方	指挖土、填土、运土的工作量，通常都用立方米计算，$1m^3$ 称为一个土方。这类施工叫土方工程，有时也叫土方
土壤	指地球表面的一层疏松物质，由各种颗粒状矿物质、有机物质、水分、空气、微生物等组成，能生长植物。全国统一基础定额把土壤按照天然湿度下的平均密度和开挖时用的工具以及紧固系数划分为四类：一、二类土壤（普通土）；三类土壤（坚土）；四类土壤（砂砾坚土）
土石方工程	土石方工程是指挖土石、填土石、运土石方的施工
挖补盖	纸顶棚修缮工程做法之一，挖去损坏的部分，分层进行补糊
挖方区重心	指挖方区各部分因受重力而产生的合力，这个合力的作用点叫做挖方区重心
瓦笆泥窝水泥瓦	屋面修缮工程做法之一，将布板瓦铺搭在椽档上，上下两瓦的对封处用素灰膏勾抹，在其上苫泥灰背，窝水泥瓦
瓦垄（楞）铁皮屋面	用波形铁皮铺的屋面叫瓦垄（楞）铁皮屋面
瓦头修补	合瓦檐头盖瓦的花边瓦下的瓦头若缺失或损失，用深月白麻刀灰进行勾抹修整的修缮工程做法，亦称抹瓦脸
瓦屋面	用平瓦（黏土瓦），根据防水、排水要求，将瓦相互排列在挂瓦条或其他基层上的屋面叫瓦屋面。坡度大的屋面可用铁丝将瓦固定在挂瓦条上，见下图 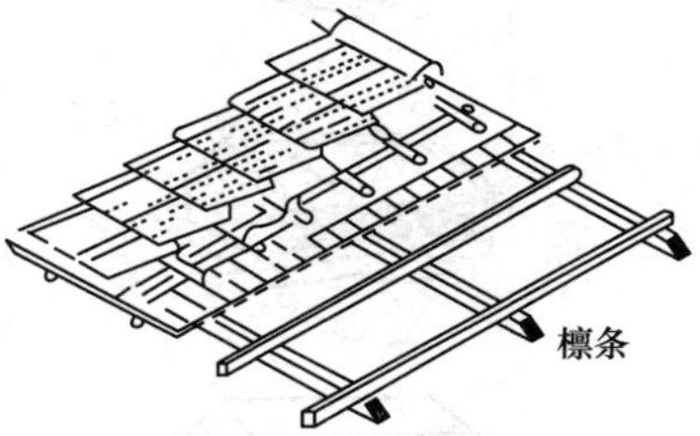 檩条
外脚手架	指搭设在建筑物四周墙外边的脚手架
外墙裙	室外窗台以上的墙裙，叫外墙裙。为保护墙体不受风、雨、日晒的侵蚀，通常用水泥砂浆或水磨石、瓷砖等做成
外檐沟	在女儿墙外设置的檐沟叫外檐沟，使雨水顺屋面坡度直接通至女儿墙外檐沟，流向水落管内
网架板	指网架面上的板。这种板具有重量轻、外观美、质量坚、价格低、防火、防水、保温、隔热耐寒等特点

续表

名 词	解 释
望板	亦称屋面板，指钉在檩条或屋面椽子上面的木板，见下图 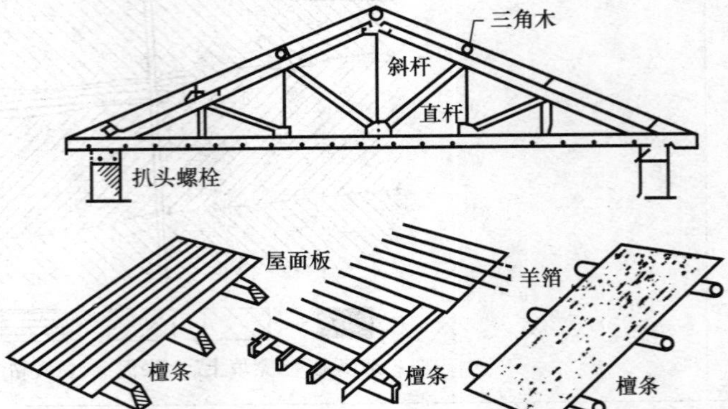
苇箔泥窝水泥瓦	屋面修缮工程做法之一，在椽子上钉挂席箔，在席箔上苫泥灰背，窝水泥瓦
吻脚手架	也叫正吻吊装脚手架，在屋面上搭设的用于六样以上正吻的安装、拆卸或勾抹打点的脚手架
窝挑	为了适应立面操作而把脚手架排木或横拉杆端头挑出，并在上面铺脚手板的搭设方法叫窝挑
屋顶	屋顶是由屋面与支承结构组成。支承结构可以是平面结构也可以是空间结构，一般支承结构为屋架、钢架、梁板；空间结构为薄壳、网架、悬索等。因此，其屋顶外形也各异，见下图 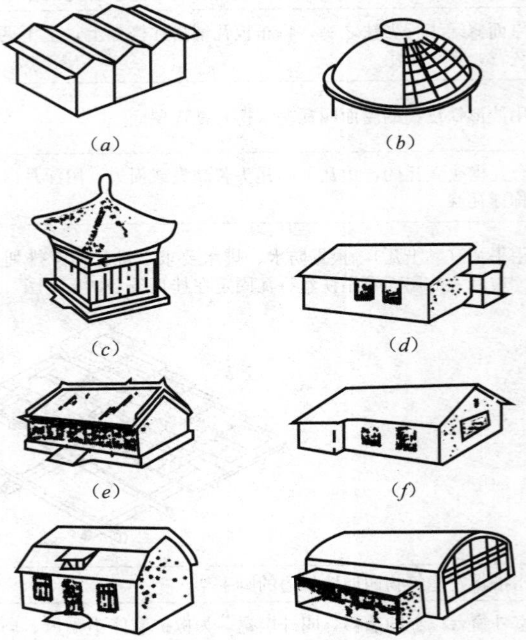 (a)　(b)　(c)　(d)　(e)　(f)　(g)　(h) (a) 折板屋顶；(b) 肋环网屋顶；(c) 四攒尖顶；(d) 单坡；(e) 双坡（硬山）；(f) 双坡（悬山）；(g) 双折式；(h) 拱形

续表

名　词	解　释
屋顶	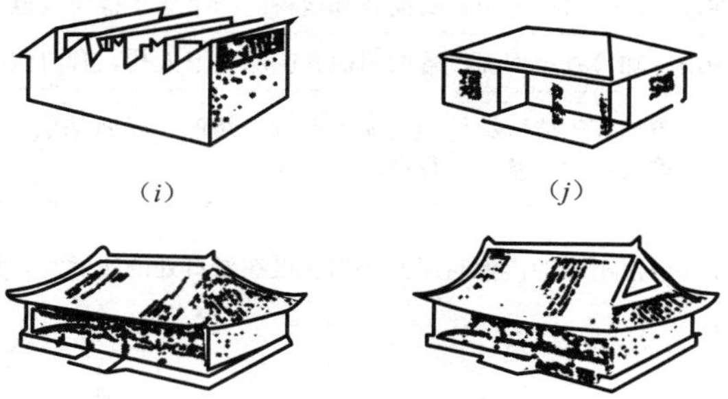 (i)　(j)　(k)　(l) (i) 锯齿形；(j) 四坡顶；(k) 庑殿；(l) 歇山
屋顶铁皮补眼	用厚漆或焊锡将铁皮屋面上出现的锈眼补上，以防漏雨
屋顶小气窗	为通风换气而在屋顶设置的突出屋面的窗叫屋顶小气窗
屋盖（架）支撑	在两榀屋架间垂直设置的剪刀撑，用以提高屋架的侧向稳定性和抗水平力的能力，可用型钢或木枋制成
屋脊	两斜屋面相交形成的一条隆起的棱脊叫屋脊；水平的叫平脊；斜的叫斜脊
屋脊查补	对屋脊部分进行修理，包括检查屋脊的破损情况，少量添换缺损的砖瓦件，用灰钗抹瓦件的缝隙
屋架紧螺栓	人字屋架经长年荷载会产生形变、金属杆件松动，为保证结构安全，需将其螺母重新拧紧，称屋架紧螺栓
屋架铁箍加固	为避免屋架木料出现的裂缝再发展，致使构件强度降低所采取的加固工程做法。铁箍一般用扁钢按木构件的断面圈成圆形或方形，接头处用螺栓紧固
屋面	指屋顶的面层。它直接受大自然的侵袭，屋顶材料要求有很好的防水性能，并耐大自然的长期侵蚀；另外，屋面材料也应有一定的强度，使其能承受在检修过程中的临时在上面增加的荷载
屋面查补	为解除屋面漏雨，对屋面进行的检查和修补，首先找出漏雨的原因和部位，清除碎瓦及酥裂的灰皮，用水洇湿，补换上新瓦并用麻刀灰将破损部位重新裹抹
屋面基层	指木屋架以上的全部构造。包括椽子、挂瓦条、屋顶板或苇箔、铺毡等
屋面架空隔热层	亦称通风隔热层，是利用空间层内流动的空气带走大量热量的设施。通风层有较高的要求：通风口有足够的面积，流通方向与通风口应朝夏季主导风方向，使通风层的空气畅通，换气迅速，以达到隔热的目的，见下图 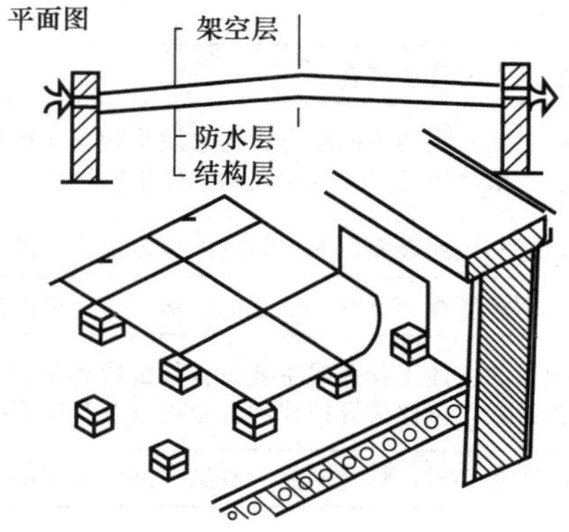 平面图　架空层　防水层　结构层

续表

名　词	解　释
屋面马道	在坡屋面上搭设的由檐头向脊部运料的脚手架，也叫坡道
屋面上人孔	为维修和检查屋面而设置的屋面孔叫屋面上人孔，有白铁皮包镶的木盖
屋面挑顶	将严重损坏不能继续使用的屋顶拆除，修理好屋面基层，利用原有的瓦件（数量不足则用新瓦补齐）重新铺设的修缮工程做法
屋面斜沟	屋面引泄雨水的沟槽叫屋面斜沟。设在檐口处的叫檐沟，见下图 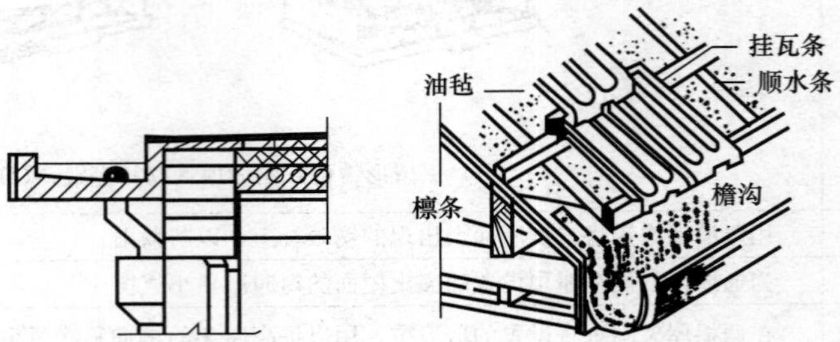
屋面支杆	又称屋面持杆，系在屋面上为施工操作而绑扎的脚手架
无光调和漆	亦称平光调和漆，漆中含颜料较多并加平光剂，涂刷干燥后，漆膜无强烈反光，对人的神经无刺激，常用于室内墙面及某些军事装备的外表，在建筑油漆中常代替铅油（厚漆）打底
无筋混凝土垫层	指采用 5～10mm 厚的素混凝土做的垫层
无筋混凝土设备基础	指没有钢筋的素混凝土设备基础
无眠空斗墙	无平砖砌筑成的空斗墙叫无眠空斗墙，见下图 
无泥背屋面	屋面基层上无泥背垫层者
五层做法	亦称多层做法，指用不同配合比的水泥浆和素灰胶浆，相互交替抹压均匀密实，使其成多层的整体防潮层。由抹压三层素灰层及两层砂浆所组成
吸声孔	在贴面板材和块料表面，人工制造出许多小孔，具有吸声作用。因此叫吸声孔
稀混凝土	指混凝土坍落度在 70～90mm 之间，适用于钢筋配制特密构件
系数估算法	以拟建项目的主体工程费或主要设备购置费为基数，以其他工程费与主体工程费或设备购置费的百分比为系数，依此估算拟建项目总投资及其构成的方法
细木板	指用木板边角小料，经过刨光、胶结、贴面而成的人造板材，多用于制作家具及装饰用料

续表

名　词	解　释
细石混凝土地面	指在结构层上做细石混凝土、浇好后随即用木板拍表浆或用铁滚滚压，待水泥浆液到表面时，再撒上水泥浆，最后用铁板压光，这种做法也叫随打随抹，见下图 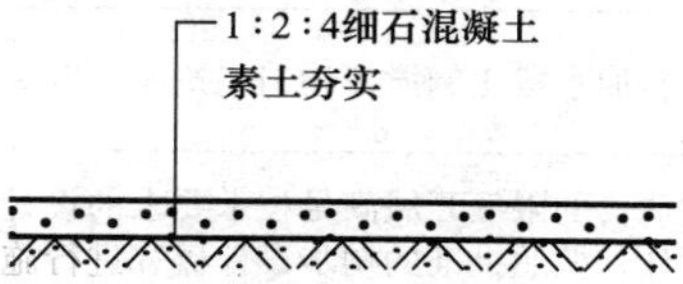 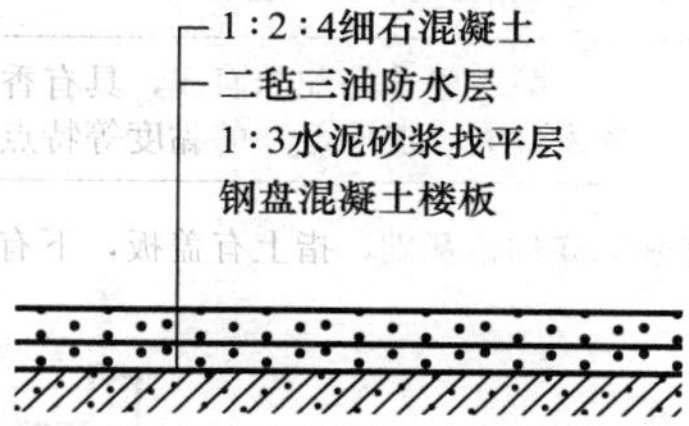
下水口	管下端的出水口叫下水口
纤维板	指以木材碎料为原料经加工分离成纤维，再加胶，热压而成的人造板。多用于建筑车辆、船舶内部装修及制作家具
纤维板门	纤维板门同胶合板门相似，不同的是双面镶贴纤维板
纤维素	是纤维素醚的一种，一般用作乳化剂、粘合剂和增稠剂
现场签证	发包人现场代表（或其授权的监理人、工程造价咨询人）与承包人现场代表就施工过程中涉及的责任事件所做的签认证明
现浇框架	是指用现浇钢筋混凝土框架承重的结构。这种框架结构中的填充墙或悬挂墙仅起围护作用
现浇水磨石地面	指天然石料的石子，用水泥浆拌和在一起，浇抹结硬，再经磨光、打蜡而成的地面，可依据设计制作成各种颜色的图案，见下图 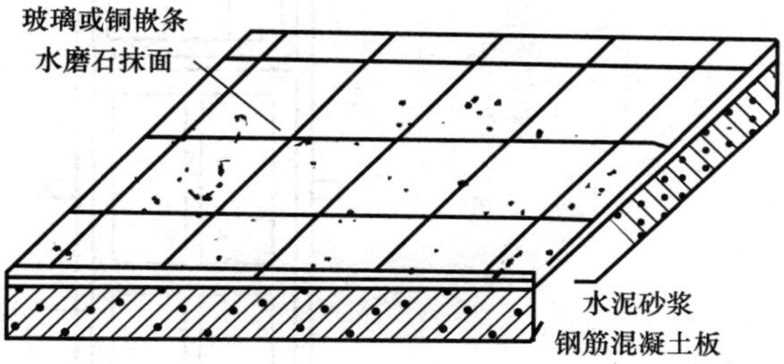 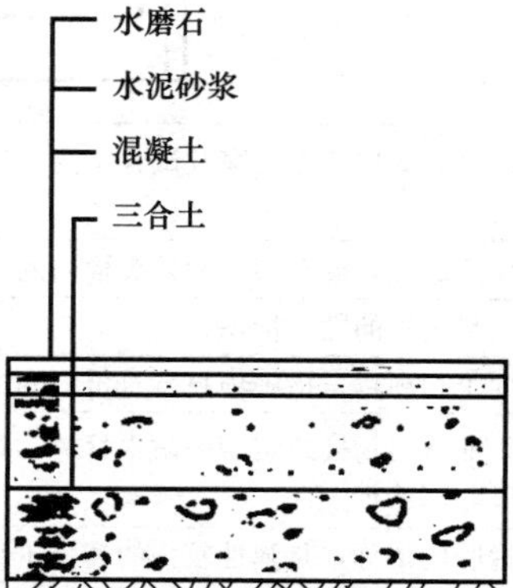

续表

名　词	解　释
现浇水泥珍珠岩保温层	用水泥、珍珠岩加水按比例搅拌均匀做保温材料的构造层
现浇水泥蛭石保温层	把水泥、蛭石加水按比例搅拌均匀浇筑而成做保温材料的构造层
限额设计	按照投资或造价的限额开展满足技术要求的设计工作。即：按照可行性研究报告批准的投资限额进行初步设计，按照批准的初步设计概算进行施工图设计，按照施工图预算对施工图设计中各专业设计文件做出决策的设计工作程序
香蕉水	是由酯、酮、醚、醇、甲苯等配制而成，具有香蕉气味的混合液，是用于喷漆的溶剂和稀释剂，具有无色透明，挥发性大，能降低漆的黏度等特点
箱式满堂红基础	箱式满堂红基础亦称箱基础，指上有盖板，下有底板，纵横墙板连成一体的盒状箱形基础，见下图 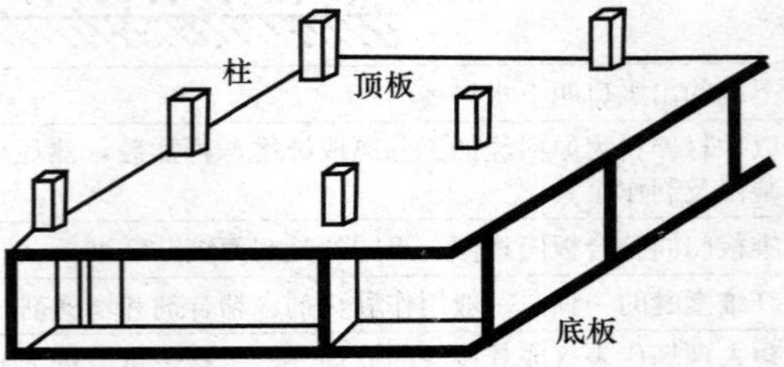 柱　顶板　底板
镶木板门	指木制门芯板镶进门边和冒头槽内，一般设有三根冒头或一、二根冒头，多用于住宅的分户门和内门。有带亮子和不带亮子之分，见下图 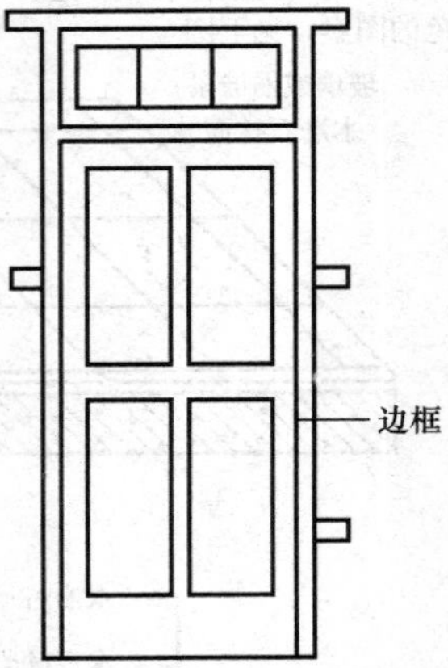 边框
镶贴块料墙裙	指在厕所、浴室、厨房、盥洗室及试验室内为防止墙身受潮及受腐蚀，而镶贴的马赛克或大理石等墙裙
镶纤维板门	指用纤维板作门芯板，镶在门边和冒头槽内的门，多作内门。有带亮子和不带亮子之分
项目编码	工程量清单项目名称的数字标识
项目特征	构成分部分项工程项目、措施项目自身价值的本质特征
橡胶或塑料止水带	指用于构筑物或建筑物接缝定型的防水材料，具有良好的弹性、耐腐蚀和耐撕裂性，应用较多。一般分预埋和可卸式两种
橡皮	橡皮是硫化橡胶的俗称，是弹性较强的高分子化合物，有自然和合成两种
小横杆	亦称横楞、横担、楞木、排木、横向水平杆。是指水平方向与墙成垂直的脚手短杆

续表

名　词	解　释
小青瓦	小青瓦又称蝴蝶瓦、阴阳瓦，是一种弧形瓦，多由手工制作，在间歇窑中以还原气氛焙烧而成。成品呈青灰色，规格一般为长度 200～250mm、宽度 150～200mm，为瓦屋面形状，见下图 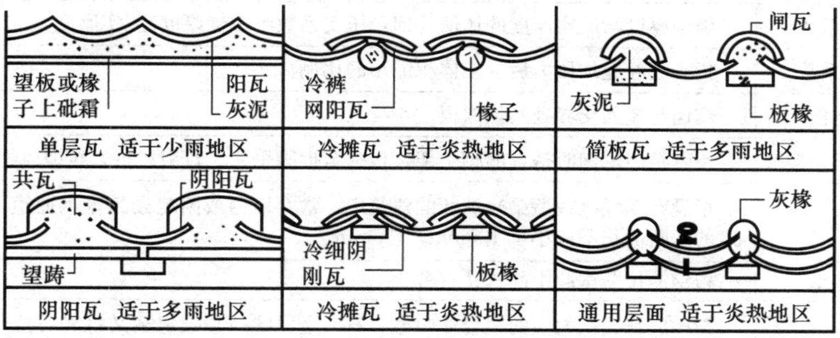
小屋架	用截面较小的方木制作的人字屋架。其承载力较小，屋架间距一般小于 1.5m，又称密排屋架，上面直接钉挂瓦条挂水泥瓦
校正	指构件在吊装过程中，对中线、垂直、标高等进行核对的过程
楔形砖	烟囱或水塔施工时，为防止直通缝的出现，将砖的一个侧面进行加工，加工后的小头宽度应不小于原来宽度的 2/3，从而形成一头大、一头小的楔形砖，简称为楔形砖
歇山排山脚手架	在歇山屋面的撒头上搭设的调排山脊、勾抹铃铛瓦或打点垂脊所需要的脚手架
斜撑	指脚手架外侧与地面成 45°角的脚手杆，上、下连续成“之”字形，为增加脚手架的稳定性而设置的
斜道	亦称盘道、马道，供高层建筑物上下人（上料）附设于脚手架的坡道，见下图 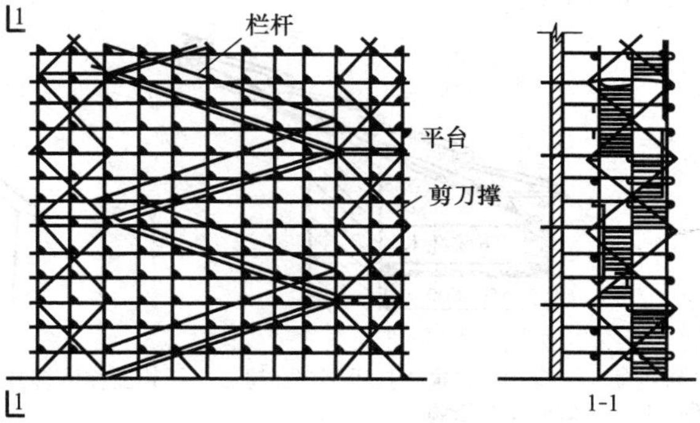
斜度	由于设计上工艺的需要，不能按常规的做法垂直于地面打桩，就出现了打斜桩的特殊情况。斜度是指水平位移与垂直高度之比
斜沟	又称窝角沟，在屋面阴角转角处（窝角）形成的排水沟
斜坡	指由于起止点的地形不平而形成的坡
修补檐头	对屋顶檐头部分进行修理，包括安构动的檐头瓦件，添换缺损的勾滴或花边瓦，夹腮裹抹，堵抹檐头燕窝等
虚方	指在自然情况下挖出的松散土方叫虚方。运虚方时应乘以系数 0.8 以后，才能得出自然土方量，也就是 1.25m^3 的虚方等于 1m^3 的自然方
悬立杆	脚手架中下端不着地，悬空绑在横杆上的立杆叫作悬立杆
血料	是用血加油石粉调制而成的粘结材料。多用猪血
压顶线	指屋面和山墙砌平，或挑出一二皮砖，用水泥砂浆抹压出的线条

续表

名　词	解　释
压光压线	在抹楼地面时，用铁抹子压光，并根据设计要求做出分格或图案的线缝
压胶刨花板	指以刨花为主要原料通过胶凝性材料拌和，用机械热压而成的人造板材
压实系数	虚铺厚度与压实厚度的比值。即：压实系数＝虚铺厚度/压实厚度
压缩系数	指土壤经施加压力后、土体积缩小的比例
烟囱根	烟囱与屋面交界处叫烟囱根
烟囱脚手架	指砌筑砖烟囱时搭设的脚手架。包括搭拆脚手架、打缆风桩、拉缆风绳、挂拆安全网等
烟道	指设有燃煤（或薪柴）炉灶的建筑中，常在墙内或附墙砌筑排烟通道，称为烟道。燃煤炉灶烟道的净断面积不应小于135mm×135mm
延伸率	指钢筋拉断试验中的延长百分比
岩石	指构成地壳矿物质的集合体叫做岩石。全国统一基础定额又将岩石按平均密度和开挖时用的工具及紧固系数划分为四类，即中松石、中次坚石、中普坚石和特坚石
研究试验费	为建设项目提供或验证设计数据、资料等进行必要的研究试验及按照相关规定在建设过程中必须进行试验、验证所需的费用
颜料	用来使各种物体着色的物质叫颜料。种类繁多，以无机化合物为主
颜色	指由物体发射、反射或透过的光波通过视觉所产生的印象
檐高	指由室外地坪面至檐口滴水间的高度
檐沟	屋面檐口处设置的排水沟，常用24号或26号镀锌薄钢板制成
檐口	伸出墙外的屋顶部分称屋檐，屋檐最前端的滴水位置称檐口
檐口天棚	从坡屋面檐挑出的为保证檩木、屋架端部不受雨水的侵蚀而做的较大的天棚叫檐口天棚，有平、斜之分，见下图 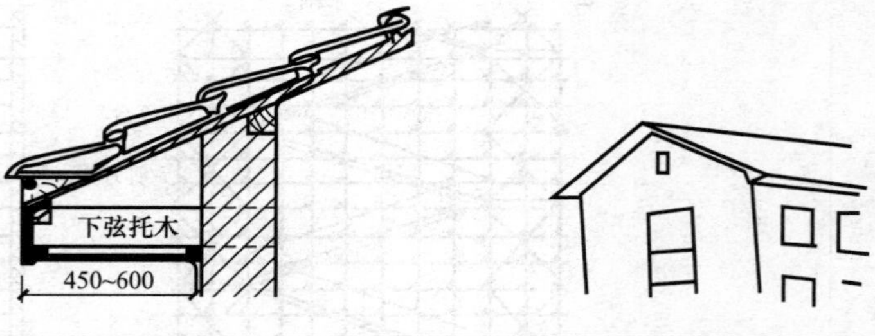 下弦托木 450~600
檐头倒绑扶手	又称檐头护身栏。将檐头扶手倒绑在屋面支杆架上称倒绑扶手。在坡屋面上施工檐下不搭设脚手架时而采取的安全措施
阳台抹灰	在阳台底面、上面、侧面及牛腿按水平面积的全部抹灰叫阳台抹灰。但不包括阳台栏杆、栏板抹灰
腰线	为增加建筑立面上的美感而设在窗台高度的装饰线条叫腰线。一般与窗台高度相同和外窗台虎头砖相连接，但也有与窗台不在一条水平线的
夜间施工增加费	因夜间施工而发生的夜班补助费、夜间施工降效、夜间施工照明设备摊销及照明用电等措施费用
一玻一纱窗	指一层玻璃扇一层纱窗扇的窗
一次安拆费	指机械在施工现场进行安装、拆卸所需的人工、材料、机械费、试运转费以及安装所需的辅助设施的一次费用（包括：安装机械的基础、底座、固定锚桩、行走轨道、枕木等的折旧费及搭设、拆除费用）
一点抬吊	指用两台起重钩，绑扎在构件的同一点进行抬吊的施工方法

续表

名　词	解　释
一斗一眠空斗墙	一平一侧砖砌筑的空斗墙叫一斗一眠空斗墙，见下图 
一机回转一机跑吊	一机原地回转，一机跑吊吊装屋架，屋架座在跨中就位，两台吊分在屋架两侧，这时一台机械不动，而另一台吊起屋架回转移动，这种施工吊装方法叫一机回转一机跑吊
一平两切	整间顶棚中间为平面，前后为坡面的叫一平两切
一毡二油	一毡二油是刷一道沥青铺一层油毡，再刷一道沥青而成的防水屋面卷材。有撒粒砂和不撒粒砂之分
一字斜道	贴靠在三步以下脚手架外侧搭设的一字形斜道，用于人员上下和搬运材料、工具
已完工程保护费	竣工验收前，对已完工程及设备采取的必要保护措施所发生的费用
翼墙	指坡道或台阶两边的挡墙，见下图 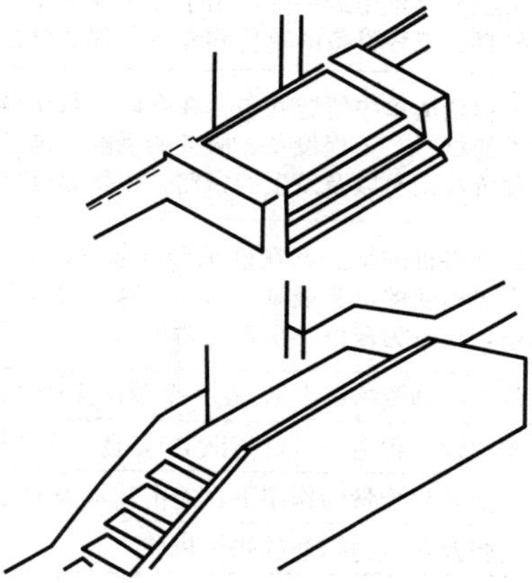
引进技术与引进设备其他费	引进技术和设备发生的但未计入设备购置费中的费用
硬白蜡	硬白蜡是一种地面装修用的涂料，其涂层坚硬，平滑光亮耐磨，具有良好的附着力和耐水性，适用于木地板或水磨地板罩光
油灰	由石膏粉（或滑石粉等）和粘结剂（血料、皮胶、骨胶、桐油、清漆或喷漆）调制而成的膏状物体叫油灰。常用于刮油漆面缺陷不平处
油浸防腐木丝板	指将木丝板在沥青中浸透，使之成为具有防水、防腐功能，这种材料叫油浸防腐木丝板
油浸麻丝	将麻丝放在沥青中浸透，使之具有防水功能的材料叫油浸麻丝
油漆工程	泛指各种油类、漆类、涂料及树脂涂刷在建筑物上、木材、金属表面，以保护建筑物、木材、金属表面不受侵蚀的施工工艺，叫油漆工程。具有装饰、耐用的特点
余土	指挖出的土经回填后剩余的土
雨棚抹灰	在雨棚结构露面上按设计规定加抹的保护层，叫雨棚抹灰

续表

名 词	解 释
预备费	在建设期内因各种不可预见因素的变化而预留的可能增加的费用，包括基本预备费和价差预备费
预算定额	在正常的施工条件下，完成一定计量单位合格分项工程和结构构件所需消耗的人工、材料、施工机械台班数量及其费用标准
预应力钢筋	指通过张拉预先获得应力的钢筋
预制排架	是指预制屋架或预制梁与预制柱顶交接的框架结构。排架结构中柱底嵌固在基础中（嵌固为不能转动的刚结点）。一般常用于单层工业厂房，可单跨或多跨
预制装配式建筑	指建造房屋用构、配件制品（工业化生产构配件）到现场装配的建筑
原土打夯	指在不经任何挖填的土上夯实。全国统一基础定额内规定有人工和机械两种
圆钢拉杆	用圆钢拉接墙体以提高房屋整体性和抗震能力，拉杆两端焊接钢板锚固，中间用花篮螺栓紧固
圆形仓	是指圆形贮仓，高度有限，面积较大，一般是地下式或半地下式
圆形钢筋混凝土柱	钢筋混凝土柱断面呈圆形的叫圆形钢筋混凝土柱
圆形圈梁	指水平投影呈圆形，但圈梁断面尺寸仍为矩形的钢筋混凝土圈梁
月白灰浆	在石灰膏中掺入适量的青灰浆调制成的灰浆，主要用来喷刷墙面
允许超挖量	指开挖石方时，定额规定可以超过设计规定尺寸多挖的数量
运输支架	指在运输设备上，为装构件而搭设的支架
暂估价	招标人在工程量清单中提供的，用于支付在施工过程中必然发生，但在施工合同签订时暂不能确定价格的材料、工程设备的单价和专业工程的价格
暂列金额	招标人在工程量清单中暂定并包括在合同价款中的一笔款项。用于工程施工合同签订时未确定或者不可预见的材料、工程设备、服务的采购，施工中可能发生的工程变更、合同约定调整因素出现时的工程价款调整以及发生的索赔、现场签证确认等的费用
凿桩头	一般设计都会将桩的钢筋弯在桩承台（或基础）中，并与桩承台（或基础）的钢筋焊在一起，这就需要将露出槽底的桩头混凝土凿碎，这个过程称凿桩头。凿桩头与截桩的区别在于露出槽底的桩的长和短，长者为截桩，短者为凿桩，长短的界定由各省、市根据本地区的具体情况确定
造价工程师	取得《造价工程师资格证书》，在一个单位注册从事建设工程造价管理活动的专业人员
造价员	取得《全国建设工程造价员资格证书》，在一个单位注册从事建设工程造价管理活动的专业人员
炸药	指凡是在一定外界能量的作用下，能由其本身的能量产生爆炸的物质
张拉设备	指先张、后张及预应力钢筋的张拉机械
招标代理费	招标代理人接受招标人委托，编制招标文件，审查投标人资格，组织投标人踏勘现场并答疑，组织开标、评标、定标，提供招标前期咨询以及协调合同签订等收取的费用
招标控制价	招标人根据国家或省级建设行政主管部门颁发的有关计价依据和办法，依据拟订的招标文件和招标工程量清单，结合工程具体情况发布的招标工程的最高投标限价
找平层	由于面层要求平整，需要将不平整的基底用砂浆找平，这一层称找平层
折叠门	以钢骨架制成门扇四周框，骨架面铺满木板并能将门扇以垂直为轴折叠
珍珠岩	指酸性玻璃质火山喷出岩，因具有珍珠岩球形裂纹而得名。主要成分为火山玻璃，有时夹白色或淡黄色的石英和长石斑晶。SiO_2 含量65%～75%，另有铝、钾、钠和少量的铁、镁、钙等氧化物。具有玻璃光泽、质脆、结构松散、易风化的特点，一般为黄、白、暗绿、褐、黑色，用以制作膨胀珍珠岩，配制砂浆或混凝土，作为建筑工程声、热绝缘材料
整体面层	是以建筑砂浆为主要材料，用现场浇筑法做成整片直接接受各种荷载、摩擦、冲击的表面层。一般分为：水泥砂浆面层、水磨石面层、细石混凝土面层、钢筋混凝土面层等

续表

名 词	解 释
整体预装配	指将分段、分件制作的构件在整体吊装前试组合装配一次，以检查构件制作的各部分尺寸标准是否符合设计要求，在预装配中发现问题可提前处理，避免吊装时发生误差，造成报废
整修檐头	对屋顶檐头部分进行修理，包括安连檐瓦口、局部揭瓮、衫衬泥背，添换缺损的勾滴或花边瓦，夹腮裹抹，堵抹檐头燕窝等
正规满堂红脚手架	室内顶、墙进行修缮时所搭设的脚手架，其顶步满铺脚手板，四周逐步挑出并铺板，且需与墙面留有一定的距离，遇有独立柱时柱的四周也需逐步挑出铺板
正脊扶手盘	也叫脊根扶手盘。是安装或维修正脊时绑扎的供操作人员站立、通行及运料的脚手架，其上所铺脚手板与屋脊当沟取平，其外边绑护身栏并安挡脚板
之字斜道	贴靠在三步以上脚手架外侧搭设的之字形斜道，用于人员上下和搬运材料、工具
直角扣件	亦称十字扣件，是用来连接扣紧两根相互垂直、相交的钢管扣件（下图） 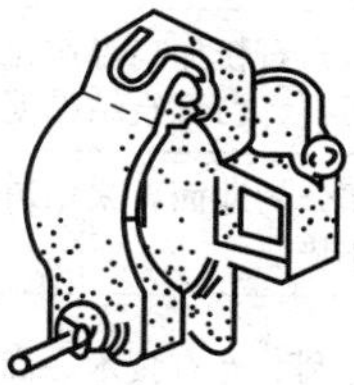
指标估算法	依据投资估算指标，对各单位工程或单项工程费用进行估算，进而估算建设项目总投资的方法
制动板	指在制动梁复板上铺设的钢板
制动梁	指吊车梁旁边承受吊车横向水平荷载的梁
质量保证金	合同约定的从承包人的工程款中预留，用以保证在缺陷责任期内履行缺陷修复义务的资金
蛭石	指复杂的铁、镁含水铝酸盐类矿物。矿物组成和化学成分极其复杂。主要是金云母和黑云母变化形成（仍然具有云母的外形），属单斜晶系。变化过程中，由于水的作用，增加了大量的结合水和自由水。呈微绿色、褐色和金黄色，并有珍珠光泽和脂肪光泽，硬度为 1～1.5，密度为 2.4～2.7；在加热到 800～1000℃时，因脱水产生剥离膨胀现象，比原来的体积胀大 10～25 倍，密度显著减小，并呈蛭（蚂蟥）状，因而得名。利用蛭石的特性可用作保温和声热绝缘材料，还可用作砂浆及混凝土的轻集料。也能用水泥、水玻璃、合成树脂为胶结料制成混凝土和各种制品
中厚钢板	指厚度在 4mm 以上者称中厚钢板
中式满装修	一种外檐装修做法，在中式木构架的两柱间全部装隔扇门，或只砌矮墙，上部的空档全部安装窗房
中式屋架	中国传统建筑木构架的简称，主要有抬梁式和穿斗式两种。官式建筑和北方地区建筑均为抬梁式，即在落地的柱上架梁，梁上立矮柱再支一短梁，其上可再立矮柱支一更短的梁，如此最多上下可有四层梁，两梁间横向在梁头上架檩以承屋面木其层
中心线	指建筑物的轴线，如墙体宽度的 1/2 处为中心线
中悬窗	指采用中轴旋转铰链装在窗扇边梃中央，在窗框外缘的上半部，内缘的下半部设铲口，开启时上向内，下向外翻转，起挡雨、通风作用的窗
重晶石混凝土	是密度较大，对 XY 射线具有屏蔽能力的混凝土。胶凝材料一般采用水化热低的硅酸盐水泥、重晶石、重晶砂加水配制而成的混凝土
重晶石砂浆	是一种密度较大，对 XY 射线有阻隔作用的砂浆，一般要求采用水化热低的硅酸盐水泥，是按配合比水泥：重晶石粉：重晶石砂配制而成的砂浆。施工时应根据设计厚度，分层竖抹一层，横抹一层，每层厚度约 4mm 左右，不准留施工缝
柱间支撑	在房屋纵向的柱间所设置的剪刀撑，用以提高房屋纵向稳定性和抗水平力的能力
柱接柱	上段柱与下段柱用焊接和混凝土浇筑连接的施工过程

续表

名　词	解　释
柱帽	一般指无梁楼板柱上端与楼板接触处为扩大支承面积的部分，多用于厂房、冷库、商场等建筑物，其形式为方形、圆形和多角形，见下图
柱门拆砌	砖墙内木柱需墩接或更换时，将贴靠柱子的墙体局部拆除，待柱子修理好后再将墙体重新砌好并补抹恢复原状的修缮工程做法
柱与基础灌缝	一般指在杯形基础上安装柱，待柱就位找正后，用砂浆将杯口空隙全部灌满以固定柱的施工过程
铸石板	亦称辉绿岩板，是由聚石粉加高温熔化的岩石溶化浇铸而成的制品，其主要原料为辉绿岩和玄武岩等，并常加入角闪石、白云石结晶促进剂和助溶剂
铸铁板地面	承受高温和有冲击部分的地面，采用铸铁板地面。铸铁板常浇铸出凸纹或孔以防滑，一般铸铁板地面有砂或混凝土作垫层
专利及专有技术使用费	在建设期内为取得专利、专有技术、商标权、商誉、特许经营权等发生的费用
砖地沟	指在地下用砖砌筑的沟管。沟道内放置管道、电缆等设施。长度较长，沟宽和深度均较小
砖地面	指用普通机制砖作地面面层，通常将砖侧砌，垫层为 60mm 砂垫层，用水泥砂浆钗缝，也有平铺灌缝的，常需做耐腐蚀加工，将砖放在沥青中浸渍后铺砌，用沥青砂浆砌铺
砖地起墁	砖地面修缮工程做法之一，将已破损的地面拆除，利用拆下的旧砖重新铺墁，不足部分用新砖补齐
砖墩	用砖砌筑的矮砖柱叫砖墩
砖混凝土地模	指用砖砌或混凝土在预制场（或现场）铺设并抹面的地模
砖混凝土胎模	指用砖砌或混凝土浇筑的适应某种构件形状、规格的表面抹光而成的胎具
砖内墙	指用以分割房间及稳定横向的砖墙，有承重和非承重之分
砖平碹	指用平砖在碹胎板上砌筑的砖碹
砖砌大放脚	指砖基础断面成阶梯状逐层放宽的部分，借以将墙的荷载逐层分散传递到地基上。有等高式和间歇式两种砌法。等高式每二皮砖收一次，间歇式是二皮一收和一皮一收间隔进行
砖砌女儿墙	指在建筑立面和某种构造需要面砌筑的高出屋顶的砖矮墙。也是作为屋顶上的栏墙或屋顶外形处理的一种形式
砖砌体	用浆为胶结材料将砖粘结在一起形成墙体、柱体、堤坝、桥涵等的工程
砖砌挑檐	指房屋檐口处挑出的部分。用以防止雨水淋入墙内。常用的砖挑檐有一层一挑、两层一挑等
砖墙	墙为房屋的主要结构部件之一，在建筑物内部主要起着维护和承重作用。墙分承重墙和非承重墙两种，此外，还有清水、混水及外墙、内墙之分
砖墙内加固钢筋	指为防止建筑物的外墙侧塌和墙体均匀下沉而在墙角和内外墙交接处，沿高 500～700mm 或 10 皮砖的水平缝中放置的一般为 Φ6 的钢筋。钢筋的长度各部位不同，以抗震规范的设计图示尺寸计算
砖石结构	系指用胶结材料砂浆，将砖、石、砌块等砌筑成一体的结构。可用于基础、墙体、柱子、口拱、烟囱、水池等
砖外墙	指用砖和粘结材料砌筑的用以保温、防风、挡雨的建筑物四周边的维护砖墙
砖压顶	指在露天的墙顶上用砖、瓦或混凝土等筑成的覆盖层叫压顶。它有防止雨水渗入墙身的作用

续表

名　词	解　释
砖柱	指按设计尺寸以砂浆为胶结材料砌筑而成的砖体。一般为方形，有 240mm×240mm、370mm×370mm、490mm×490mm 的方柱。亦有圆形柱，但砖应另加工，见下图 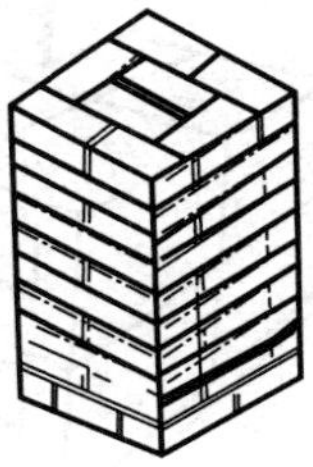
转向距离	指机械转向时，除直线距离外，增加的距离
转型井点	由井点管总管和抽水设备组成。井点管是用直径 38～55mm 的钢管，长 5～7m，管下端配有滤管和管尖。总管常用直径 100～127mm 的钢管分节连接，每节长 4m，一般每隔 0.8～1.6m 设一个连接井点管的接头。抽水设备通常由真空泵、离心泵和气水分离器组成
桩	指能增加地基承载能力的柱形基础构件
桩承台	指在已打桩的桩顶上连成一体的混凝土基础。有带形和独立之分
桩基础	指地基的松软土层较厚，上部荷载较大，通过桩的作用将荷载传给埋藏较深的坚硬土层，或通过桩周围的摩擦力传给地基，以提高地基的承载力见下图 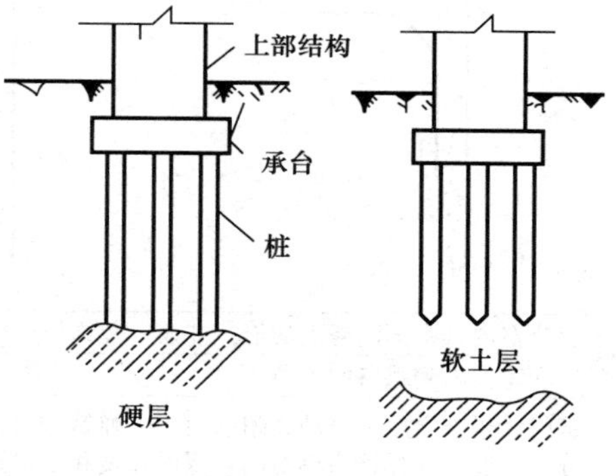 上部结构 承台 桩 软土层 硬层
桩架 90°调面	由于部分打桩机是非自行的，在打桩过程中，这种桩机不能够随意转向和改变自身的位置，需要在其他机械配合下才能完成机身的 90°方向转动，这个全过程称之为桩架 90°调面
桩尖	在打桩时，桩入土端头制作的锥形尖叫桩尖
桩尖虚体积	计算预制方桩体积时是按设计桩长乘以桩断面面积以立方米计算。设计桩长包括桩尖长度，即 $L=L_1+L_2$，其桩尖是按长度 L_1 乘以桩身断面面积并入预制混凝土桩工程量的，但它的实际体积却为四棱锥体。计算规则的计算结果与实际体积之差即为虚体积
桩间补桩	由于各种原因，需要在已打完桩的地区内间隔的补打预制或现浇桩，叫做桩间补桩
桩帽	在打桩时，为保护桩顶不被打破而采用的保护措施

续表

名　词	解　释
装配式板材建筑	一般称大型板材装配式建筑，或大型壁板建筑，简称大板建筑，见下图 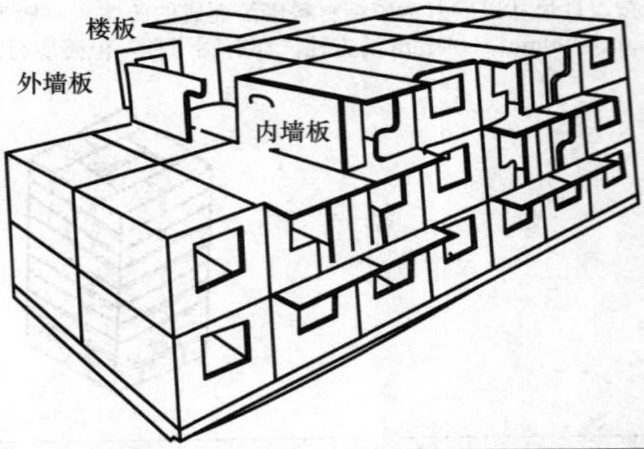
装配式构件	指在工厂和现场生产的用机械按照设计规定安装起来的建筑物构件，见下图 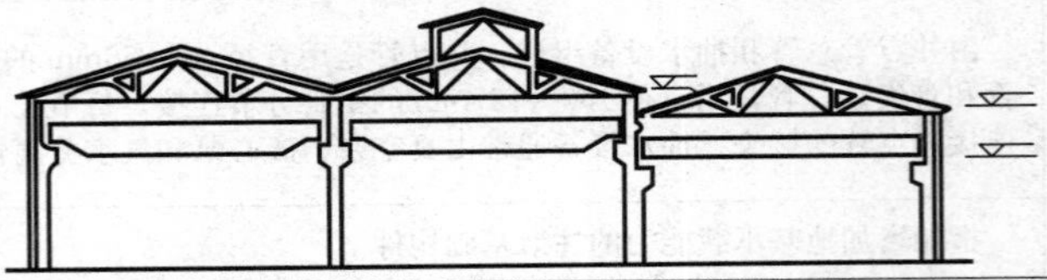
装饰工程	指一般工业与民用建筑的室内及外抹灰工程、饰面安装工程和玻璃油漆粉刷裱糊工程
装饰脚手架	供外墙面粉刷、勾缝而搭的脚手架叫装饰脚手架。一般利用砌墙脚手架随抹随勾缝，并将脚手架随之拆除
装饰线	天棚或墙面四周的装饰线条叫装饰线。有三道或五道之分，见下图 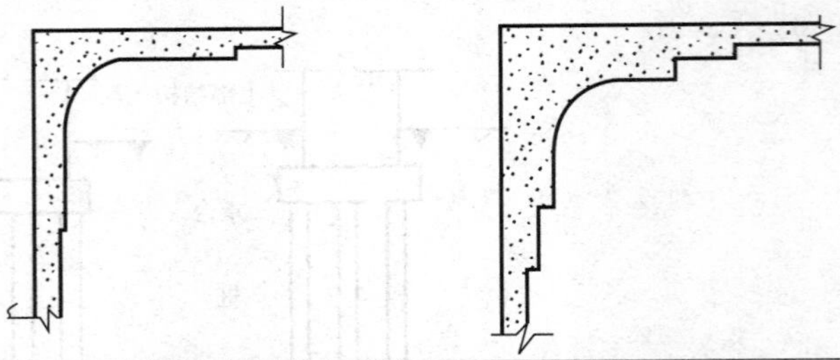
装修材	指用于装修室内具有不同建筑功能，并兼有装饰作用的各种木制品的木料
子口条	代替门框和窗框内侧裁口的木条
自由门	亦称弹簧门，指开启后，自动关闭的门，以弹簧作自动关闭机构，并有单面弹簧、双面弹簧和地弹簧之分。一般单面弹簧为单扇门，双面弹簧和地弹簧多用于两扇门的公共建筑，见下图 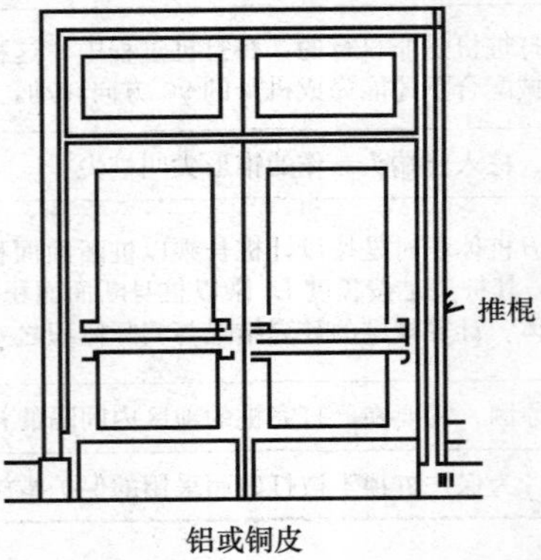

续表

名　词	解　释
综合单价	完成一个规定工程量清单项目所需的人工费、材料费和工程设备费、施工机械使用费、企业管理费、利润，以及一定范围内的风险费用
总承包服务费	总承包人为配合协调发包人进行专业工程分包，对发包人自行采购的工程设备、材料等进行保管以及施工现场管理、竣工资料汇总整理等服务所需的费用
总概算	以初步设计文件为依据，在单项工程综合概算的基础上计算建设项目概算总投资的成果文件
总价合同	发承包双方约定以施工图及其预算和有关条件进行合同价款计算、调整和确认的建设工程施工合同
纵向钢筋	指沿着板长方向配置的钢筋，包括受力筋和构造筋。在梁构件和电杆中承受弯曲应力，在柱构件中承受压应力；若纵向钢筋施加预应力，即称为纵向预应力钢筋
纵向框架	指柱和梁组成纵向承重框架，横向可设置或不设置连系梁。一般较横向框架采用更大的柱距，使建筑设计的纵向分间较为灵活，见下图 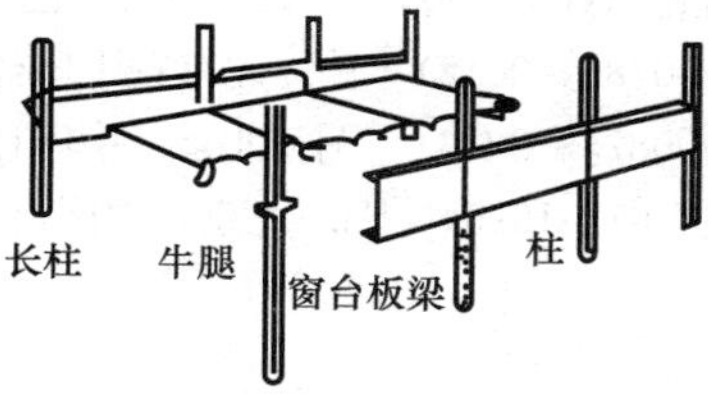 长柱　牛腿　窗台板梁　柱 牛腿支承穿窗台板纵向框架 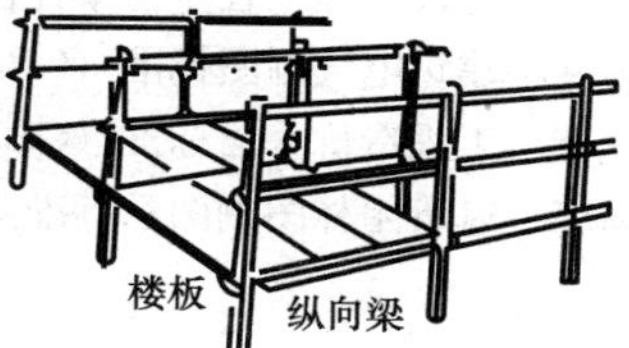 楼板　纵向梁 长柱暗牛腿单跨梁骨架
镞花	在纸上剪刻出透风空花，裱糊纸顶棚时将其糊在四角以利顶棚内通风
组合钢模板	是由钢模板和配件两大部分组成。钢模板包括平面模根阴阳角模板、连接角模板等，配件包括U形卡，L形插销、钩头螺栓、紧固螺栓、对拉螺栓、卡具（梁卡、柱卡）等
组合屋架	受压杆件为钢筋混凝土，受拉杆件为型钢组成的屋架，见下图 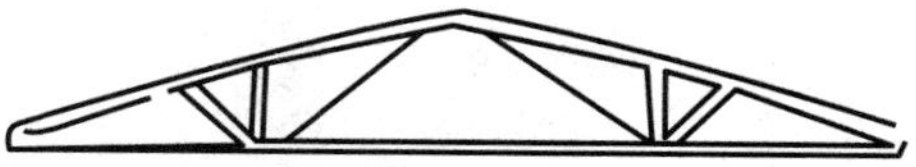
座车戗脚手架	维修城台和城墙的专用脚手架，特点是外排立杆直立，而接近墙面的里排立杆须随墙体倾斜而立

参 考 文 献

[1] 国家标准. 总图制图标准（GB/T 50103—2010）[S]. 北京：中国计划出版社，2011.
[2] 国家标准. 建筑制图标准（GB/T 50104—2010）[S]. 北京：中国计划出版社，2011.
[3] 国家标准. 建筑结构制图标准（GB/T 50105—2010）[S]. 北京：中国建筑工业出版社，2010.
[4] 国家标准. 建筑给水排水制图标准（GB/T 50106—2010）[S]. 北京：中国建筑工业出版社，2011.
[5] 国家标准. 暖通空调制图标准（GB/T 50114—2010）[S]. 北京：中国建筑工业出版社，2011.
[6] 国家标准. 建设工程工程量清单计价规范（GB 50500—2013）[S]. 北京：中国计划出版社，2013.
[7] 国家标准. 建筑电气制图标准（GB/T 50786—2012）[S]. 北京：中国建筑工业出版社，2012.
[8] 国家标准. 工程造价术语标准（GB/T 50875—2013）[S]. 北京：中国计划出版社，2013.
[9] 行业标准. 风景园林图例图示标准（CJJ 67—1995）[S]. 北京：中国建筑工业出版社，1996.